H.-G. Roos/H. Schwetlick

Numerische Mathematik

Numerische Mathematik

Das Grundwissen für jedermann

Von Prof. Dr. Hans-Görg Roos
und Prof. Dr. Hubert Schwetlick

B. G. Teubner Stuttgart · Leipzig 1999

Begründer dieses Lehrwerkes:
Prof. Dr. Otfried Beyer, Prof. Dr. Horst Erfurth, Prof. Dr. Otto Greuel, Prof. Dr. Horst Kadner, Prof. Dr. Karl Manteuffel, Prof. Dr. Günter Zeidler

Autoren:
Prof. Dr. Hans-Görg Roos
Prof. Dr. Hubert Schwetlick
Technische Universität Dresden

Gedruckt auf chlorfrei gebleichtem Papier.

Die Deutsche Bibliothek – CIP-Einheitsaufnahme

Roos, Hans-Görg:
Numerische Mathematik : das Grundwissen für jedermann /
von Hans-Görg Roos und Hubert Schwetlick. –
Stuttgart ; Leipzig : Teubner, 1999
(Mathematik für Ingenieure und Naturwissenschaftler)
ISBN-13:978-3-519-00221-5 e-ISBN-13:978-3-322-80008-4
DOI: 10.1007/978-3-322-80008-4

Umschlaggestaltung: E. Kretschmer, Leipzig

Vorwort

Durch die stürmische Entwicklung von Computern und Software hat sich in den letzten Jahren die Komplexitätsgrenze lösbarer Probleme immer weiter hinausgeschoben: in vielen Bereichen der Industrie wie Luft- und Raumfahrt, Chemie und Elektronik, aber auch in den Biowissenschaften, der Umwelttechnologie oder der Klimaforschung gab es signifikante Fortschritte durch die Computersimulation entsprechender mathematischer Modelle.

Für den Anwender ist dabei die Numerische Mathematik ein entscheidendes Bindeglied zwischen dem letztlich in der Sprache der Mathematik formulierten Modell und dem Computer. Die Numerische Mathematik entwickelt und analysiert die zur Lösung eines Problems benötigten Algorithmen.

Dem objektiv wachsenden Interesse von Naturwissenschaftlern und Ingenieuren an Grundkenntnissen der Numerischen Mathematik steht die Tatsache gegenüber, daß sich die mathematische Ausbildung von Naturwissenschaftlern und Ingenieuren an deutschen Universitäten oft auf die „klassischen" Gebiete wie lineare Algebra, Analysis, Stochastik beschränkt. Das Ziel dieses Buches ist es, Naturwissenschaftlern und Ingenieuren mit geringen mathematischen Vorkenntnissen eine leicht lesbare, kurze Einführung in aktuelle numerische Verfahren zur Verfügung zu stellen, die vielleicht Appetit auf mehr macht. Dazu gibt es Hinweise auf vertiefende Literatur und existierende Software.

Diesem Buch liegen verschiedene Vorlesungen zugrunde, die beide Autoren in den letzten Jahren an der Technischen Universität Dresden gehalten haben. Die Stoffauswahl entsprechend der Kapitel

Ziele und Grundprinzipien der Numerischen Mathematik
Direkte Verfahren für lineare Gleichungssysteme
Iterationsverfahren für Gleichungssysteme
Eigenwertprobleme
Interpolation und Approximation
Numerische Differentiation und Integration
Anfangswertaufgaben
Randwertaufgaben

ist natürlich subjektiv, widerspiegelt aber andererseits die Teilgebiete der Numerischen Mathematik, die wir für besonders wichtig halten. Im Unterschied zu vielen anderen Einführungen in die Numerische Mathematik werden die wichtigen Differentialgleichungsprobleme nicht ausgegrenzt, sondern auf etwa

80 Seiten ausführlich behandelt.

Viel Wert haben wir darauf gelegt, die grundlegenden Zusammenhänge elementar zu erläutern. Eine Rezeptsammlung hingegen ist dieses Buch trotz seiner Kürze nicht. Entsprechend dem Umfang findet der Leser auch keine ausgefeilten Programme. Man findet aber einige grundlegende Algorithmen in einer an MATLAB orientierten Sprache, ferner in jedem Kapitel Hinweise auf verfügbare Software, Programmbibliotheken und Algorithmensammlungen.

Eine Besonderheit der Numerischen Mathematik besteht darin, daß man durch das Durcharbeiten z. B. dieses Buches mit Papier und Bleistift allein noch kein Gefühl für manche Eigenarten numerischer Algorithmen bekommt. Neben dem Nachdenken über die eingestreuten Übungsaufgaben sollte sich der Lernende unbedingt durch eigene Computerexperimente Erfahrungen über z.B. das Verhalten von instabilen Algorithmen aneignen oder „optimale“ Algorithmen mit uneffektiven vergleichen. Lösungen und Lösungshinweise zu den Aufgaben kann der interessierte Leser unter

`http://www.math.tu-dresden.de/~schwetli/rsbook/aufgaben.html`

finden.

Für die Unterstützung bei der Erarbeitung der LaTeX-Version des Manuskriptes danken wir Frau Gisela Terno, desweiteren Dr. Torsten Schütze für seine Arbeit bei der Gesamtgestaltung des LaTeX-Layouts einschließlich aller Abbildungen. Dr. Peter Seifert und Dipl.-Math. Ralf Lösche haben uns bei der Realisierung der numerischen Beispiele unterstützt. Konstruktive Änderungsvorschläge zu den ersten fünf Kapiteln gehen auf Prof. Dr. Jochen W. Schmidt zurück. Dipl.-Math. Georg Seltmann hat das gesamte Manuskript sorgfältig durchgesehen. Ihnen allen sei an dieser Stelle ebenfalls gedankt. Letztlich gilt Herrn Jürgen Weiß vom Teubner-Verlag unser Dank für die freundliche Zusammenarbeit.

Dresden, Juli 1999

Hans-Görg Roos
Hubert Schwetlick

Inhaltsverzeichnis

Bezeichnungen 10

1 Ziele und Grundprinzipien der Numerischen Mathematik 11
1.1 Modell, Algorithmus, Computerexperiment 11
1.2 Grundprinzipien der Algorithmisierung 14

2 Direkte Verfahren für lineare Gleichungssysteme 19
2.1 Der Gaußsche Algorithmus 20
2.1.1 Die Grundform des Gaußschen Algorithmus 20
2.1.2 Pivotisierung 23
2.1.3 Gaußscher Algorithmus als LU-Faktorisierung 24
2.1.4 Direkte LU-Faktorisierungen und spezielle Matrizen . . . 26
2.2 Störungstheorie, Fehlerabschätzung, iterative Verbesserung . . . 30
2.3 Lineare Quadratmittelprobleme 33
2.3.1 Normalgleichungsverfahren 34
2.3.2 Orthogonalisierungsverfahren 34
2.4 Hinweise auf Software 39
2.5 Übungsaufgaben 40

3 Iterationsverfahren für Gleichungssysteme 41
3.1 Gewöhnliches Iterationsverfahren und Kontraktionssatz 41
3.2 Stationäre Einschrittverfahren für lineare Gleichungssysteme . . 45
3.2.1 Allgemeine Konvergenzaussagen 45
3.2.2 Basisiterationen: Jacobi, Gauß-Seidel und SOR 46
3.2.3 Richardson-Iteration und Vorkonditionierung 52
3.3 Krylov-Teilraum-Verfahren 54
3.3.1 Symmetrische positiv definite Systeme: CG 55
3.3.2 Unsymmetrische Systeme: CGNR, CGNE und GMRES . 58
3.4 Verfahren für nichtlineare Gleichungssysteme 60
3.4.1 Lineare Konvergenz und das Ostrowski-Theorem 60
3.4.2 Überlineare Konvergenz und Newton-Verfahren 63
3.4.3 Globalisierung 68
3.5 Hinweise auf Software 71
3.6 Übungsaufgaben 71

4 Eigenwertprobleme **73**
4.1 Transformationsverfahren . . . 75
4.2 Teilraumiterationsverfahren . . . 81
4.3 Hinweise auf Software . . . 85
4.4 Übungsaufgaben . . . 86

5 Interpolation und Approximation **87**
5.1 Interpolation . . . 87
5.1.1 Interpolation mit Polynomen . . . 88
5.1.2 Interpolation mit Splines . . . 97
5.2 Approximation . . . 109
5.2.1 Diskrete Quadratmittelapproximation . . . 109
5.2.2 Weitere Approximationsprinzipien . . . 114
5.3 Hinweise auf Software und ein Ausblick: Mehrdimensionale Interpolation und Approximation . . . 117
5.4 Übungsaufgaben . . . 118

6 Numerische Differentiation und Integration **119**
6.1 Differenzenformeln zur Differentiation . . . 119
6.2 Zusammengesetzte Quadraturformeln . . . 122
6.3 Erhöhung der Konvergenzordnung durch Extrapolation . . . 125
6.4 Gauß-Formeln und verwandte optimale Quadraturformeln . . . 128
6.5 Übungsaufgaben . . . 130

7 Anfangswertaufgaben **131**
7.1 Explizite Einschrittverfahren . . . 132
7.1.1 Eine Analyse des Euler-Verfahrens . . . 133
7.1.2 Runge-Kutta-Verfahren höherer Ordnung . . . 135
7.1.3 Konsistenz und Stabilität . . . 137
7.1.4 Schrittweitensteuerung . . . 140
7.2 Mehrschrittverfahren . . . 142
7.2.1 Stabilität von Mehrschrittverfahren . . . 144
7.2.2 Startwerte und Prädiktor-Korrektor-Verfahren . . . 146
7.3 A-Stabilität und steife Systeme . . . 147
7.3.1 A-Stabilität . . . 147
7.3.2 Steife Systeme . . . 154
7.4 Hinweise auf Software und ein Ausblick: Algebro-Differentialgleichungen . . . 156
7.5 Übungsaufgaben . . . 157

8 Randwertaufgaben 159
8.1 Eine Einführung in die grundlegenden Diskretisierungstechniken 160
8.2 Spline-Kollokation 170
8.3 Die Methode der finiten Elemente 174
8.3.1 Der Ausgangspunkt der Methode 175
8.3.2 Beispiele von finiten Elementen und die Generierung des diskreten Problems 178
8.3.3 Grundwissen zum Konvergenzverhalten 184
8.3.4 Erweiterungen des Grundkonzeptes 189
8.3.5 Adaptive FEM 194
8.3.6 Das Mehrgitterprinzip 198
8.4 Raum und Zeit 201
8.4.1 Eindimensionale Wärmeleitung 202
8.4.2 Die Linienmethode 204
8.5 Hinweise auf Software 207
8.6 Übungsaufgaben 207

Literaturverzeichnis 211

Sachwortverzeichnis 217

Bezeichnungen

$\stackrel{!}{=}$	$f(x_i) \stackrel{!}{=} g(x_i)$ bedeutet: erzwinge Gleichheit $f(x_i) = g(x_i)$
$:=$	$A := B$ bedeutet: A ergibt sich aus bzw. wird definiert durch B
$\sim$	asymptotische Gleichheit, $F(n) \sim Kn^p$, wenn $\lim F(n)/n^p = K$
$\mathcal{O}(\,.\,)$	Landau-Symbol „groß O“, $f(h) = \mathcal{O}(h^p)$, wenn $\|f(h)\| \leq C\|h\|^p$
eps	relative Computergenauigkeit
$flop$	eine Gleitpunktoperation $+, -, *, /$
$\operatorname{sgn}(\,.\,)$	Vorzeichenfunktion, $\operatorname{sgn}(x) = 1$ für $x \geq 0$, $\operatorname{sgn}(x) = 0$ sonst
$[a,b]$	abgeschlossenes Intervall $\{x : a \leq x \leq b\}$
(a,b)	offenes Intervall $\{x : a < x < b\}$
$C^r[a,b]$	Raum der auf $[a,b]$ r-mal stetig differenzierbaren Funktionen
Ω	Grundgebiet bez. der räumlichen Variable
$\partial\Omega, \Gamma$	Rand des Grundgebietes Ω
h, τ	Orts- bzw. Zeitschrittweite bei der Diskretisierung
$H^\ell(\Omega)$	Sobolev-Raum von auf Ω definierten Funktionen
$L^2(\Omega)$	Raum der auf Ω quadratisch integrierbaren Funktionen
$\mathcal{P}_{n+1}$	Raum der Polynome der Ordnung $n+1$ (des Höchstgrades n)
$\mathcal{S}^r_{k,\tau}$	Raum der C^r-Splines der Ordnung k mit Knoten $\tau = \{\tau_j\}$
div	Divergenz $\operatorname{div} u = \sum_i \partial u_i(x)/\partial x_i$
Δ	Laplace-Operator $\Delta u(x) = \sum_i \partial^2 u(x)/\partial x_i^2$
$\nabla\varphi$	Gradient $\nabla\varphi(x) = (\partial\varphi(x)/\partial x_i)$
$\nabla^2\varphi$	Hesse-Matrix $\nabla^2\varphi(x) = (\partial^2\varphi(x)/\partial x_i\partial x_j)$
$F'(\,.\,)$	Jacobi-Matrix $F'(x) = (\partial F_i(x)/\partial x_j)$
$\mathbb{R}$, $\mathbb{C}$	Menge der reellen bzw. komplexen Zahlen
$\mathbb{R}^n$	Raum der n-dimensionalen Vektoren $x = (x_j)$
$\mathbb{R}^{m\times n}$	Raum der $(m \times n)$-Matrizen $A = (a_{ij})$
δ_{ij}	Kronecker-Symbol, $\delta_{ij} = 1$ für $i = j$, $\delta_{ij} = 0$ sonst
I	Einheitsmatrix, $I = (\delta_{ij})$
A^T, A^{-1}	zu A transponierte bzw. inverse Matrix
$\operatorname{cond}(\,.\,)$	Konditionszahl $\operatorname{cond}(A) = \|A\|\,\|A^{-1}\|$
$\lambda_i(\,.\,)$	Eigenwert $\lambda_i(A)$
$\varrho(\,.\,)$	Spektralradius $\varrho(A) = \max_i \|\lambda_i(A)\|$
$\\|.\\|$	Norm
$\\|.\\|_\infty$	Maximumnorm im $\mathbb{R}^n$ bzw. L^∞-Norm
$\\|.\\|_2$	Euklidische Vektornorm im $\mathbb{R}^n$ bzw. H^2-Norm
$\\|.\\|_1$	Betragssummennorm im $\mathbb{R}^n$ bzw. H^1-Norm
$(\,.\,,\,.\,)$	Skalarprodukt im L^2
$(\,.\,,\,.\,)_\omega$	gewichtetes Skalarprodukt im $\mathbb{R}^m$ bzw. im L^2
$a(.,.)$	Bilinearform

1 Ziele und Grundprinzipien der Numerischen Mathematik

Grob gesprochen ist die Numerische Mathematik jenes Teilgebiet der Mathematik, das sich mit der numerischen, d. h. zahlenmäßigen Lösung von mathematischen Problemen mit Hilfe eines Computers befaßt.

1.1 Modell, Algorithmus, Computerexperiment

Die Anwendung der Mathematik auf einen interessierenden realen Prozeß beginnt stets mit der *mathematischen Modellierung*, d. h. mit der Beschreibung des Prozesses in der Sprache der Mathematik. Dazu muß der Modellierer – in der Regel ist das ein Vertreter des jeweiligen Fachgebietes, das sich mit dem betrachteten Prozeß befaßt, also z. B. ein Chemiker, ein Maschinenbauer, ein Elektroniker o. ä.; gegebenfalls arbeitet er mit einem Mathematiker zusammen – zunächst die *Prozeßvariablen* festlegen, die zur Beschreibung des Prozesses erforderlich sind. Diese Größen bilden i. allg. ein Tripel (x, u, p), das sich aus den *Zustandsgrößen* x, den *Steuer- oder Kontrollgrößen* u und den *Parametern* p zusammensetzt.

Die Zustandsgrößen x beschreiben den Zustand des Prozesses, der sich wegen der zugrundeliegenden physikalischen Gesetzmäßigkeiten einstellt, z.B. die Temperatur in einem erwärmten Metallstab, die Ströme in den Zweigen eines elektrischen Schaltkreises oder die Konzentrationen der bei einer chemischen Reaktion beteiligten Stoffe.

Die Steuergrößen u bezeichnen von außen einstellbare Größen, die in einer Menge U zulässiger Steuerungen variieren können und mit denen der Prozeß beeinflußt (gesteuert) werden kann, etwa die durch einen Regler einstellbare Temperatur an einem Ende des Metallstabes oder die Klemmenspannung bei einem elektrischen Schaltkreis.

Die Parameter p bezeichnen problem- bzw. materialspezifische Größen, die in die Zustandsgleichungen eingehen, etwa die Wärmeleitfähigkeit des Metalls, aus dem der erwärmte Stab gefertigt ist, oder die Geschwindigkeitskonstanten der einzelnen chemischen Reaktionen.

Dann muß der funktionale Zusammenhang zwischen den Prozeßvariablen x, u und p gefunden werden. Dieser hat in aller Regel die Form einer

Modellgleichung: Relation zwischen Zustandsgrößen, Steuergrößen und Parametern

$$F(x, u, p) = 0, \tag{1.1}$$

die eine Gleichgewichtsbedingung – also einen Erhaltungssatz – ausdrückt. Beim erwärmten Stab ist das die Wärmebilanz, im elektrischen Netzwerk sind das die Kirchhoffschen Gesetze, bei der chemischen Reaktion ist das der Massenerhaltungssatz.

Die Prozeßvariablen (x, u, p) sind im einfachsten Fall Vektoren $x = (x_i) \in \mathbb{R}^n$, $u = (u_j) \in \mathbb{R}^m$ und $p = (p_k) \in \mathbb{R}^l$. Dann ist (1.1) ein (lineares oder nichtlineares) *Gleichungssystem* aus n Gleichungen $F(x, u, p) = (F_i(x, u, p)) = 0$, in denen neben den unbekannten Zuständen x_i die einstellbaren Steuergrößen u_j und die Prozeßparameter p_k auftreten. Die Prozeßvariablen können aber auch – wie beim Metallstab oder der chemischen Reaktion – Funktionen der Zeit und/oder des Ortes sein. Dann ist (1.1) eine gewöhnliche oder partielle *Differentialgleichung*, die dann durch Anfangs- und/oder Randbedingungen geeignet komplettiert werden muß.

In der zweiten Phase wird die Modellgleichung (1.1) hinsichtlich ihrer mathematischen Eigenschaften untersucht. Das ist die als Domäne der Mathematiker angesehene

Mathematische Analyse der Modellgleichung: Typische Fragen sind:

- Für welche Werte von u und p existieren Lösungen x? Ist die Lösung x eindeutig, oder können zu einem u mehrere Lösungen existieren?
- Sind die Lösungen *stabil* oder *instabil* bezüglich der Steuergrößen u in dem Sinne, daß kleine Änderungen von u auch kleine Änderungen von x bewirken, oder können sie große, unter Umständen sogar beliebig große Änderungen des Zustandes x nach sich ziehen?

Beispiele für Instabilitäten sind das Durchschlagen eines Tragwerkes bei Überschreiten einer kritischen äußeren Last oder die Explosion eines Reaktors bei gewissen kritischen Steuerungen. Zu wissen, daß Instabilitäten auftreten können, und die Kenntnis der kritischen Werte u_{crit} ist offensichtlich von hoher praktischer Bedeutung.

Als dritte und eigentlich angestrebte Phase schließt sich das *Arbeiten mit der Modellgleichung* (1.1) an. Im einfachsten Fall werden für einzelne interessierende Steuerungen u^i und die für den Prozeß als bekannt vorausgesetzten

Parameter p die zugehörigen Lösungen $x = x(u^i, p) = x^i$, d. h. die zugehörigen Zustände x^i des Prozesses, berechnet. Das ist die

Prozeßsimulation: Bestimme $x = x^i$ für gegebenes (u^i, p) als Lösung von

$$F(x, u^i, p) = 0. \tag{1.2}$$

Statt reale Experimente mit den Steuerungen u^i durchzuführen und die Zustände x^i zu beobachten, werden diese auf dem Computer aus der Modellgleichung berechnet. Man spricht daher auch von *Computerexperimenten.* Diese sind fast immer deutlich billiger als reale Experimente und in vielen Fällen, etwa in der Entwicklungsphase von komplexen Systemen wie integrierten Schaltkreisen, chemischen Reaktoren oder Großflugzeugen, die einzige Möglichkeit, unterschiedliche Steuergrößen u bez. ihres Einflusses auf x zu untersuchen im Sinne eines *Variantenvergleichs.* Insbesondere kann damit auch das Verhalten des Prozesses in der Umgebung kritischer Zustände beschrieben werden, was durch Experimente nur in beschränkter Anzahl bzw. – etwa bei gefährlichen Reaktoren – überhaupt nicht möglich ist.

Der nächste Schritt ist dann die zielgerichtete *Optimierung* bzw. *Steuerung* des Prozesses: Die Steuergrößen u sind aus der vorgegebenen Menge U zulässiger Steuerungen so zu wählen, daß ein Zielfunktional $\Phi(x, u, p)$ minimal (oder maximal) wird unter der Nebenbedingung, daß x die Modellgleichung erfüllt, also der Zustand möglich ist. Dies ist die

Prozeßsteuerung: Bestimme optimale Steuerung $u = u_{opt}$ aus

$$\min\{\Phi(x, u, p):\ u \in U \text{ so, daß } F(x, u, p) = 0\}. \tag{1.3}$$

Schließlich kann es vorkommen, daß die Parameter p des konkreten Prozesses nicht bekannt sind und aus M i.a. fehlerbehafteten Beobachtungen $\tilde{x}^i = x^{*i} + \varepsilon^i$ der Zustände x^{*i}, die zu eingestellten Steuerungen u^i gehören und aus realen Experimenten stammen, bestimmt werden müssen. Dies ist die

Prozeßidentifikation: Bestimme Schätzungen p und $x^1, \ldots, x^M$ aus

$$\min\Big\{\sum_i^M \|x^i - \tilde{x}^i\|_2^2 :\ p \text{ und } x^i \text{ so, daß } F(x^i, u^i, p) = 0\Big\}, \tag{1.4}$$

bei der ein Schätzwert p für den unbekannten „wahren“ Parameter p^* sowie zugehörige ausgeglichene Schätzwerte x^i für die „wahren“ Zustände x^{*i} zu bestimmen sind. Man spricht auch von *Parameterschätzung.* Dies ist ein *inverses*

Problem: Aus Beobachtungen der Zustandsgrößen x ist auf die Parameter p zu schließen. Dagegen ist die Prozeßsimulation ein *direktes Problem*: Bei gegebenem u und p ist der Zustand x zu bestimmen.

In allen drei Problemklassen – Prozeßsimulation (1.2), Prozeßoptimierung (1.3), Parameterschätzung (1.4) – sind die gesuchten Größen fast nie in geschlossener Form oder durch einen auswertbaren analytischen Ausdruck angebbar. Sie müssen daher in geeigneter Weise durch ein *numerisches Verfahren* – man sagt auch *Algorithmus* oder *Methode* – mittels eines Computers approximiert werden. Hier kommt die *Numerische Mathematik* ins Spiel:

> Gegenstand der **Numerischen Mathematik** ist die Entwicklung, theoretische Analyse, praktische Erprobung und Implementierung von Verfahren zur Lösung praktisch relevanter Aufgaben mittels eines Computers.

Wir bemerken abschließend, daß die skizzierten Phasen in der Regel nicht nur einmal durchlaufen werden. Häufig entprechen die ersten berechneten Ergebnisse nicht den Erwartungen. Dann muß zu den vorherliegenden Phasen wie Modellierung, Algorithmierung usw. zurückgegangen werden. Gegebenfalls sind zur besseren Prozeßidentifikation auch neue reale Experimente solange erforderlich, bis schließlich das angestrebte Ziel erreicht wird.

1.2 Grundprinzipien der Algorithmisierung

Auf einem Computer können nur zwei Typen von elementaren Operationen mit Zahlen ausgeführt werden, nämlich

- *arithmetische Elementaroperationen* $\mathrm{op} \in \{+, -, *, /\}$ mit jeweils zwei Zahlen als Operanden: $\{x, y\} \mapsto z = x \,\mathrm{op}\, y$,
- *Auswertungen von Funktionen* f: $x \mapsto z = f(x)$.

Im letzten Fall kann es sich um *elementare Funktionen* wie $x \mapsto \sqrt{x}$, $\sin(x)$, $\exp(x)$ u.ä. handeln, die in gängigen Programmiersprachen durch entsprechende Funktionsunterprogramme bereitgestellt werden. Es kann sich aber auch um nutzerdefinierte *Problemfunktionen* handeln, die das zu lösende Problem charakterisieren, etwa die „rechten" Seiten $f(u)$ eines Systems gewöhnlicher Differentialgleichungen $u' = f(u)$. Natürlich wird die Auswertung von Funktionen auch auf arithmetische Grundoperationen zurückgeführt. Es ist jedoch zweckmäßig, sie als eigene Klasse einzuführen, zumal dies auch der Computerpraxis entspricht.

Falls z das exakte und $fl(z)$ das Computerergebnis einer solchen skalaren elementaren Operation in der heute üblichen IEEE-*Gleitpunktarithmetik*, engl. *floating point arithmetic*, des Computers ist, wird auf Grund der unvermeidlichen *Rundungsfehler* i.a. $fl(z) \neq z$ gelten. Allerdings ist der *relative Rundungsfehler* im nichttrivialen Fall $z \neq 0$ i.a. auch beschränkt im Sinne von

$$\left| \frac{fl(z) - z}{z} \right| \leq K \cdot eps. \tag{1.5}$$

Dabei ist *eps* die *relative Computergenauigkeit*, die von der Anzahl der Bits abhängt, die intern zur Darstellung der Mantisse einer Gleitpunkt-Computerzahl verwendet werden. Beim Standard-IEEE-Zahlformat *double* ist $eps \approx 2.2 \times 10^{-16}$, also eine sehr kleine Zahl, und K ist eine von der Art der Operation abhängige Konstante moderater Größe: $K = 1$ für arithmetische Grundoperationen, K zwischen 1 und ca. 10 für Funktionsauswertungen. Die Abschätzung (1.5) besagt dann: *Der relative Fehler einer einzelnen Computeroperation ist i.a. sehr klein.*

Eine zweite Einschränkung kommt daher, daß in endlicher Zeit nur endlich viele der obigen Operationen ausgeführt werden können.

Ein *numerisches Verfahren* kann daher definiert werden als eine *Vorschrift, die aus den Eingangsdaten eines mathematischen Problems wie Anfangs- und Randbedingungen, Parametern usw. durch endlich viele arithmetische Operationen und Auswertungen von elementaren und Problemfunktionen Approximationen für die gesuchte Lösung des Problems berechnet.* Dabei sind bedingte Anweisungen wie **if** $T = true$ **then** A **else** B **end** u.ä. zugelassen. Kurz: Alles, was in einer Programmiersprache wie FORTRAN, C, MATLAB o.ä. notiert werden kann und in endlicher Zeit eine Approximation für die gesuchten Größen liefert, ist ein numerisches Verfahren.

Algorithmen sollten so beschaffen sein, daß sich die oben erwähnten sehr kleinen Fehler der Einzeloperationen im Laufe der Rechnung nicht unnötig vergrößern. Algorithmen, die in diesem Sinne gutartig sind, bezeichnet man auch als *numerisch stabil*, andernfalls als *numerisch instabil*; für eine genauere Erörterung dieser Begriffe sei auf [KiSw88] verwiesen.

Wir sehen bereits hier, daß der Begriff der *Stabilität* in der Numerischen Mathematik in sehr vielfältiger Weise gebraucht wird. Grob gesprochen bedeutet er aber immer, daß Störungen – hier Störungen der Zwischenergebnisse eines Algorithmus durch Rundungsfehler, im Abschnitt 1.1 Störungen der Steuergrößen u – das Resultat – hier die durch den Algorithmus berechnete Näherung, vorn die durch die Modellgleichung definierte Zustandsgröße $x = x(u)$ – nicht wesentlich beeinflussen.

Typischerweise entsteht ein Algorithmus zur Lösung einer mathematischen Aufgabe durch Kombination, Modifikation und Erweiterung von *algorithmischen Grundprinzipien.* Zu diesen Grundprinzipien als „Bausteinen" für die Entwicklung komplexer Algorithmen gehören:

Transformation: Hier wird das Ausgangsproblem $F(x) = 0$ in endlich vielen Schritten über eine Folge von *Zwischenproblemen* $F_k(x) = 0$, die alle dieselbe Lösung x^* wie das Ausgangsproblem $F(x) = 0$ besitzen und in diesem Sinne *äquivalent* zu $F(x) = 0$ sind, in ein *Zielproblem* $F_K(x) = 0$ transformiert, dessen Lösung einfach bestimmt werden kann[1]:

$$F(x) =: F_1(x) = 0 \mapsto F_2(x) = 0 \mapsto \cdots \mapsto F_K(x) = 0.$$

Ein Beispiel ist der Gaußsche Algorithmus zur Lösung eines linearen Gleichungssystems $Ax = b$, bei dem eine Folge von äquivalenten Gleichungssystemen $A^{(k)}x = b^{(k)}$ erzeugt wird derart, daß $A^{(k+1)}$ in den ersten k Spalten unterhalb der Diagonalelemente Nullen besitzt. Nach $K = n - 1$ Schritten ist dann das Zielsystem $A^{(n)}x = b^{(n)}$ mit einer oberen Dreiecksmatrix $A^{(n)} = U$ erreicht, aus dem die Unbekannten nacheinander in der Reihenfolge $x_n, \ldots, x_1$ einfach berechnet werden können, siehe Abschnitt 2.1.

Allgemeiner sind Transformationsverfahren, in denen die Zielform erst nach unendlich vielen Schritten im Grenzwert erreicht wird. Dazu gehören z.B. das Jacobi-Verfahren oder der QR-Algorithmus für Eigenwertaufgaben symmetrischer Matrizen, bei denen die gewünschte Diagonalform nicht in endlich vielen Schritten erzielt werden kann und die daher unter Verwendung eines geeigneten *Abbruchkriteriums* nach K Schritten abgebrochen werden müssen, siehe Abschnitt 4.1.

Iteration: Im Gegensatz zu den Transformationsverfahren wird bei den *Iterationsverfahren* nicht eine Folge von Problemen $F_k(x) = 0$, sondern – ausgehend von einer vorzugebenden *Anfangs- oder Startnäherung* x^0 – eine Folge

$$x^0 \mapsto x^1 \mapsto \cdots \mapsto x^k \mapsto x^{k+1} \mapsto \cdots \mapsto x^*$$

von *Iterierten* x^k erzeugt, die gegen die gesuchte Lösung konvergieren soll.

Falls z.B. die Gleichung $F(x) = 0$ zu lösen ist (wir unterdrücken die Abhängigkeit von u und p), wird diese im einfachsten Fall auf *Fixpunktform*

$$x = G(x) := x - \alpha F(x), \quad \alpha > 0 \text{ fest}$$

gebracht. Jede Lösung x^* von $F(x) = 0$ genügt dann der Gleichung $x^* = G(x^*)$, ist also ein *Fixpunkt* von G, und umgekehrt. Dieser Fixpunkt soll dann, ausgehend von einem Startwert x^0, durch die Iteration

$$x^{k+1} := G(x^k) = x^k - \alpha F(x^k), \quad k = 0, 1, \ldots$$

approximiert werden. Auch hier muß nach K Schritten abgebrochen werden.

[1]Hier und im folgenden bedeutet $S := T$, daß S durch T definiert wird.

Linearisierung: Wir betrachten ein Problem, bei dem eine nichtlineare Funktion $x \mapsto f(x)$ vorkommt, und x_k sei eine Approximation für die gesuchte Lösung x^* des Problems. *Linearisierung* besteht dann darin, die nichtlineare Funktion f an der Stelle x^k durch ihre lineare Taylor-Approximation

$$\ell_k(x) := f(x_k) + f'(x_k)(x - x_k) \approx f(x)$$

zu ersetzen. Als Anwendung betrachten wir die nichtlineare Gleichung

$$f(x) = 0. \tag{1.6}$$

Im k-ten Schritt löst man dann die linearisierte Gleichung $\ell_k(x) = 0$. Falls $f'(x_k)^{-1}$ existiert, hat diese lineare Gleichung die Lösung

$$x_{k+1} := x_k - f'(x_k)^{-1} f(x_k), \quad k = 0, 1, \dots, \tag{1.7}$$

die als neue Näherung für x^* genommen wird. Das ist das bekannte *Newton-Verfahren* zur iterativen Lösung der nichtlinearen Gleichung (1.6).

Ansatz und Projektion: Prozesse, bei denen sich die Zustände stetig mit der Zeit und/oder dem Ort ändern, werden durch Differentialgleichungen beschrieben. Ein Beispiel ist die stationäre Auslenkung $u(x)$ eines in den Punkten $x = a$ und $x = b$ eingespannten dünnen Stabes an der Stelle $x \in (a, b)$ unter einer Belastung, die durch eine *Randwertaufgabe* für die gesuchte, auf dem Intervall $[a, b]$ definierte Funktion $u(.)$ beschrieben wird. Eine solche Funktion ist durch ein Kontinuum $\{(x, u(x)) : a \le x \le b\}$ von Wertepaaren $(x, u(x))$ festgelegt, das einem Computer nicht zugänglich ist. *Die gesuchte Funktion muß also durch eine Approximation ersetzt werden, die durch endlich viele Zahlen charakterisiert werden kann*; man spricht auch von *Finitisierung*.

Eine erste Möglichkeit besteht darin, u durch eine *Linearkombination*

$$\tilde{u}(x) = \sum_{j=1}^{n} c_j \varphi_j(x) \tag{1.8}$$

von n gegebenen *Ansatzfunktionen* $\varphi_j(.)$ mit reellen Koeffizienten $c := (c_j)$ zu approximieren. Übliche Ansatzfunktionen sind Polynome, Splinefunktionen, trigonometrische Funktionen o.ä., siehe Kapitel 5 und 8.

Indem definiert wird, wie $c = (c_j)$ aus u bestimmt werden soll, wird die Zuordnung $u \mapsto \tilde{u} =: Pu$ festgelegt. Dies sollte allerdings so geschehen, daß

$$P(Pu) = P\tilde{u} = u \qquad \text{für alle } u, \text{ also} \quad P^2 = P \tag{1.9}$$

gilt. Die Funktion $\tilde{u} = Pu$, die schon die Gestalt (1.8) hat, soll natürlich durch sich selbst approximiert werden. Verfahren, bei denen die $c_j = c_j(u)$

so definiert werden, daß (1.9) gilt, heißen *Projektionsverfahren*, und P heißt *Projektor*, genauer: *Projektor auf den durch die $\varphi_j(.)$ aufgespannten Teilraum.*

Diskretisierung: Eine alternative Möglichkeit, eine auf $[a,b]$ definierte Funktion $u(.)$ durch endlich viele Zahlen zu charakterisieren, besteht darin, nur $n+1$ diskrete Werte $u_i \approx u(x_i)$ auf einem *Gitter*

$$\Delta := \Delta_h := \{x_i = a + ih : i = 0, \dots, n\} \quad \text{mit} \quad h := \frac{b-a}{n} \tag{1.10}$$

zu betrachten, also u durch die *Gitterfunktion* $u_h := (u_0, u_1, \dots, u_n)^T$ zu approximieren. Zum Beispiel nutzen die *Differenzenverfahren* diese Möglichkeit, siehe Abschnitt 8.1.

Extrapolation: Wenn Näherungswerte $Z(h)$ auf einem Gitter (1.10) mit der Diskretisierungsschrittweite $h > 0$ berechnet werden, hängen diese häufig in spezieller Form von h ab. Wird etwa die Ableitung $f'(x_i)$ einer Funktion f durch den *zentralen Differenzenquotienten*

$$f_i' := Z(h) := \frac{f(x_i+h) - f(x_i-h)}{2h} \approx f'(x_i) = Z(0) := \lim_{h\to 0} Z(h)$$

approximiert, vgl. (6.3), so gilt für genügend oft differenzierbares f die durch Taylorentwicklung leicht zu gewinnende *asymptotische Entwicklung*

$$Z(h) = Z(0) + c_1 h^2 + c_2 h^4 + c_3 h^6 + \cdots \tag{1.11}$$

mit von h unabhängigen Koeffizienten $c_k := f^{(2k+1)}(x_i)/(2k+1)!$, die man natürlich nicht kennt – bereits $f'(x_i)$ ist ja unbekannt und soll durch $Z(h)$ approximiert werden! Man berechnet jetzt für die beiden Schrittweiten h und $h/2$ mit vorgegebenem $h > 0$ die Differenzenquotienten $Z(h)$ und $Z(h/2)$ und interpoliert $Z(\,.\,)$ durch das der Fehlerentwicklung (1.11) angepaßte Polynom $H(t) := a + b\,t^2$ bezüglich der Paare $(h, Z(h))$ und $(h/2, Z(h/2))$: Es soll $H(h) = Z(h)$, $H(h/2) = Z(h/2)$ gelten, womit die Koeffizienten a und b eindeutig festgelegt werden. Dann nimmt man

$$Z_{h/2,h} := H(0) = \frac{4}{3} Z(h/2) - \frac{1}{3} Z(h) = Z(h/2) + \frac{1}{3}[Z(h/2) - Z(h)]$$

als den auf $h = 0$ extrapolierten Wert von H als neuen Näherungswert. Drückt man $Z(h)$ und $Z(h/2)$ durch die asymptotische Entwicklung (1.11) aus, erhält man die Darstellung

$$Z_{h/2,h} = Z(0) + d_2 h^4 + d_3 h^6 + \cdots$$

Diese hat sich gegenüber (1.11) verbessert. Der erste Fehlerterm mit h^2 tritt nicht mehr auf, die Fehlerordnung ist von h^2 in (1.11) auf h^4 gestiegen, siehe dazu Kapitel 6.3.

2 Direkte Verfahren für lineare Gleichungssysteme

In den ersten beiden Abschnitten dieses Kapitels betrachten wir lineare Gleichungssysteme

$$\begin{array}{ccccccccc} a_{11}x_1 & + & a_{12}x_2 & + & \cdots & + & a_{1n}x_n & = & b_1 \\ a_{21}x_1 & + & a_{22}x_2 & + & \cdots & + & a_{2n}x_n & = & b_2 \\ \vdots & & & & & & & & \vdots \\ a_{n1}x_1 & + & a_{n2}x_2 & + & \cdots & + & a_{nn}x_n & = & b_n \end{array} \quad , \quad \text{kurz} \quad Ax = b \tag{2.1}$$

mit der *Koeffizientenmatrix* $A = (a_{ij}) \in \mathbb{R}^{n \times n}$, der *rechten Seite* $b = (b_i) \in \mathbb{R}^n$ und dem Vektor $x = (x_j) \in \mathbb{R}^n$ der *Unbekannten*[1].

Wir setzen voraus, daß A regulär ist, also die *Determinante* $\det(A)$ nicht Null ist und somit die *Inverse* A^{-1} existiert. Genau dann ist (2.1) für jede rechte Seite eindeutig durch $x^* = A^{-1}b$ lösbar. Die praktische Bestimmung von x^* über die Berechnung von A^{-1} und nachfolgende Multiplikation mit b ist übrigens aus Aufwands- und Stabilitätsgründen fast immer die schlechteste aller Möglichkeiten und sollte daher tunlichst vermieden werden!

Lineare reguläre Systeme (2.1) entstehen unmittelbar bei der Beschreibung von mechanischen oder elektrischen Netzwerken u. ä. Sehr oft treten solche Systeme bei der Diskretisierung von z. B. Differentialgleichungen auf, siehe Kapitel 8. Schließlich führen auch Aufgaben wie Approximation von Funktionen, Berechnung von Eigenwerten oder Lösung nichtlinearer Gleichungen auf lineare Gleichungssysteme. *Die Bereitstellung effektiver und stabiler, d. h. gegenüber Rundungsfehlern unempfindlicher Algorithmen zur Lösung linearer Systeme ist daher eine Basisaufgabe der Numerischen Mathematik.*

Es gibt zwei alternative Verfahrensklassen zur Lösung linearer Systeme: direkte und iterative Verfahren. Bei den in diesem Kapitel behandelten *direkten Verfahren* wird das Ausgangssystem (2.1) in $n-1$ Schritten äquivalent, also bei Erhalt der Lösung x^*, gemäß

$$\{A, b\} =: \{A^{(1)}, b^{(1)}\} \mapsto \{A^{(2)}, b^{(2)}\} \mapsto \cdots \mapsto \{A^{(n)}, b^{(n)}\} =: \{U, c\}$$

[1]Mit $\mathbb{R}^n$ bezeichnen wir die Menge der n-dimensionalen Vektoren $x = (x_i)$, mit $\mathbb{R}^{m \times n}$ die Menge der $(m \times n)$-Matrizen $A = (a_{ij})$.

in ein System

$$\begin{array}{ccccccccc} u_{11}x_1 & + & u_{12}x_2 & + & \cdots & + & u_{1n}x_n & = & c_1 \\ & & u_{22}x_2 & + & \cdots & + & u_{2n}x_n & = & c_2 \\ & & & \ddots & & & & \vdots & \\ & & & & \ddots & & & \vdots & \\ & & & & & & u_{nn}x_n & = & c_n \end{array} \quad , \text{ kurz } \; Ux = c \tag{2.2}$$

mit einer *oberen Dreiecksmatrix* U, englisch *upper triangular matrix*, transformiert. Aus diesem können die Unbekannten „von unten nach oben" einfach berechnet werden. Im k-ten Schritt, d. h. beim Übergang von $A^{(k)}x = b^{(k)}$ zu $A^{(k+1)}x = b^{(k+1)}$, werden dabei die gewünschten Nullen in Spalte k erzeugt. Es handelt sich also um Transformationsverfahren im Sinne von Abschnitt 1.2.

Mit Transformationsverfahren lassen sich auch überbestimmte Gleichungssysteme, bei denen die Anzahl der Gleichungen größer als die der Unbekannten ist, nach der *Methode der kleinsten Fehlerquadrate* lösen. Auf solche linearen Quadratmittelprobleme gehen wir im Abschnitt 2.3 ein.

2.1 Der Gaußsche Algorithmus

2.1.1 Die Grundform des Gaußschen Algorithmus

Beim Gaußschen Algorithmus als *dem* direkten Verfahren zur Lösung regulärer linearer Gleichungssysteme werden die im k-ten Schritt zu erzeugenden Nullen in der *Pivotspalte* k durch Linearkombination der Zeile k von $A^{(k)}x = b^{(k)}$, der sog. *Pivotzeile*, mit den restlichen Zeilen $k+1, \ldots, n$ erzeugt.

Im ersten Schritt $k = 1$ muß also $\{A^{(1)}, b^{(1)}\} := \{A, b\}$ durch solche Zeilenkombinationen in $\{A^{(2)}, b^{(2)}\} =: \{\bar{A}, \bar{b}\}$ mit

$$\bar{A} = \left(\begin{array}{c|ccc} a_{11} & a_{12} & \ldots & a_{1n} \\ \hline 0 & \bar{a}_{22} & \ldots & \bar{a}_{2n} \\ \vdots & \vdots & & \vdots \\ 0 & \bar{a}_{n2} & \ldots & \bar{a}_{nn} \end{array} \right) = \left(\begin{array}{c|c} a_{11} & a_{12} \ldots a_{1n} \\ \hline 0 & \\ \vdots & M \\ 0 & \end{array} \right) \tag{2.3}$$

transformiert werden. Um die gewünschte Null in Zeile i zu erzeugen, wird das ℓ_{i1}-fache der ersten Zeile von (2.1) von Zeile i subtrahiert. Dies führt auf

$$(a_{i1} - \ell_{i1}a_{11})x_1 + (a_{i2} - \ell_{i1}a_{12})x_2 + \cdots + (a_{in} - \ell_{i1}a_{1n})x_n = b_i - \ell_{i1}b_1.$$

Unter der Voraussetzung $a_{11} \neq 0$ wird der Koeffizient $a_{i1} - \ell_{i1}a_{11}$ von x_1 genau dann Null, wenn $\ell_{i1} := a_{i1}/a_{11}$ gesetzt wird. Die Elemente der Restmatrix M

von $\bar{A}$ ergeben sich mit diesen *Eliminationskoeffizienten* ℓ_{i1} zu $\bar{a}_{ij} := a_{ij} - \ell_{i1} a_{1j}$, $i, j = 2, \dots, n$. Die rechte Seite $b = (b_i)$ wird analog in $\bar{b} = (b_1, \bar{b}_2, \dots, \bar{b}_n)^T = b^{(2)}$ transformiert gemäß $\bar{b}_i := b_i - \ell_{i1} b_1$, $i = 2, \dots, n$.

Das transformierte System $\bar{A}x = \bar{b}$, d. h. $A^{(2)}x = b^{(2)}$, besteht also aus der ersten Zeile $a_{11}x_1 + a_{12}x_2 + \cdots + a_{1n}x_n = b_1$ des Originalsystems und dem durch die Matrix M beschriebenen Restsystem

$$\begin{pmatrix} \bar{a}_{22} & \dots & \bar{a}_{2n} \\ \vdots & & \vdots \\ \bar{a}_{n2} & \dots & \bar{a}_{nn} \end{pmatrix} \begin{pmatrix} x_2 \\ \vdots \\ x_n \end{pmatrix} = \begin{pmatrix} \bar{b}_2 \\ \vdots \\ \bar{b}_n \end{pmatrix}, \tag{2.4}$$

in dem die Unbekannte x_1 nicht mehr auftritt. Sie ist aus den Gleichungen 2 bis n eliminiert worden, deshalb spricht man auch vom *Gaußschen Eliminationsverfahren.* Dieses Vorgehen wird fortgesetzt: Unter der Voraussetzung $\bar{a}_{22} = a_{22}^{(2)} \neq 0$ kann x_2 aus dem System (2.4) der Dimension $n-1$ eliminiert werden usw., bis nach $n-1$ Eliminationsschritten nur noch die letzte Unbekannte x_n in der letzten Gleichung $a_{nn}^{(n)} x_n = b_n^{(n)}$ vorkommt.

Unter der Voraussetzung

$$a_{kk}^{(k)} \neq 0, \quad k = 1, \dots, n \tag{2.5}$$

verläuft die gesamte Transformation $\{A, b\} \mapsto \{U, c\}$ dann[2] wie folgt:

$A^{(1)} := A,\ b^{(1)} := b$ % Initialisierung

for $k = 1 : n-1$ % Schritt k: $\{A^{(k)}, b^{(k)}\} \mapsto \{A^{(k+1)}, b^{(k+1)}\}$

$$\ell_{ik} := a_{ik}^{(k)} / a_{kk}^{(k)} \qquad i = k+1, \dots, n \tag{2.6}$$

$$a_{ij}^{(k+1)} := \begin{cases} 0 & i = k+1, \dots, n,\ j = k \\ a_{ij}^{(k)} - \ell_{ik} a_{kj}^{(k)} & i, j = k+1, \dots, n \\ a_{ij}^{(k)} & \text{sonst} \end{cases} \tag{2.7}$$

$$b_i^{(k+1)} := \begin{cases} b_i^{(k)} - \ell_{ik} b_k^{(k)} & i = k+1, \dots, n \\ b_i^{(k)} & \text{sonst} \end{cases} \tag{2.8}$$

end % k

$U := A^{(n)},\ c := b^{(n)}$

[2]Wie in MATLAB ist der nach % stehende Text ein Kommentar, und $m : l : n$ bezeichnet die Indexmenge $m, m+l, m+2l, \dots, n$. Ist $l = 1$, wird einfach $m : n$ geschrieben; im Fall $m > n$ ist diese Menge leer. Bei negativer Schrittweite l ist sinngemäß zu verfahren.

Aus den Zeilen $u_{ii}x_i + u_{i,i+1}x_{i+1} + \cdots + u_{in}x_{in} = c_i$ des Schlußsystems $Ux = c$ werden schließlich die Unbekannten in der Reihenfolge $x_n, \ldots, x_1$ berechnet[3]:

> Berechnung von x aus $Ux = c$
>
> $$\textbf{for } i = n : -1 : 1 \textbf{ do } x_i := (c_i - \textstyle\sum_{j=i+1}^{n} u_{ij}x_j)/u_{ii} \textbf{ end} \tag{2.9}$$

Insgesamt erhalten wir

> **Algorithmus 2.1 (Gaußscher Algorithmus).** Grundversion
>
> S1: Vorwärtselimination: $\{A, b\} \mapsto \{U, c\}$
> Transformiere $\{A, b\}$ nach $\{U, c\}$ gemäß (2.6), (2.7) und (2.8)
>
> S2: Rücksubstitution: $\{U, c\} \mapsto x$
> Berechne x als Lösung von $Ux = c$ nach (2.9)

Beispiel 2.2. Für das (3×3)-System

$$\begin{pmatrix} 2 & -2 & 4 \\ 1 & 3 & 6 \\ -1 & 2 & 1 \end{pmatrix} \begin{pmatrix} x_1 \\ x_2 \\ x_3 \end{pmatrix} = \begin{pmatrix} 10 \\ 25 \\ 6 \end{pmatrix}$$

ergibt sich:

ℓ_{i1}	$A^{(1)}$			$b^{(1)}$
	2	−2	4	10
$\frac{1}{2}$	1	3	6	25
$-\frac{1}{2}$	−1	2	1	6

$\mapsto$

ℓ_{i2}	$A^{(2)}$			$b^{(2)}$
	2	−2	4	10
	0	4	4	20
$\frac{1}{4}$	0	1	3	11

$\mapsto$

$A^{(3)}$			$b^{(3)}$
2	−2	4	10
0	4	4	20
0	0	2	6

Aus $Ux = c$ erhält man $x_3 = 6/2 = 3$, $x_2 = (20 - 4x_3)/4 = 8/4 = 2$, $x_1 = (10 + 2x_2 - 4x_3)/2 = 2/2 = 1$. □

Die Computerrealisierung erfolgt *in situ*: Die Daten $\{A^{(k)}, b^{(k)}\}$ werden bei der Transformation auf dem Platz der Ausgangsdaten $\{A, b\}$, die ℓ_{ik} auf den Plätzen $\{i, k\}$ der durch sie erzeugten Nullen gespeichert. Bei der Rücksubstitution wird die auf b stehende transformierte rechte Seite c mit x überschrieben. Für Beispiel 2.2 ergibt sich also:

A			b
2	−2	4	10
1	3	6	25
−1	2	1	6

$\longmapsto$

L/U			x
2	−2	4	1
$\frac{1}{2}$	4	4	2
$-\frac{1}{2}$	$\frac{1}{4}$	2	3

[3]Dabei wird eine Summe $\sum_{j=n+1}^{n}$ analog zum Konstrukt $m : n$ als leer angesehen, wenn der untere Index größer als der obere ist.

2.1.2 Pivotisierung

Die bisher vorausgesetzte Durchführbarkeitsbedingung (2.5) ist für gewisse Klassen von Koeffizientenmatrizen stets erfüllt. Dazu gehören

- *strikt diagonaldominante Matrizen*: Diese sind durch die Bedingung

$$|a_{ii}| > \sum_{j \neq i} |a_{ij}|, \quad i = 1, \ldots, n \tag{2.10}$$

  charakterisiert,
- *symmetrische, positiv definite Matrizen*: Eine Matrix A heißt *symmetrisch*, wenn $A = A^T$, und *positiv definit*, wenn für die *quadratische Form*

$$x^T A x = \sum_{i,j=1}^{n} a_{ij} x_i x_j > 0 \quad \text{für alle } x \neq 0 \tag{2.11}$$

  gilt[4]. Eine symmetrische Matrix A ist positiv definit genau dann, wenn alle Eigenwerte $\lambda_1(A), \ldots, \lambda_n(A)$ positiv sind.

Matrizen beider Klassen sind regulär, und der Gaußsche Algorithmus ist für sie auch stabil durchführbar.

Allerdings braucht die Bedingung (2.5) für eine reguläre Matrix A nicht notwendig erfüllt zu sein; z. B. kann durchaus $a_{11} = 0$ gelten, so daß bereits der erste Schritt nicht durchführbar ist. Die Gültigkeit von (2.5) kann jedoch stets erzwungen werden, indem in der aktuellen *Pivotspalte* k unter den Elementen $a_{ik}^{(k)}$, $i = k, \ldots, n$, ein $a_{zk}^{(k)} \neq 0$ gesucht und durch Vertauschung der Zeilen k und z von $\{A^{(k)}, b^{(k)}\}$ in die Position $\{k, k\}$ gebracht wird. Ein solcher Pivotkandidat muß stets existieren, denn anderenfalls wäre $a_{ik}^{(k)} = 0$ für $i = k, \ldots, n$, also A singulär, was wir ausgeschlossen hatten. Ein Blick auf (2.6) zeigt außerdem, daß $|a_{kk}^{(k)}|$ möglichst groß sein sollte, um betragskleine Nenner und damit betragsgroße Eliminationskoeffizienten ℓ_{ik} zu verhindern. Man wählt daher einen betragsgrößten Kandidaten der Pivotspalte als neues Pivot, d. h., man bestimmt $z = z(k)$ gemäß $|a_{z(k),k}^{(k)}| = \max\{|a_{ik}^{(k)}| : i = k, \ldots, n\}$. Nach Vertauschung der Zeilen k und $z(k)$ ist dann $a_{kk}^{(k)}$ betragsmaximal, was $|\ell_{ik}| = |a_{ik}^{(k)}|/|a_{kk}^{(k)}| \leq 1$ impliziert. Dies ist die heute übliche, als *Spaltenpivotisierung* oder *partielle Pivotisierung* bezeichnete Vorgehensweise. Sie garantiert Durchführbarkeit und Stabilität des Gaußchen Algorithmus, solange A nicht fast singulär ist, siehe z. B. [KiSw88, GoVL96].

[4] Mit x^T wird der zu x *transponierte* (Zeilen-) *Vektor*, mit A^T die zu A *transponierte* (an der Diagonalen gespiegelte) *Matrix* bezeichnet.

2.1.3 Gaußscher Algorithmus als LU-Faktorisierung

Die Transformation $A^{(k)} \mapsto A^{(k+1)}$ gemäß (2.7) lautet in Matrixnotation[5]

$$A^{(k+1)} = L_k A^{(k)} \quad \text{mit} \quad L_k := \begin{pmatrix} 1 & & & & & \\ & \ddots & & & & \\ & & 1 & & & \\ & & -l_{k+1,k} & \ddots & & \\ & & \vdots & & \ddots & \\ & & -l_{n,k} & & & 1 \end{pmatrix}. \tag{2.12}$$

Eine Matrix der Form L_k heißt *Eliminationsmatrix*. Damit ergibt sich

$$U = A^{(n)} = L_{n-1}A^{(n-1)} = L_{n-1}L_{n-2}A^{(n-2)} = \cdots = L_{n-1}L_{n-2}\cdots L_1 A^{(1)}.$$

Wegen $\det(L_k) = 1$ sind die Matrizen L_k regulär, so daß

$$A = A^{(1)} = (L_{n-1}\cdots L_1)^{-1}A^{(n)} = L_1^{-1}\cdots L_{n-1}^{-1}U = LU \tag{2.13}$$

mit $L := L_1^{-1}\cdots L_{n-1}^{-1}$ folgt. Nun entsteht L_k^{-1} einfach aus L_k, indem die Elemente $-\ell_{ik}$ durch $+\ell_{ik}$ ersetzt werden, und bei der Multiplikation der L_k^{-1} füllt sich das untere Dreieck einfach mit den ℓ_{ik} auf, siehe Aufgabe 2.1:

$$L = L_1^{-1}\cdots L_{n-1}^{-1} = \begin{pmatrix} 1 & & & \\ \ell_{21} & 1 & & \\ \vdots & \ddots & \ddots & \\ \ell_{n1} & \dots & \ell_{n,n-1} & 1 \end{pmatrix}. \tag{2.14}$$

Wir haben damit einen einfachen Zusammenhang zwischen den Eliminationskoeffizienten ℓ_{ik} und den Elementen u_{kj} von U gefunden:

Satz 2.3 (LU-Faktorisierung). *Der Gaußsche Algorithmus sei ohne Pivotisierung durchführbar. Dann gilt*

$$A = LU \tag{2.15}$$

mit der oberen Dreiecksmatrix $U = A^{(n)}$ und der unteren Dreiecksmatrix L der Eliminationskoeffizienten ℓ_{ik} gemäß (2.14).

Der Gaußsche Algorithmus läßt sich also bezüglich der Matrix A als *Dreiecks- oder LU-Faktorisierung* interpretieren.

[5]Wir tragen in Matrizen nur diejenigen Positionen ein, auf denen von Null verschiedene Elemente stehen oder stehen können. Freibleibende Positionen sind also stets als mit Nullen ausgefüllt zu verstehen.

In analoger Weise kann die Transformation $b^{(k)} \mapsto b^{(k+1)}$ in (2.8) unter Verwendung von L_k als $b^{(k+1)} = L_k b^{(k)}$ geschrieben werden, was auf

$$c = b^{(n)} = L_{n-1} \cdots L_1 b = L^{-1} b \quad \text{bzw.} \quad Lc = b$$

führt. Die transformierte rechte Seite c löst also das obere Dreieckssystem $Lc = b$, aus dessen Zeilen $\ell_{i1}c_1 + \ell_{i2}c_2 + \cdots + \ell_{i,i-1}c_{i-1} + c_i = b_i$ die Komponenten von c „von oben nach unten" wie folgt berechnet werden können:

Berechnung von c aus $Lc = b$

for $i = 1 : n$ **do** $c_i := b_i - \sum_{j=1}^{i-1} \ell_{ij} c_j$ **end** (2.16)

Nach diesen Überlegungen können wir die Berechnung der Lösung x aus den Daten $\{A, b\}$ in zwei Schritte aufspalten: Im ersten werden die Dreiecksfaktoren L und U aus A berechnet, im zweiten wird x aus b unter Verwendung von L und U bestimmt.

Algorithmus 2.4 (Gaußscher Algorithmus). *LU*-Version

S1: Faktorisierung: $A \mapsto \{L, U\}$
Berechne Dreiecksfaktoren L und $U = A^{(n)}$ nach (2.6), (2.7)

S2: Lösung: $\{L, U, b\} \mapsto x$
Berechne c als Lösung von $Lc = b$ nach (2.16)
Berechne x als Lösung von $Ux = c$ nach (2.9)

Bemerkung 2.5. Schritt S1 hängt nur von A ab und kann auf dem Platz von A ausgeführt werden. Der Aufwand ist $\sim 2n^3/3$ *flops*. Dabei bezeichnet ein *flop* eine Gleitpunktoperation $\alpha = \beta \operatorname{op} \gamma$ mit $\operatorname{op} \in \{+, -, *, /\}$, später auch eine Wurzelberechnung $\alpha = \sqrt{\beta}$.

Die Relation $F(n) \sim Kn^p$ bedeutet *asymptotische Gleichheit* im Sinne von $\lim_{n\to\infty} \frac{F(n)}{Kn^p} = 1$. In unserem Fall ist $F(n) = 2n^3/3 + K_2 n^2 + K_1 n + K_0$ mit gewissen Konstanten K_0, K_1, K_2.

Schritt S2 hängt nur von b und den in S1 berechneten Faktoren L, U ab. Der Aufwand ist $\sim 2n^2$ *flops*, also um den Faktor $n/3$ kleiner als für S1. Es ist daher zweckmäßig, beide Schritte S1 und S2 in getrennten Routinen zu realisieren. Falls mehrere Gleichungssysteme mit derselben Matrix A zu lösen sind, braucht dann der teure Faktorisierungsschritt S1 nur einmal realisiert zu werden, und jede rechte Seite b wird durch einen Lösungsschritt S2 mit denselben, einmal berechneten Faktoren L, U in die zugehörige Lösung x transformiert. In dieser Form wird der Gaußsche Algorithmus in heute verwendeten Programmpaketen wie LAPACK realisiert. □

Falls mit Spaltenpivotisierung gearbeitet wird, müssen die Zeilenvertauschungen über die Vertauschungsindizes $z(1), \ldots, z(n-1)$ in einem Integerfeld z der Länge n gespeichert werden, das dann mit als Output von Schritt S1 auftritt: $A \mapsto \{L, U, z\}$. Werden im Schritt k die bereits berechneten ℓ_{ij} in den Spalten $1, \ldots, k-1$ von L dabei wie die Zeilen von $A^{(k)}$ mit vertauscht, gilt $\bar{A} := LU$, wobei $\bar{A}$ aus den analog vertauschten Zeilen der Originalmatrix A besteht. Im Schritt S2 ist dann statt $Lc = b$ das Dreieckssystem $Lc = \bar{b}$ zu lösen, wobei $\bar{b}$ die entsprechend vertauschten Komponenten der rechten Seite b sind. Dazu wird z benötigt und muß als Input von S2 bereitgestellt werden: $\{b, L, U, z\} \mapsto x$.

2.1.4 Direkte LU-Faktorisierungen und spezielle Matrizen

Die signifikanten Elemente von L und U können auch aus dem Ansatz $A = LU$ durch elementweises Gleichsetzen von A und LU in geeigneter Reihenfolge bestimmt werden.

Betrachtet man die Position $\{k, j\}$ mit $k \leq j$, ergibt sich

$$a_{kj} = (A)_{kj} \stackrel{!}{=} (LU)_{kj} = \sum_{i=1}^{k-1} \ell_{ki} u_{ij} + 1 \cdot u_{kj},$$

für $\{i, k\}$ mit $i > k$ dagegen

$$a_{ik} = (A)_{ik} \stackrel{!}{=} (LU)_{ik} = \sum_{j=1}^{k-1} \ell_{ij} u_{jk} + \ell_{ik} u_{kk}.$$

Aus diesen Gleichungen können die u_{kj} und ℓ_{ik} z. B. wie folgt berechnet werden:

Algorithmus 2.6. Direkte Dreiecksfaktorisierung: $A \mapsto \{L, U\}$

for $k = 1 : n$ **do**
  for $j = k : n$ **do** $u_{kj} = a_{kj} - \sum_{i=1}^{k-1} \ell_{ki} u_{ij}$ **end** % j
  for $i = k+1 : n$ **do** $\ell_{ik} = (a_{ik} - \sum_{j=1}^{k-1} \ell_{ij} u_{jk}) / u_{kk}$ **end** % i
end % k

Man beachte, daß die in der Anweisung $u_{kj} = \cdots$ bzw. $\ell_{ik} = \cdots$ rechts stehenden Element von L und U bereits vorher berechnet worden sind.

Die direkte LU-Faktorisierung kann auch mit Spaltenpivotisierung durchgeführt werden, siehe z. B. [KiSw88].

Ein wichtiger Sonderfall sind Gleichungssysteme mit symmetrischer und positiv definiter Koeffizientenmatrix A. Für diese ist der Gaußsche Algorithmus auch ohne Pivotisierung stabil durchführbar, vgl. (2.11), und es gilt

$$u_{kk} = a_{kk}^{(k)} > 0 \quad \text{sowie} \quad u_{kj} = u_{kk}\ell_{jk} \quad \text{für } j > k, \tag{2.17}$$

siehe Aufgabe 2.3. Faßt man die Diagonalelemente u_{kk} von U in der *Diagonalmatrix* $D := \operatorname{diag}(u_{11}, \dots, u_{nn})$ zusammen, bedeutet (2.17) gerade $U = DL^T$. Die LU-Faktorisierung geht damit in die symmetrische LDL^T-*Faktorisierung*

$$A = LU = LDL^T \tag{2.18}$$

über. Die u_{kj} oberhalb der Diagonalen brauchen also nicht explizit berechnet zu werden, der Aufwand reduziert sich auf $\sim n^3/3$ *flops*.

Zerlegt man D gemäß $D = D^{1/2}D^{1/2}$ mit $D^{1/2} := \operatorname{diag}(\sqrt{u_{kk}})$, folgt

$$A = LDL^T = LD^{1/2}D^{1/2}L^T = \widehat{L}\widehat{L}^T \quad \text{mit} \quad \widehat{L} := LD^{1/2}. \tag{2.19}$$

Dies ist die *Cholesky-* oder LL^T-*Faktorisierung* von A mit dem *Cholesky-Faktor*

$$\widehat{L} = \begin{pmatrix} \hat{\ell}_{11} & & \\ \vdots & \ddots & \\ \hat{\ell}_{n1} & \dots & \hat{\ell}_{nn} \end{pmatrix}, \qquad \ell_{ik} = \begin{cases} \sqrt{u_{kk}} > 0 & i = k, \\ \sqrt{u_{kk}}\,\ell_{ik} & i > k. \end{cases} \tag{2.20}$$

Aus dem Ansatz $A = \widehat{L}\widehat{L}^T$ ergeben sich die $\hat{\ell}_{ik}$ analog zu Algorithmus 2.6:

Algorithmus 2.7. Direkte Cholesky-Faktorisierung: $A \mapsto \widehat{L}$

for $k = 1 : n$ **do**
  $\hat{\ell}_{kk} = \operatorname{sqrt}(a_{kk} - \sum_{i=1}^{k-1} \hat{\ell}_{ki}^2)$
  for $i = k+1 : n$ **do** $\hat{\ell}_{ik} = (a_{ik} - \sum_{j=1}^{k-1} \hat{\ell}_{ij}\hat{\ell}_{kj})/\hat{\ell}_{kk}$ **end** % i
end % k

Der Aufwand ist $\sim n^3/3$ *flops*. Man überlegt sich, daß dieser Algorithmus genau dann mit $\hat{\ell}_{kk} > 0$ durchführbar ist, wenn A positiv definit ist. Er kann daher verwendet werden, um effizient die positive Definitheit einer symmetrischen Matrix festzustellen. Schließlich ergibt sich x analog zu (2.16), (2.9) durch Auflösung von $\widehat{L}\hat{c} = b$ nach $\hat{c}$ und von $\widehat{L}^T x = \hat{c}$ nach x mit insgesamt $\sim 2n^2$ *flops* gemäß

Algorithmus 2.8. Cholesky-Lösung: $\{\widehat{L}, b\} \mapsto x$

for $i = 1 : n$ **do** $\hat{c}_i := (b_i - \sum_{j=1}^{i-1} \hat{\ell}_{ij}c_j)/\hat{\ell}_{ii}$ **end**
for $i = n : -1 : 1$ **do** $x_i := (\hat{c}_i - \sum_{j=i+1}^{n} \hat{\ell}_{ji}x_j)/\hat{\ell}_{ii}$ **end**

Verschiedene Aufgaben wie die Splineinterpolation aus Abschnitt 5.1.2 oder die Lösung von Randwertaufgaben bei gewöhnlichen Differentialgleichungen im Abschnitt 8.1 führen auf Gleichungssysteme mit *Tridiagonalmatrizen*

$$T = \begin{pmatrix} \alpha_1 & \beta_1 & & & \\ \gamma_2 & \alpha_2 & \beta_2 & & \\ & \ddots & \ddots & \ddots & \\ & & \gamma_{n-1} & \alpha_{n-1} & \beta_{n-1} \\ & & & \gamma_n & \alpha_n \end{pmatrix}. \tag{2.21}$$

Tridiagonalmatrizen sind ein Spezialfall von *Bandmatrizen* vom Typ $\{p, q\}$. Bei diesen treten nichtverschwindende Elemente nur auf der *Hauptdiagonalen* und jeweils benachbarten p unteren und q oberen *Nebendiagonalen* auf. Diese Positionen werden als das *Band* von A bezeichnet.

Offensichtlich bleiben die außerhalb der Bandes stehenden Nullen bei der LU-Faktorisierung erhalten, falls ohne Pivotisierung gearbeitet werden kann. Die Faktoren L und U können dann auf dem Platz des Bandes von A gespeichert werden. Im Fall der obigen Tridiagonalmatrix (2.21) gilt demnach

$$L = \begin{pmatrix} 1 & & & & \\ \ell_2 & 1 & & & \\ & \ddots & \ddots & & \\ & & \ell_{n-1} & 1 & \\ & & & \ell_n & 1 \end{pmatrix}, \quad U = \begin{pmatrix} d_1 & u_1 & & & \\ & d_2 & u_2 & & \\ & & \ddots & \ddots & \\ & & & d_{n-1} & u_{n-1} \\ & & & & d_n \end{pmatrix}. \tag{2.22}$$

Gleichsetzen von A und LU liefert für die Positionen $\{i, i-1\}$, $\{i, i\}$, $\{i, i+1\}$ die Identitäten $\gamma_i = \ell_i d_{i-1}$, $\alpha_i = \ell_i u_{i-1} + d_i$, $\beta_i = u_i$ mit offensichtlichen Modifikationen für $i = 1, n$. Durch Auflösen nach ℓ_i, d_i und u_i ergibt sich

Algorithmus 2.9. Tridiagonale LU-Faktorisierung: $T \mapsto \{L, U\}$

$d_1 = \alpha_1,\ u_1 = \beta_1$
for $i = 2 : n-1$ **do** $\ell_i = \gamma_i / d_{i-1},\ d_i = \alpha_i - \ell_i u_{i-1},\ u_i = \beta_i$ **end**
$\ell_n = \gamma_n / d_{n-1},\ d_n = \alpha_n - \ell_n u_{n-1}$

Die Lösung x erhält man aus $Lc = b$ und $Ux = c$ gemäß

Algorithmus 2.10. Tridiagonale Lösung: $\{L, U, b\} \mapsto x$

$c_1 = b_1$, **for** $i = 2 : n$ **do** $c_i = b_i - \ell_i c_{i-1}$ **end**
$x_n = c_n / d_n$, **for** $i = n-1 : -1 : 1$ **do** $x_i = (c_i - u_i x_{i+1}) / d_i$ **end**

Bemerkung 2.11. Die Faktorisierung erfordert $\sim 3n$ *flops*, die Berechnung von x ist mit $\sim 5n$ *flops* sogar etwas teurer. Die Gesamtzahl der Operationen zur Lösung von $Tx = b$ ist $\sim 8n$, also das Doppelte der Anzahl $\sim 4n$ der Daten $\{\gamma_i, \alpha_i, \beta_i, b_i\}$. Da jedes Datenelement in mindestens einer Operation vorkommen muß, ist der tridiagonale Gaußsche Algorithmus „fast" optimal: Der Quotient aus Operations- und Datenzahl ist 2, also unabhängig von n und nahe bei Eins. Im Fall einer vollbesetzten Matrix ist dies nicht der Fall: Den $\sim 2n^3/3$ *flops* für den Gaußschen Algorithmus stehen die $\sim n^2$ Daten $\{a_{ij}, b_i\}$ gegenüber, der Quotient $2n/3$ wächst linear mit n. □

Bei Bandmatrizen größerer Bandbreite – etwa *Fünfdiagonalmatrizen* mit je zwei besetzten Nebendiagonalen – wird analog vorgegangen. Falls mit Spaltenpivotisierung gearbeitet werden muß, vergrößert sich die Anzahl der besetzten oberen Nebendiagonalen um die Anzahl der unteren Nebendiagonalen, siehe z. B. [KiSw88] für eine ausführliche Diskussion.

Komplizierter ist die Situation, wenn A zwar sehr viele Nullen als Elemente hat, die von Null verschiedenen Elemente aber unregelmäßig verteilt sind. Solche Matrizen bezeichnet man als *schwach besetzt*, engl. *sparse*. Im Laufe der LU-Faktorisierung entstehen jedoch auch Nichtnullelemente an Plätzen, wo A Nullen hat; man spricht von *Auffüllung*, engl. *fill in*. Wo eine solche Auffüllung entstehen kann, zeigt die Transformationsvorschrift (2.7): Wird wie dort $a_{kk}^{(k)}$ als Pivot genommen, ergeben sich die transformierten Elemente unter Beachtung von (2.6) zu

$$a_{ij}^{(k+1)} = a_{ij}^{(k)} - \ell_{ik} a_{kj}^{(k)} = a_{ij}^{(k)} - \frac{a_{ik}^{(k)} a_{kj}^{(k)}}{a_{kk}^{(k)}}, \qquad i, j = k+1, \ldots, n.$$

Ein Nullelement $a_{ij}^{(k)} = 0$ von $A^{(k)}$ kann also nur dann zu einem Element $a_{ij}^{(k+1)} \neq 0$ werden, wenn sowohl das zugehörige Element $a_{ik}^{(k)}$ der Pivotspalte als auch das Element $a_{kj}^{(k)}$ der Pivotzeile von Null verschieden sind. Da im Prinzip jedes Element $a_{zs}^{(k)} \neq 0$, $z, s = k, \ldots, n$, des aktuellen, durch $\{a_{ij}^{(k)}\}_{i,j=k}^{n}$ festgelegten Restsystems als Pivot genommen werden kann, wird man die Pivotindizes $z = z(k)$, $s = s(k)$ im Schritt k so wählen, daß die Anzahl der Nichtnullelemente in Zeile z und Spalte s dieses Teilsystems gering oder sogar minimal wird. Außerdem wird man nur die Nichtnullelemente von A und die im Laufe der Elimination durch Auffüllung hinzukommenden Elemente speichern.

Die Anpassung der LU-Faktorisierung an die schwache Besetztheit von A erfordert also eine *kompakte Speicherung der Nichtnullelemente* sowie eine *Pivotisierungsstrategie*, die die Auffüllung niedrig hält. Für beide Teilaufgaben gibt es umfangreiche Ergebnisse, wir verweisen auf [GeLi81] für den Fall symmetrisch definiter und [DuEr⁺86] für den Fall beliebiger Matrizen.

2.2 Störungstheorie, Fehlerabschätzung, iterative Verbesserung

In diesem Abschnitt soll untersucht werden, wie sich die Lösung eines regulären linearen Gleichungssystems der Dimension n bei Störungen der Daten $\{A, b\}$ verhält. Neben dem ungestörten System $Ax = b$ mit der Lösung $x^* = A^{-1}b$ betrachten wir ein *gestörtes System*

$$(A + \delta A)\tilde{x} = (A + \delta A)(x^* + \delta x) = b + \delta b \tag{2.23}$$

mit *Störungen* $\delta A \in \mathbb{R}^{n \times n}$, $\delta b \in \mathbb{R}^n$. Dieses Systems ist eindeutig lösbar – und zwar durch $\tilde{x} = x^* + \delta x = (A + \delta A)^{-1}(b + \delta b)$ – genau dann, wenn die Matrix $A + \delta A$ regulär ist. Wir untersuchen daher zuerst, für welche Störungen δA die Matrix $A + \delta A$ regulär bleibt. Um zu quantitativen Aussagen zu kommen, müssen wir die „Größe" von Vektoren und Matrizen durch eine Maßzahl charakterisieren. Dazu verwendet man *Normen:* Eine Funktion $\|\cdot\| : \mathbb{R}^n \to \mathbb{R}$ heißt *Vektornorm* oder kurz *Norm* auf $\mathbb{R}^n$, wenn sie die Bedingungen

$$\begin{aligned} &(N_1) \quad && \|x\| \geq 0, \quad \|x\| = 0 \text{ genau für } x = 0 \\ &(N_2) \quad && \|\lambda x\| = |\lambda|\,\|x\| \\ &(N_3) \quad && \|x + y\| \leq \|x\| + \|y\| \end{aligned} \tag{2.24}$$

für alle $x, y \in \mathbb{R}^n$ und alle $\lambda \in \mathbb{R}$ erfüllt; die letzte Bedingung heißt *Dreiecksungleichung.* Eine Vektornorm $\|\,.\,\|$ hat also dieselben Eigenschaften wie der Betrag $|\,.\,|$ einer reellen Zahl in $\mathbb{R}^1 = \mathbb{R}$. Am bekanntesten ist die

$$\textit{Euklidische Norm} \quad \|x\|_2 := \sqrt{x^T x} = \sqrt{\textstyle\sum_{i=1}^n x_i^2}. \tag{2.25}$$

Im Fall $n = 2, 3$ ist $\|x\|_2$ gerade die „Länge" des Vektors x im Sinne der Anschauung. Andere und praktisch wichtige Vektornormen sind

$$\|x\|_1 := \sum_{i=1}^n |x_i|, \quad \|x\|_\infty := \max_{i=1,\ldots,n} |x_i|; \tag{2.26}$$

sie heißen *Betragssummen-* bzw. *Maximumnorm.* Um eine Vorstellung von diesen Normen zu erhalten, geben wir für den Fall $n = 2$ in Abb. 2.1 die zugehörigen *Normkugeln* $\{x \in \mathbb{R}^n : \|x\|_p \leq 1\}$ mit dem Radius 1 für die Indizes $p = 1, 2, \infty$ an. Für $n = 3$ ist $\{x \in \mathbb{R}^3 : \|x\|_2 \leq 1\}$ eine Kugel mit Radius 1 im $\mathbb{R}^3$, was die Bezeichnung Normkugel erklärt.

Um den Zusammenhang mit der durch A definierten Abbildung $x \mapsto Ax$ herzustellen, ordnen wir der Matrix A auch eine Norm $\|A\|$ zu, die neben den Bedingungen (N_1), (N_2), (N_3) zusätzlich die Bedingung

$$\|Ax\| \leq \|A\|\,\|x\| \qquad \text{für alle } x \in \mathbb{R}^n \tag{2.27}$$

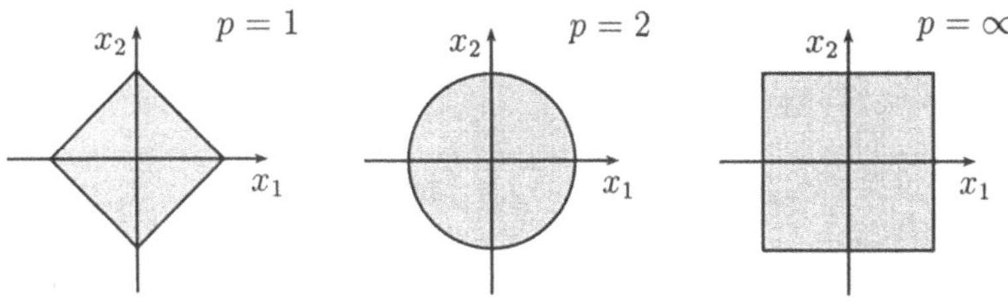

Abbildung 2.1: Normkugeln für $p = 1, 2, \infty$ im Fall $n = 2$

erfüllt, also in diesem Sinne mit der Vektornorm $\|x\|$ *konsistent* sein soll. Alle diese Eigenschaften werden von der durch

$$\begin{aligned}\|A\| &:= \min\{K \geq 0 : \|Ax\| \leq K\|x\| \quad \text{für alle } x \in \mathbb{R}^n\} \\ &= \max\{\|Ax\| : \|x\| \leq 1\}\end{aligned} \tag{2.28}$$

definierten Matrixnorm erfüllt, die als die *der Vektornorm* $\|\,.\,\|$ *zugeordnete Matrixnorm* bezeichnet wird. Für die obigen Vektornormen erhalten wir die

$$\textit{Spektralnorm} \qquad \|A\|_2 = \sqrt{\lambda_{\max}(A^T A)}, \tag{2.29}$$

$$\textit{Spaltensummennorm} \qquad \|A\|_1 = \max_{j=1,\ldots,n} \textstyle\sum_{i=1}^n |a_{ij}|, \tag{2.30}$$

$$\textit{Zeilensummennorm} \qquad \|A\|_\infty = \max_{i=1,\ldots,n} \textstyle\sum_{j=1}^n |a_{ij}|, \tag{2.31}$$

wobei $\lambda_{\max}(B)$ einen maximalen Eigenwert von B bezeichnet.

Im folgenden setzen wir stets voraus, daß $\|x\|$ eine der Vektornormen $\|x\|_p$, $p = 1, 2, \infty$, und $\|A\|$ die nach (2.28) zugeordnete Matrixnorm $\|A\|_p$ ist.

Wir können jetzt die Frage nach der Regularität von $A + \delta A$ beantworten:

Lemma 2.12 (Störungslemma). *Die Matrix A sei regulär, und die Störung δA sei klein im Sinne von*

$$\|\delta A\|\,\|A^{-1}\| < 1. \tag{2.32}$$

Dann ist auch $A + \delta A$ regulär, und für die Inverse $(A + \delta A)^{-1}$ gilt

$$\|(A + \delta A)^{-1}\| \leq \frac{\|A^{-1}\|}{1 - \|\delta A\|\,\|A^{-1}\|}. \tag{2.33}$$

Der Beweis ist nicht schwierig, wir verweisen auf die Literatur, z. B. [KiSw88].

Falls (2.32), also $\|\delta A\| < 1/\|A^{-1}\|$ gilt, bleibt die Regularität erhalten, und das gestörte System (2.23) ist dann auch eindeutig lösbar mit der Lösung

$\tilde{x} = x^* + \delta x = (A + \delta A)^{-1}(b + \delta b)$. Für die Störung $\delta x = \tilde{x} - x^*$ gegenüber der Lösung x^* des ungestörten Systems gilt dann $\delta x = (A + \delta A)^{-1}(\delta b - \delta A\, x^*)$, woraus mit (2.33) die Schranke

$$\|\delta x\| \leq \frac{\|A^{-1}\|}{1 - \|\delta A\|\,\|A^{-1}\|}\{\|\delta A\|\,\|x^*\| + \|\delta b\|\} \tag{2.34}$$

folgt. Im interessierenden Fall $b \neq 0$ ist auch $x^* \neq 0$. Division durch $\|x^*\|$ und Beachtung von $\|b\| = \|A^* x\| \leq \|A\|\,\|x^*\|$ führt dann auf die Schranke

$$\frac{\|\delta x\|}{\|x^*\|} \leq \frac{\|A\|\,\|A^{-1}\|}{1 - \|\delta A\|\,\|A^{-1}\|}\left\{\frac{(\|\delta A\|}{\|A\|} + \frac{\|\delta b\|}{\|b\|}\right\} \tag{2.35}$$

für die relative Störung $\|\delta x\|/\|x\|$. Für kleine δA ist $1 - \|\delta A\|\,\|A^{-1}\| \approx 1$, so daß sich (2.35) zu

$$\frac{\|\delta x\|}{\|x^*\|} \lessapprox \operatorname{cond}(A)\left\{\frac{\|\delta A\|}{\|A\|} + \frac{\|\delta b\|}{\|b\|}\right\} \quad \text{mit } \operatorname{cond}(A) := \|A\|\,\|A^{-1}\| \tag{2.36}$$

vereinfacht. Die relative Störung von x kann also höchstens um den Faktor $\operatorname{cond}(A)$ größer sein als die relativen Störungen von A und b. Die Zahl $\operatorname{cond}(A)$ heißt *Kondition* von A; es gilt stets $\operatorname{cond}(A) \geq 1$.

Es sei jetzt x eine beliebige Näherung für die exakte Lösung x^*, z. B. die nach dem Gaußschen Algorithmus auf einem Computer berechnete. Für deren *Fehler* $d^* := x^* - x$ gilt

$$Ad^* = Ax^* - Ax = b - Ax =: r(x) =: r. \tag{2.37}$$

Die rechte Seite $r = b - Ax$ ist das einfach berechenbare *Residuum* oder der *Defekt* von x. Aus (2.37) folgt $d^* = x^* - x = A^{-1}r$, womit sich die Schranken

$$\|x^* - x\| \leq \|A^{-1}\|\,\|r\| \quad \text{sowie} \quad \frac{\|x^* - x\|}{\|x^*\|} \leq \|A\|\,\|A^{-1}\|\frac{\|r\|}{\|b\|} \tag{2.38}$$

für den absoluten und relativen Fehler von x ergeben. Um diese Fehlerschranken zu bestimmen, müssen $\|r\|$ und $\operatorname{cond}(A) = \|A\|\,\|A^{-1}\|$ bzw. $\|A^{-1}\|$ berechnet werden. Schätzwerte für $\operatorname{cond}(A)$ können mittels eines *Konditionsschätzers* aus den berechneten Dreiecksfaktoren L, U von A billig ermittelt werden, was z. B. im Softwarepaket LAPACK oder in MATLAB implementiert ist.

Gleichung (2.37) kann auch als lineares System $Ad^* = r$ für den unbekannten Fehler d^* angesehen und benutzt werden, um mittels der bereits berechneten LU-Faktorisierung nach dem Gaußschen Algorithmus 2.4, Schritt S2, eine Approximation d für d^* zu berechnen, die dann einen verbesserten Wert $x^+ = x + d = x + U^{-1}L^{-1}(b - Ax) =: G(x)$ für x^* liefert. Dieser Prozeß kann gemäß $x^{k+1} := G(x^k)$ wiederholt werden, was als *iterative Verbesserung* bezeichnet wird und i. allg. nach wenigen Schritten ein ausreichend genaues x^k liefert. Implementierungen findet man z. B. in LAPACK.

2.3 Lineare Quadratmittelprobleme

Wir betrachten wieder ein lineares Gleichungssystem $Ax = b$, lassen nun aber zu, daß mehr Gleichungen als Unbekannte vorhanden sind, also $A \in \mathbb{R}^{m \times n}$, $b \in \mathbb{R}^m$ mit $m > n$ gilt. Solche Systeme nennt man *überbestimmt*. Im allgemeinen haben solche Systeme keine Lösung, sie sind *inkonsistent*. Es ist dann sinnvoll, solche $x \in \mathbb{R}^n$ zu suchen, die das System bestmöglich im Sinne einer minimalen Euklidischen Norm des Residuums $r = b - Ax$ erfüllen. Die i.a. nicht lösbare Aufgabe $Ax = b$ wird durch die Ersatzaufgabe

$$\min\{\|b - Ax\|_2^2 : x \in \mathbb{R}^n\}, \qquad \text{kurz:} \quad Ax \cong b \tag{2.39}$$

ersetzt. Diese Aufgabe heißt *lineares Quadratmittelproblem*, und jede Lösung wird als *Quadratmittellösung* des überbestimmten Systems $Ax = b$ bezeichnet. Eine typische Quelle solcher Aufgaben sind Probleme der *diskreten Quadratmittelapproximation* und ähnliche statistische Fragestellungen, bei denen Parameter nach der Methode der kleinsten Quadrate geschätzt werden, siehe Abschnitt 5.2.1 und Problem (1.4). Um den Fall $m = n$ nicht unnötig auszuschließen, setzen wir im folgenden stets $m \geq n$ voraus.

Lösung von (2.39) bedeutet Minimierung der durch

$$\begin{aligned} \varphi(x) &:= \tfrac{1}{2}\,\|b - Ax\|_2^2 = \tfrac{1}{2}\,(b - Ax)^T(b - Ax) \\ &= \tfrac{1}{2}\,b^T b - x^T A^T b + \tfrac{1}{2}\,x^T A^T A x \end{aligned} \tag{2.40}$$

definierten quadratischen Funktion $\varphi : \mathbb{R}^n \to \mathbb{R}$. Gradient $\nabla\varphi$ und Hesse-Matrix $\nabla^2\varphi$ von φ ergeben sich zu

$$\nabla\varphi(x) = \left(\frac{\partial\varphi(x)}{\partial x_i}\right) = A^T b - A^T A x, \quad \nabla^2\varphi(x) = \left(\frac{\partial^2\varphi(x)}{\partial x_i \partial x_j}\right) = A^T A.$$

Die notwendige Extremalbedingung ist bekanntlich $\nabla\varphi(x) = 0$, also

$$A^T A x = A^T b. \tag{2.41}$$

Dies sind die zu (2.39) gehörenden *Gaußschen Normalgleichungen* $Gx = h$ mit der stets symmetrischen und positiv semidefiniten[6] Koeffizientenmatrix $G := A^T A \in \mathbb{R}^{n \times n}$ und der rechten Seite $h := A^T b \in \mathbb{R}^n$. Falls die Spalten von A linear unabhängig sind, also A vollen *Spaltenrang* n hat, ist G sogar positiv definit, siehe Aufgabe 2.4. Im folgenden wird dies stets vorausgesetzt. Dann ist G insbesondere regulär, so daß (2.41) die eindeutige Lösung $x^* = G^{-1}h = (A^T A)^{-1} A^T b$ hat. Da G die Hesse-Matrix von φ ist, muß x^* Minimum und damit eindeutige Lösung von (2.39) sein.

Es läßt sich zeigen, daß (2.39) und (2.41) auch im Fall linear abhängiger Spalten von A beide lösbar sind und dieselben Lösungen besitzen.

[6]Eine symmetrische Matrix G heißt *positiv semidefinit*, wenn $x^T G x \geq 0$ für alle x gilt.

2.3.1 Normalgleichungsverfahren

Die naheliegendste, auf Gauß zurückgehende Methode zur Lösung von (2.39) besteht in der Lösung der zugehörigen Normalgleichungen $Gx = h$. Im Vollrangfall ist deren Koeffizientenmatrix G symmetrisch und positiv definit, so daß die Cholesky-Faktorisierung nach Algorithmus 2.7 die Methode der Wahl ist.

Algorithmus 2.13. Normalgleichungsverfahren

S1: Matrixtransformation: $A \mapsto G \mapsto \widehat{L}$
  Berechne Normalgleichungsmatrix $G = (g_{ij}) = A^T A$
  Berechne Cholesky-Faktor $\widehat{L}$ von G nach Algorithmus 2.7

S2: Lösung: $\{A, \widehat{L}, b\} \mapsto h \mapsto x$
  Berechne rechte Seite $h = (h_i) := A^T b$ der Normalgleichungen
  Berechne x aus $\{\widehat{L}, h\}$ nach Algorithmus 2.8

Bemerkung 2.14. Schritt S1 hängt nur von der Matrix A ab. Wenn die Spalten von A gemäß $A = (a^1, \ldots, a^n)$ mit a^j bezeichnet werden, gilt $g_{ij} = (a^i)^T a^j$, d. h., g_{ij} ist das Skalarprodukt der Spalten i und j. Wegen der Symmetrie braucht nur ein Dreieck von G, z. B. das untere, berechnet zu werden. Dies kostet $\sim mn^2$ *flops*. Die Cholesky-Faktorisierung benötigt $\sim n^3/3$ *flops*. Schritt 2 erfordert die Berechnung der n Elemente $h_i = (a^i)^T b$, was $\sim 2mn$ *flops* kostet. Hinzu kommt die Lösung der beiden Dreieckssysteme mit $\widehat{L}^T$ und $\widehat{L}$ mit insgesamt $\sim 2n^2$ *flops*. Im praktisch wichtigen Fall $m \gg n$ steckt also der Hauptaufwand in der Berechnung der Normalgleichungsmatrix G. Bei der diskreten Quadratmittelapproximation (Parameterschätzung) ist n die Zahl der Koeffizienten (Parameter), m die i. allg. deutlich größere Zahl der Approximationsstellen (Meßpunkte), siehe wieder Abschnitt 5.2.1. □

Hinsichtlich der numerischen Stabilität, also Unempfindlichkeit gegenüber Rundungsfehlern, ist das Normalgleichungsverfahren für gewisse Klassen von Quadratmittelproblemen unbefriedigend. Für diese jedoch eher seltenen Fälle sollte eine iterative Verbesserung des berechneten x angeschlossen werden. Generell bessere Stabilität – siehe [KiSw88] für Details – besitzen die allerdings auch teureren Orthogonalisierungsverfahren des folgenden Abschnitts.

2.3.2 Orthogonalisierungsverfahren

Orthogonalisierungsverfahren beruhen auf einer *orthogonalen Faktorisierung*

$$A = QR, \qquad Q \in \mathbb{R}^{m \times \ell},\ R \in \mathbb{R}^{\ell \times n} \tag{2.42}$$

der Matrix A, wobei R eine obere Dreiecksmatrix und Q *spaltenorthonormal* ist, d. h., die Spalten q^j von Q sind orthogonal[7] und zudem normiert bezüglich der Euklidischen Norm. Dies bedeutet

$$(q^i)^T q^j = \delta_{ij} := \begin{cases} 1 & \text{für } i = j \\ 0 & \text{für } i \neq j \end{cases} \quad \text{bzw. äquivalent} \quad Q^T Q = I_\ell. \tag{2.43}$$

Das Zeichen δ_{ij} wird als *Kronecker-Symbol* bezeichnet.

Die einzelnen Methoden unterscheiden sich hinsichtlich des Formats der Faktoren, man hat entweder $\ell = n$ oder $\ell = m$.

Das älteste Orthogonalisierungsverfahren ist das *Gram-Schmidt-Verfahren* mit $\ell = n$. Bei diesem werden die Spalten a^j der Matrix $A = (a^1, \dots, a^n)$ derart sukzessive orthogonalisiert und normiert, daß

$$\operatorname{span}\{a^1, \dots, a^k\} = \operatorname{span}\{q^1, \dots, q^k\}, \quad k = 1, \dots, n \tag{2.44}$$

gilt. Dabei bezeichnet $\operatorname{span}\{a^1, \dots, a^k\} := \{y = \sum_{j=1}^k x_j a^j,\ x_j \in \mathbb{R}\}$ die Menge der Linearkombinationen der Vektoren $\{a^1, \dots, a^k\}$.

Im ersten Schritt wird $p^1 := a^1$, $r_{11} := \|p^1\|_2$, $q^1 := p^1/r_{11}$ gesetzt. Seien jetzt $\{q^1, \dots, q^{k-1}\}$ mit (2.44) und (2.43) bereits gefunden. Dann wird

$$p^k := a^k - \sum_{j=1}^{k-1} r_{jk} q^j \tag{2.45}$$

angesetzt, und die Koeffizienten r_{jk} werden so bestimmt, daß

$$0 \stackrel{!}{=} (q^i)^T p^k = (q^i)^T a^k - \sum_{j=1}^{k-1} r_{jk} (q^i)^T q^j = (q^i)^T a^k - r_{ik}, \quad i = 1, \dots, k-1$$

gilt, also p^k orthogonal zu den bereits berechneten Spalten $q^1, \dots, q^k$ ist. Daraus folgt $r_{ik} = (q^i)^T a^k$. Das mit diesen Koeffizienten gemäß (2.45) gebildete p^k wird abschließend normiert, d. h., man setzt $q^k := p^k / r_{kk}$ mit $r_{kk} := \|p^k\|_2$. Dieser Prozeß ist bis q^n durchführbar, denn anderenfalls wäre $p^k = 0$, wegen (2.45), (2.44) also $a^k = \sum_{j=1}^{k-1} r_{jk} q^j \in \operatorname{span}\{a^1, \dots, a^{k-1}\}$ im Widerspruch zur vorausgesetzten linearen Unabhängigkeit der a^j.

Faßt man die Vektoren q^j in der Matrix $Q = (q^1, \dots, q^n) \in \mathbb{R}^{m \times n}$, die Koeffizienten r_{jk} in der oberen Dreiecksmatrix $R = (r_{jk}) \in \mathbb{R}^{n \times n}$ gemäß (2.46) unten zusammen, verläuft der gesamte Orthogonalisierungsprozeß wie folgt:

[7]Zwei Vektoren $u, v \in \mathbb{R}^m$ heißen *orthogonal*, wenn ihr *Skalarprodukt* $u^T v$ Null ist, also $u^T v = \sum_{i=1}^m u_i v_i = 0$ gilt. Im Fall $u \neq 0$, $v \neq 0$ ist der *Winkel* $\varphi \in [0, \pi]$ zwischen u und v durch $\cos \varphi = (u^T v)/(\|u\|_2 \|v\|_2)$ definiert.

Algorithmus 2.15. Gram-Schmidt-Orthogonalisierung: $A \mapsto \{Q, R\}$
for $k = 1 : n$ **do**
$p^k = a^k$
for $j = 1 : k-1$ **do** $r_{jk} = (q^j)^T a^k$, $p^k := p^k - r_{jk} q^j$ **end** % j
$r_{kk} = \|p^k\|_2$, $q^k = p^k / r_{kk}$
end % k

Aus (2.45) folgt $a^k = p^k + \sum_{j=1}^{k-1} r_{jk} q^j = r_{jk} q^k + \sum_{j=1}^{k-1} r_{jk} q^j = \sum_{j=1}^{k} r_{jk} q^j$. In Matrixnotation liest sich das als

$$A = QR \qquad \text{mit} \quad R := \begin{pmatrix} r_{11} & \dots & r_{1n} \\ & \ddots & \vdots \\ & & r_{n1} \end{pmatrix} \in \mathbb{R}^{n \times n}, \tag{2.46}$$

es liegt in der Tat eine orthogonale Faktorisierung mit $\ell = n$ vor. Mit dieser ergibt sich die Lösung x von $Ax \cong b$ zu

$$x = (A^T A)^{-1} A^T b = (R^T Q^T Q R)^{-1} R^T Q^T b = R^{-1} (R^T)^{-1} R^T Q^T b = R^{-1} c,$$

wobei $c := Q^T b$, d. h. $c_j = (q^j)^T b$ gesetzt wurde. Wie in (2.9) wird x also aus $Rx = c$ berechnet. Das zugehörige minimale Residuum ist $r = b - Ax = b - QRx = b - Qc = b - \sum_{j=1}^{n} c_j q^j$. Insgesamt erhalten wir damit

Algorithmus 2.16. Gram-Schmidt-Lösung: $\{b, Q, R\} \mapsto \{x, r\}$
$r = b$
for $j = 1 : n$ **do** $c_j = (q^j)^T b$, $r = r - q^j c_j$ **end**
for $i = n : -1 : 1$ **do** $x_i = (c_i - \sum_{j=i+1}^{n} r_{ij} x_j) / r_{ii}$ **end**

Bemerkung 2.17. Leider ist der obige klassische Gram-Schmidt-Algorithmus $\{A, b\} \mapsto \{x, r\}$ instabil. Er kann jedoch durch eine Modifikation bei der Berechnung der Koeffizienten r_{jk} bzw. c_j zu einem stabilen Algorithmus gemacht werden: Dazu wird im Algorithmus 2.15 die Anweisung $r_{jk} = (q^j)^T a^k$ durch $r_{jk} = (q^j)^T p^k$ ersetzt, im Algorithmus 2.16 $c_j = (q^j)^T b$ durch $c_j = (q^j)^T r$. Der Aufwand bleibt derselbe, nämlich $\sim 2mn^2$ *flops* für die Berechnung von Q und R sowie $\sim 4mn + n^2$ *flops* für x und r, und in exakter Arithmetik ergeben sich auch dieselben Werte. Das so abgeänderte Verfahren bezeichnet man als *modifiziertes Gram-Schmidt-Verfahren.* Für eine genauere Erklärung des Stabilitätsverhaltens siehe [KiSw88, Bjö96]. □

Die *Householder-Orthogonalisierung* als eine Alternative beruht darauf, die Matrix A wie im Gaußschen Algorithmus schrittweise auf obere Dreiecksform $\widehat{R}$ zu bringen. Im Fall $m > n$ müssen auch in der letzten Spalte Nullen unter der Position $\{n, n\}$ erzeugt werden, so daß dann n Schritte erforderlich sind:

$$A =: A^{(1)} \mapsto \cdots \mapsto A^{(n+1)} = \begin{pmatrix} r_{11} & \cdots & r_{1n} \\ & \ddots & \vdots \\ & & r_{nn} \\ & & \\ & & \end{pmatrix} =: \widehat{R} =: \begin{pmatrix} R \\ 0 \end{pmatrix} \tag{2.47}$$

Im Fall $m = n$ entfällt die letzte Transformation, man hat $\widehat{R} = R = A^{(n)}$. Es werden also $\bar{n} = \min\{m-1, n\}$ Schritte durchgeführt.

Im Schritt k werden die gewünschten Nullen in Spalte k mittels einer *Householder-Spiegelung* H_k durch die Transformation

$$A^{(k)} \mapsto A^{(k+1)} := H_k A^{(k)}, \quad k = 1, \ldots, \bar{n} \tag{2.48}$$

erzeugt. Eine solche Householder-Spiegelung H ist eine spezielle orthogonale[8] Matrix der Gestalt

$$H = I - 2uu^T, \quad \|u\|_2 = 1. \tag{2.49}$$

Für diese Matrizen gilt $H = H^T = H^{-1}$, und sie beschreiben in der Tat eine Spiegelung, siehe Aufgabe 2.5. Die Matrizen $H = H_k$ übernehmen hier die Rolle der Eliminationsmatrizen L_k im Gaußschen Algorithmus.

Im ersten Schritt $k = 1$ müssen in den Positionen $\{2, 1\}, \ldots, \{m, 1\}$ von A Nullen erzeugt werden. Der Vektor $a \in \mathbb{R}^m$ - die erste Spalte von A - soll also durch geeignete Wahl von u in (2.49) gemäß $\bar{a} = Ha$ in $\bar{a} = (\varrho, 0, \ldots, 0) = \varrho e^1$ transformiert[9] werden. Wie u zu wählen ist, zeigt

Lemma 2.18. *Es sei $a \neq 0$, und es werde $\varrho := -\operatorname{sgn}(a_1)\|a\|_2$ gesetzt. Dann ist $v := a - \varrho e^1 \neq 0$, und mit $u := v/\|v\|_2$ gilt*

$$Ha = (I - 2uu^T)a = \varrho e^1. \tag{2.50}$$

Dabei ist sgn die durch $\operatorname{sgn}(\alpha) = 1$ für $\alpha \geq 0$, $\operatorname{sgn}(\alpha) = -1$ für $\alpha < 0$ definierte *Vorzeichenfunktion.*

[8] Eine quadratische Matrix $Q = (q^1, \ldots, q^m) \in R^{m \times m}$ heißt *orthogonal*, wenn ihre Spalten q^i normiert und paarweise orthogonal sind: $(q^i)^T q^j = \delta_{ij}$ für alle i, j. Dies ist gleichbedeutend mit $Q^T Q = QQ^T = I_m$ oder $Q^T = Q^{-1}$; insbesondere sind orthogonale Matrizen Q also regulär, und die Inverse ist gleich der Transponierten.

[9] $e^k = (0, \ldots, 0, 1, 0, \ldots, 0)^T = (\delta_{ik})_{i=1}^m \in \mathbb{R}^m$ bezeichnet den k-ten *Koordinatenvektor.*

Praktisch schreibt man H als $H = I - vv^T/\gamma$ mit $\gamma := \frac{1}{2}\|v\|_2^2$, und die restlichen Spalten $a^2, \ldots, a^n$ von A werden dann analog zur Vorschrift (V2) aus Aufgabe 2.5 gemäß $a^j \mapsto \bar{a}^j = Ha^j = a^j - (v^T a^j/\gamma)v$ transformiert.

Im zweiten Schritt wird die Restmatrix $\{a_{ij}^{(2)}\}$, $i, j \geq 2$, in analoger Weise behandelt usw. Im Schritt k gemäß (2.48) wird also die Spiegelung

$$H_k = I - v^k(v^k)^T/\gamma_k \quad \text{mit} \quad v^k := (0, \ldots, 0, a_{kk}^{(k)} - \varrho_k, a_{k+1,k}^{(k)}, \ldots, a_{mk}^{(k)})^T$$

verwendet, wobei $\gamma_k = \frac{1}{2}\|v^k\|_2^2$ und $\varrho_k = -\operatorname{sgn}(a_{kk}^{(k)})\|(a_{kk}^{(k)}, \ldots, a_{mk}^{(k)})^T\|_2$. Die Nullen in den ersten $k-1$ Komponenten von v^k bewirken, daß sich die ersten $k-1$ Zeilen und Spalten von $A^{(k)}$ bei dieser Transformation nicht ändern.

Im Vollrangfall sind alle $\bar{n}$ Schritte durchführbar, und man erhält

$$\widehat{R} = A^{(\bar{n}+1)} = H_{\bar{n}} A^{(\bar{n})} = \cdots = H_{\bar{n}} H_{\bar{n}-1} \cdots H_1 A^{(1)} = \widehat{Q}^T A$$

mit der Matrix $\widehat{Q}^T := H_{\bar{n}} H_{\bar{n}-1} \cdots H_1$, die als Produkt orthogonaler Matrizen ebenfalls orthogonal ist. Linksmultiplikation mit $\widehat{Q}$ liefert daher

$$A = \widehat{Q}\widehat{R} \qquad \text{mit} \quad \widehat{Q} = (H_{\bar{n}} \cdots H_1)^T = H_1 \ldots H_{\bar{n}} \in \mathbb{R}^{m \times m}. \tag{2.51}$$

Es liegt also eine orthogonale Faktorisierung (2.42) mit $\ell = m$ vor.

Einsetzen der Faktorisierung in die Lösungsformel führt auf

$$x = (A^T A)^{-1} A^T b = [\widehat{R}^T \widehat{Q}^T \widehat{Q} \widehat{R}]^{-1} \widehat{R}^T \widehat{Q}^T b = (R^{-1} \mid 0^T)\widehat{Q}^T b = R^{-1} c$$

mit $\widehat{Q}^T b = H_{\bar{n}} \cdots H_1 b =: \hat{c} =: \begin{pmatrix} c \\ \tilde{c} \end{pmatrix}$; der Block $c \in \mathbb{R}^n$ enthält die ersten n Komponenten von $\hat{c}$. Das zugehörige Residuum bezüglich des Originalsystems $Ax \cong b$ ist $r = b - Ax = \widehat{Q}\hat{c} - \widehat{Q}\widehat{R}x = \widehat{Q}(\hat{c} - \widehat{R}x) = \widehat{Q}\begin{pmatrix} 0 \\ \tilde{c} \end{pmatrix}$. Wegen der Orthogonalität von $\widehat{Q}$ ist $\|r\|_2 = \|\tilde{c}\|_2$, siehe Aufgabe 2.6.

Die Matrix $\widehat{Q}$ wird nicht explizit berechnet, sondern implizit über die Produktdarstellung (2.51) definiert. Jedes H_k wiederum wird durch den erzeugenden Vektor v^k repräsentiert, der bis auf die k-te Komponente auf dem Platz der erzeugten Nullen gespeichert werden kann. Bei den Transformationen werden dann die rechtsstehenden Größen einfach nacheinander mit den einzelnen H_k multipliziert, was in situ realisiert werden kann. Zum Beispiel ergibt sich $\hat{c} = H_{\bar{n}} \cdots H_1 b$ einfach durch Überspeichern von b gemäß **for** $k = 1 : \bar{n}$ **do** $\alpha_k = ((v^k)^T b)/\gamma_k$, $b = b - \alpha_k v^k$ **end**.

Wie beim Gaußschen Algorithmus ist es auch hier zweckmäßig, die Faktorisierung von der Lösung zu trennen. In dieser Weise ergibt sich

Algorithmus 2.19. Householder-Verfahren

S1: Householder-Faktorisierung: $A \mapsto \{\widehat{Q}, \widehat{R}\}$, $\widehat{Q} = H_1 \cdots H_{\bar{n}}$

Berechne $\widehat{R} = \begin{pmatrix} R \\ 0 \end{pmatrix} = H_{\bar{n}} \cdots H_1 A \quad \text{mit} \quad \bar{n} = \min\{m-1, n\}$

S2: Householder-Lösung: $\{b, \widehat{Q}, R\} \mapsto \{x, r\}$

Berechne $\hat{c} = \begin{pmatrix} c \\ \tilde{c} \end{pmatrix} = \widehat{Q}^T b = H_{\bar{n}} \cdots H_1 b$ und $\|r\|_2 = \|\tilde{c}\|_2$

Berechne x als Lösung von $Rx = c$ nach (2.9)

Berechne $r = \widehat{Q} \begin{pmatrix} 0 \\ \tilde{c} \end{pmatrix} = H_1 \cdots H_{\bar{n}} \begin{pmatrix} 0 \\ \tilde{c} \end{pmatrix}$

Bemerkung 2.20. Die Kosten der Faktorisierung in S1 sind $\sim 2mn^2 - 2n^3/3$ *flops*, die für die Berechnung von x und r in S2 insgesamt $\sim 8mn - 4n^2$ *flops*, wenn die Transformationen wie oben beschrieben realisiert werden. □

Falls die Spalten von A fast linear abhängig sind, liefern die obigen Algorithmen im allgemeinen keine vernünftige Lösung. Man muß dann *Regularisierungstechniken* einsetzen, siehe dazu [LaHa74, KiSw88, Bjö96].

2.4 Hinweise auf Software

Die mit Abstand beste Software für direkte Verfahren zur Lösung von linearen Gleichungssystemen und Quadratmittelproblemen mit voll besetzten und Bandmatrizen bietet das FORTRAN-Programmpaket LAPACK [AnBa+95], von dem es auch C-Versionen gibt. Es ist im Internet über die Bibliothek *Netlib* `http://elib.zib.de/netlib/`, die beim *Konrad-Zuse-Zentrum für Informationstechnik Berlin* (ZIB) als Teil der dortigen *eLib* gespiegelt wird, frei verfügbar. Dort findet man auch den Vorgänger LINPACK [DoBu+79] sowie die Algorithmen der TOMS- und einen Teil der PORT-Bibliothek, zu letzterer siehe `http://www.bell-labs.com/project/PORT/`. Eine Übersicht über allgemeine Lineare-Algebra-Software gibt `http://www.netlib.org/utk/people/JackDongarra/la-sw.html`, Die Routinen der kommerziellen Bibliothek NAG, siehe `http:/www.nag.co.uk:70/`, beruhen ebenfalls auf LAPACK. Die NAG enthält auch Routinen für schwach besetzte Systeme. Numerische Software unter besondererer Berücksichtigung der NAG ist Gegenstand von [Köc90]. Hinweise auf die NAG-Routinen und solche der ebenfalls komm erziellen IMSL-Library sind auch in [BuFa94] zu finden. Das leistungsfähige, bequem handhabbare kommerzielle Programmsystem MATLAB mit eigener Sprache und sehr guten Grafik-Möglichkeiten, siehe `http://www-europe.mathworks.com/` und [GaHr97, ReCa98], enthält auch Programme für voll und schwach besetzte Probleme. Für durchschnittliche Ansprüche können auch die Codes aus den *Numerical Recipes* [PrTe+92, PrTe+96] oder aus den Algorithmensammlungen [EMUh96a, EMUh6b] genommen werden, zu letzteren siehe auch [EMRe96].

2.5 Übungsaufgaben

Aufgabe 2.1. Es sei $L_k =: L(-\ell_{ik})$ die in (2.12) definierte Elminationsmatrix. Zeigen Sie, daß

$$L_k^{-1} = L(+\ell_{ik}) \quad \text{sowie} \quad L_1^{-1} \cdots L_{n-1}^{-1} = L$$

mit L aus (2.14) gilt.

Aufgabe 2.2. Beweisen Sie: Wenn A strikt diagonaldominant ist, gilt

$$\|A^{-1}\|_\infty \le 1/\min_k\{|a_{kk}| - \textstyle\sum_{j\ne k} |a_{kj}|\}.$$

Hinweis: Schätzen Sie $|(Ax)_i|$ geeignet nach unten ab und beachten Sie die Äquivalenz

$$\|Ax\| \ge \gamma\|x\| \text{ für alle } x \text{ mit } \gamma > 0 \quad \Longleftrightarrow \quad A^{-1} \text{ existiert, und es gilt } \|A^{-1}\| \le 1/\gamma.$$

Aufgabe 2.3. Es sei $A \in \mathbb{R}^{n\times n}$ symmetrisch und positiv definit. Zeigen Sie:

(i) Es gilt $a_{ii} > 0$ für $i = 1, \ldots, n$, der erste Schritt $A \mapsto \bar{A} = L_1 A$ des Gaußschen Algorithmus mit $\bar{A}$ aus (2.3) ist durchführbar, und die Restmatrix M ist wie A symmetrisch und positiv definit.

(ii) Folgern Sie hieraus die Durchführbarkeit des Gaußschen Algorithmus mit positiven Pivots $u_{kk} = a_{kk}^{(k)} > 0$ und die Symmetrierelation aus (2.17).

Hinweis: Überlegen Sie, daß $L_1 A L_1^T = \left(\begin{array}{c|c} a_{11} & 0^T \\ \hline 0 & M \end{array}\right)$ gilt, also

$$x^T L_1 A L_1^T x = a_{11} x_1^2 + y^T M y \quad \text{mit } y := (x_2, \ldots, x_n)^T.$$

Aufgabe 2.4. Aus $A \in \mathbb{R}^{m\times n}$ mit $m \ge n$ werde $G := A^T A \in \mathbb{R}^{n\times n}$ gebildet, vgl. (2.41). Beweisen Sie:

(i) Die Matrix G ist stets *positiv semidefinit*, d. h., für die zugehörige quadratische Form gilt $x^T G x \ge 0$ für alle $x \in \mathbb{R}^n$.

(ii) G ist positiv definit, vgl.(2.11), genau dann, wenn die n Spalten von A linear unabhängig sind, also A Vollrang n hat.

Aufgabe 2.5. Es sei die Householder-Spiegelung $H = I - 2uu^T$ mit $u \in \mathbb{R}^m$ und $\|u\|_2 = 1$ gegeben. Zeigen Sie, daß $H = H^T = H^{-1}$ gilt, und vergleichen Sie den Aufwand für die Berechnung von $y = Hx$ nach den beiden Varianten

$$\text{(V1)} \quad y = [I - (2u)u^T]x, \qquad \text{(V2)} \quad y = x - [2(u^T x)]u.$$

Überlegen Sie, daß H im Fall $m = 3$ eine Spiegelung an der Ursprungsebene mit dem Normalenvektor u beschreibt.

Aufgabe 2.6. Zeigen Sie: Wenn Q orthogonal ist, gilt $\|Qr\|_2 = \|r\|_2$ für alle r.

3 Iterationsverfahren für Gleichungssysteme

In diesem Kapitel betrachten wir Iterationsverfahren zur Lösung von linearen oder nichtlinearen Gleichungssystemen

$$\begin{array}{rcl} F_1(x_1,\ldots,x_n) & = & 0 \\ & \vdots & \\ F_n(x_1,\ldots,x_n) & = & 0 \end{array}, \qquad \text{kurz:} \quad F(x) = 0, \tag{3.1}$$

wobei $F : D \subset \mathbb{R}^n \to \mathbb{R}^n$ eine gegebene Vektorfunktion ist.

Ausgehend von einer *Startnäherung* x^0 soll eine konvergente Folge $\{x^k\}$ erzeugt werden, deren Grenzwert x^* Lösung – man sagt auch *Wurzel* – der *Nullstellengleichung* (3.1), also *Nullstelle* der Funktion F ist.

3.1 Gewöhnliches Iterationsverfahren und Kontraktionssatz

Ausgangspunkt der folgenden Überlegungen ist eine *Fixpunktgleichung*

$$\begin{array}{rcl} x_1 & = & G_1(x_1,\ldots,x_n) \\ \vdots & & \\ x_n & = & G_n(x_1,\ldots,x_n) \end{array}, \qquad \text{kurz:} \quad x = G(x) \tag{3.2}$$

mit einer Vektorfunktion $G : D \subset \mathbb{R}^n \to \mathbb{R}^n$. Eine Lösung x^* dieser Gleichung, d. h., ein x^* mit $x^* = G(x^*)$ heißt *Fixpunkt* von G. Wenn das zu lösende Gleichungssystem in der Nullstellenform (3.1) gegeben ist, kann es z. B. gemäß

$$G(x) := x + \alpha F(x), \quad \alpha > 0 \text{ fest} \tag{3.3}$$

äquivalent auf Fixpunktform gebracht werden. Die Nullstellen von F sind Fixpunkte von G und umgekehrt. Es liegt dann nahe, mit der Funktion G gemäß

$$\boxed{x^{k+1} := G(x^k), \quad k = 0, 1, \ldots} \tag{3.4}$$

zu iterieren. Dies ist das der Fixpunktgleichung (3.2) zugeordnete *gewöhnliche Iterationsverfahren*, das auch als *Methode der sukzessiven Approximation* bezeichnet wird. Das Verfahren (3.4) ist ein *stationäres Einschrittverfahren*, da die Iterationsfunktion für alle k dieselbe ist und x^{k+1} nur von *einer* zurückliegenden Iterierten, nämlich x^k, abhängt.

Die Eigenschaften des Verfahrens (3.4) charakterisiert der folgende endlichdimensionale Spezialfall des berühmten *Banachschen Fixpunktsatzes:*

Satz 3.1 (Kontraktionssatz). *Es sei $D \subset \mathbb{R}^n$ eine abgeschlossene Menge, und die Funktion $G : D \subset \mathbb{R}^n \to \mathbb{R}^n$ genüge den Bedingungen*

(K_1) $\|G(x) - G(y)\| \leq \kappa\|x - y\|$ *für alle $x, y \in D$*

mit einer Kontraktionskonstanten $0 \leq \kappa < 1$,

(K_2) $G(D) \subset D$, *d. h., aus $x \in D$ folgt $G(x) \in D$.*

Dann ist das gewöhnliche Iterationsverfahren (3.4) für jedes $x^0 \in D$ durchführbar: mit x^k liegt auch $x^{k+1} = G(x^k)$ in D, so daß der jeweils nächste Schritt ausgeführt werden kann. Es gilt $\lim_{k\to\infty} x^k = x^* \in D$, und x^* ist der einzige Fixpunkt in D. Die Konvergenzgeschwindigkeit wird durch

$$\|x^{k+1} - x^*\| \leq \kappa\|x^k - x^*\|, \quad k = 0, 1, \dots \tag{3.5}$$

charakterisiert, und es gilt die Fehlerabschätzung

$$\|x^k - x^*\| \leq \frac{\kappa^k}{1-\kappa}\|x^1 - x^0\|, \quad k = 1, 2 \dots \tag{3.6}$$

Dabei heißt die Menge D *abgeschlossen*, wenn sie die Grenzwerte aller ihrer konvergenten Folgen $\{x^k\}$ enthält. Mengen der Form $\{x : \alpha \leq g(x) \leq \beta\}$ mit einer stetigen Funktion g sind zum Beispiel abgeschlossen. Die Eigenschaft (K_1) heißt *Kontraktivität*: Der Abstand $\|G(x)-G(y)\|$ der Bilder von x, y ist um den Faktor $\kappa < 1$ kleiner als der Abstand $\|x - y\|$ der Urbilder. Die Eigenschaft (K_2) bedeutet die *Selbstabbildung* von D: G bildet D in sich ab, d. h., aus $x \in D$ folgt $G(x) \in D$. Die Eigenschaft (3.5) der Folge $\{x^k\}$ wird als *Q-lineare Konvergenz* mit dem *Konvergenzfaktor* $\kappa < 1$ bezeichnet: Die Norm des Fehlers $x^k - x^*$ reduziert sich in jedem Schritt um den Faktor κ. Man beachte, daß der Kontraktionssatz neben der Konvergenz des gewöhnlichen Iterationsverfahrens auch Existenz und Eindeutigkeit des Fixpunktes x^* liefert.

Wir skizzieren jetzt den Beweis des Satzes: Wenn $x^k \in D$ gilt, folgt $x^{k+1} = G(x^k) \in D$ wegen (K_2). Da nach Voraussetzung $x^0 \in D$ ist, sind also alle x^k definiert und liegen in D. Es bleibt die Konvergenz zu zeigen: Für x^{k+1} gilt wegen (3.4) und (K_1)

$$\begin{aligned}\|x^{k+1} - x^k\| = \|G(x^k) + G(x^{k-1})\| &\leq \kappa\|x^k - x^{k-1}\| \\ &\leq \kappa^2\|x^{k-1} - x^{k-2}\| \leq \dots \leq \kappa^k\|x^1 - x^0\|,\end{aligned}$$

folglich

$$\begin{aligned}\|x^{k+\ell}-x^k\| &\le \underbrace{\|x^{k+\ell}-x^{k+\ell-1}\|}_{\le\kappa^{k+\ell-1}\|x^1-x^0\|}+\cdots+\underbrace{\|x^{k+1}-x^k\|}_{\le\kappa^k\|x^1-x^0\|} \\ &\le (1+\ldots\kappa^{\ell-1})\kappa^k\|x^1-x^0\| \le \frac{\kappa^k}{1-\kappa}\|x^1-x^0\|.\end{aligned} \tag{3.7}$$

Für $k\to\infty$ wird die Schranke beliebig klein unabhängig von ℓ, so daß $\{x^k\}$ eine Cauchy-Folge[1] im $\mathbb{R}^n$ und somit konvergent ist: $\lim_{k\to\infty} x^k =: x^*$ existiert. Da D abgeschlossen ist, gilt $x^*\in D$, und wegen der Stetigkeit von G ist x^* Fixpunkt. Die Schranke (3.6) ergibt sich für $\ell\to\infty$ aus (3.7), und aus (K_1) folgt sofort $\|x^{k+1}-x^*\| = \|G(x^k)-G(x^*)\| \le \kappa\|x^k-x^*\|$. □

Bei der Anwendung des Kontraktionssatzes treten zwei Probleme auf: Wie soll man D wählen, und wie bestimmt man κ?

Da man als x^0 die beste bekannte Approximation für den gesuchten Fixpunkt x^* nehmen sollte, wird man als Menge D eine abgeschlossene Normkugel

$$S_0 := S(x^0,\delta) := \{x\in\mathbb{R}^n : \|x-x^0\|\le\delta_0\} \tag{3.8}$$

um x^0 mit dem Radius $\delta_0>0$ wählen. Sei jetzt G kontraktiv auf S_0 mit der Konstanten $\kappa<1$, und sei $x\in S_0$ beliebig, gelte also $\|x-x^0\|\le\delta_0$. Dann folgt

$$\|G(x)-x^0\| \le \|G(x)-G(x^0)\| + \|G(x^0)-x^0\| \le \kappa\delta_0 + \|x^1-x^0\|.$$

Wenn diese Schranke der Bedingung $\kappa\delta_0+\|x^1-x^0\|\le\delta_0$ genügt, also

$$\|x^1-x^0\| = \|G(x^0)-x^0\| \le (1-\kappa)\delta_0 \tag{3.9}$$

gilt, folgt $\|G(x)-x^0\|\le\delta_0$. Dies bedeutet $G(x)\in S_0$, d. h. $G(S_0)\subset S_0$. Die Voraussetzungen von Satz 3.1 sind dann für die Menge $D:=S_0$ erfüllt, und für die aus x_0 berechnete Folge $\{x^k\}$ gelten die dort getroffenen Aussagen.

Es bleibt zu überprüfen, ob (K_1) auf $D=S_0$ gilt. Dazu betrachten wir zunächst den Fall, daß $n=1$, also G eine skalare Funktion $g:\mathbb{R}\to\mathbb{R}$ ist. Die Kugel S_0 ist dann das Intervall $S_0=[x_0-\delta_0, x_0+\delta_0]$. Wenn g auf S_0 stetig differenzierbar ist, gilt nach dem Mittelwertsatz $|g(x)-g(y)|\le\kappa|x-y|$ für alle $x,y\in S_0$, sofern $|g'(x)|\le\kappa$ auf S_0. Dies überträgt sich sinngemäß auf den $\mathbb{R}^n$: Falls G auf S_0 stetige partielle Ableitungen erster Ordnung besitzt[2] und

$$\|G'(x)\|\le\kappa \quad \text{für alle } x\in S_0 \text{ mit } G'(x) := \left(\frac{\partial G_i(x)}{\partial x_j}\right)\in\mathbb{R}^{n\times n} \tag{3.10}$$

[1]Eine Folge $\{x^k\}$ heißt *Cauchy-Folge*, wenn zu jedem $\varepsilon>0$ ein $m(\varepsilon)$ existiert, so daß $\|x^\ell-x^k\|<\varepsilon$ gilt für alle $\ell,k\ge m(\varepsilon)$.

[2]Wir sagen, daß G auf der abschlossenen Kugel $S(x^0,\delta_0)$ stetige Ableitungen erster Ordnung besitzt, wenn G auf einer offenen Kugel $\{x : \|(x-x^0\|<\delta_0+\varepsilon\}$ mit einem $\varepsilon>0$ definiert ist, dort alle partielle Ableitungen erster Ordnung $\partial G_i(x)/\partial x_j$ existieren und auf $S(x^0,\delta_0)$ stetig sind.

gilt, folgt

$$\|G(x) - G(y)\| \leq \kappa\|x - y\| \quad \text{für alle } x, y \in S_0. \tag{3.11}$$

Die aus den partiellen Ableitungen gebildete Matrix $G'(z) := (\partial G_i(x)/\partial x_j)$ heißt *Jacobi-Matrix* von G. Die Eigenschaft (3.11) wird als *Lipschitz-Stetigkeit* von G auf S_0 mit der *Lipschitz-Konstanten* κ bezeichnet. Falls $\kappa < 1$, ist G also kontraktiv auf S_0. Wir haben damit die folgende Aussage bewiesen:

Aussage 3.2. *G besitze auf $S_0 = \{x \in \mathbb{R}^n : \|x - x^0\| \leq \delta_0\}$ stetige partielle Ableitungen erster Ordnung. Es gelte $\kappa < 1$ mit κ aus* (3.10), *und* (3.9) *sei erfüllt. Dann sind die Voraussetzungen von Satz 3.1 für $D := S_0$ erfüllt.*

Beispiel 3.3. Wir betrachten die Fixpunktgleichung

$$x_1 = u_{i,1} - hx_1x_2^2 =: G_1(x_1, x_2), \quad x_2 = u_{i,2} + 2hx_1^2x_2 =: G_2(x_1, x_2)$$

mit $u_{i,1} = u_{i,2} = 1$ und $h = 1/20$. Diese Gleichung entsteht, wenn ein Schritt des impliziten Euler-Verfahrens (7.38) für das Differentialgleichungssystem

$$\dot{u}_1 = -u_1u_2^2, \quad \dot{u}_2 = 2u_1^2u_2$$

mit der Schrittweite h von $u_i := (u_{i,1}, u_{i,2})^T$ aus durchgeführt wird. Wir nehmen die ∞-Norm, setzen $x^0 := (u_{i,1}, u_{i,2})^T = (1, 1)^T$ und

$$S_0 = \{x : \|x - x^0\|_\infty \leq \delta_0 := 0.3\} = \{x : |x_1 - 1| \leq 0.3,\ |x_2 - 1| \leq 0.3\}.$$

Die partiellen Ableitungen von G haben dann für $x \in S_0$ die Schranken

$$\begin{aligned} |\partial G_1/\partial x_1| &= hx_2^2 \leq h(1.3)^2, & |\partial G_1/\partial x_2| &= 2hx_1x_2 \leq 2h(1.3)^2, \\ |\partial G_2/\partial x_1| &= 4hx_1x_2 \leq 4h(1.3)^2, & |\partial G_2/\partial x_2| &= 2hx_1^2 \leq 2h(1.3)^2. \end{aligned}$$

Daraus folgt $\|G'(x\|_\infty \leq 6h(1.3)^2 = 0.507 =: \kappa < 1$, d. h., G ist kontraktiv auf S_0. Ferner ist $\|x^1 - x^0\|_\infty = \|(-h, 2h)^T\|_\infty = 2h = 0.1 \leq (1 - \kappa)\delta_0 = 0.1479$, also (3.9) erfüllt. Aussage 3.2 garantiert dann die Existenz einer eindeutigen Lösung $x^* = (x_1^*, x_2^*)^T \in S_0$, welche die nächste Euler-Näherung $(u_{i+1,1}, u_{i+1,2})^T$ definiert. Das Verfahren (3.4) liefert dann die folgenden Iterierten[3]:

k	x_1^k	x_2^k	k	x_1^k	x_2^k
0	1.0	1.0	6	0.9431814794	1.0976459997
1	0.95	1.05	7	0.9431814866	1.0976456335
2	0.9425250000	1.0992750000	8	0.9431815241	1.0976456024
3	0.9430523791	1.0976544657	9	0.9431815251	1.0976456074
4	0.9431883874	1.0976196573	10	0.9431815245	1.0976456081
5	0.9431837976	1.0976447204	11	0.9431815245	1.0976456080

Für $h = 0.5$ divergiert das Verfahren, genauer: Es liegt ein sogenannter Dreier-Zyklus $x^0 = (1, 1) \mapsto x^1 = (0.5, 2) \mapsto x^2 = (0, 1.5) \mapsto x^3 = (1, 1)$ vor.

[3] Die mit der exakten Lösung übereinstimmenden Ziffern werden unterstrichen.

3.2 Stationäre Einschrittverfahren für lineare Gleichungssysteme

In diesem Abschnitt betrachten wir wie im Kapitel 2 ein lineares Gleichungssystem $Ax = b$ mit einer regulären Koeffizientenmatrix $A \in \mathbb{R}^{n\times n}$, wollen es aber mittels des gewöhnlichen Iterationsverfahren (3.4) lösen. Dazu muß das System äquivalent auf Fixpunktform

$$x = G(x) := Mx + c \tag{3.12}$$

mit $M \in \mathbb{R}^{n\times n}$ und $c \in \mathbb{R}^n$ gebracht werden.

3.2.1 Allgemeine Konvergenzaussagen

Zur Analyse des der Fixpunktgleichung (3.12) zugeordneten Verfahrens

$$x^{k+1} = Mx^k + c, \quad k = 0, 1, \dots \tag{3.13}$$

bestimmen wir zunächst eine Lipschitz-Konstante für G: Es gilt

$$\|G(x) - G(y)\| = \|M(x - y)\| \leq \|M\|\|x - y\| \quad \text{für alle } x, y \in \mathbb{R}^n. \tag{3.14}$$

Die Zahl $\|M\|$ ist also eine Lipschitz-Konstante auf ganz $\mathbb{R}^n$. Wir können daher $D := \mathbb{R}^n$ wählen, und im Fall

$$\kappa := \kappa(M) := \|M\| < 1 \tag{3.15}$$

gelten die Aussagen des Kontraktionssatzes 3.1 für jeden Startwert $x^0 \in \mathbb{R}^n$.

Die Bedingung $\|M\| < 1$ kann jedoch abgeschwächt werden:

Satz 3.4. *Gegeben sei die Matrix M. Dann ist die Iteration* (3.13) *genau dann für jeden Startwert x^0 und jedes c konvergent, wenn*

$$\varrho(M) < 1 \tag{3.16}$$

gilt. Dabei ist $\varrho(M) := \max_{i=1,\dots,n} |\lambda_i(M)|$ der Spektralradius *der Matrix M.*

Beide Bedingungen (3.15) und (3.16) implizieren die Regularität von $I - M$, so daß (3.12) die eindeutige Lösung $x^* = (I - M)^{-1}c$ besitzt, und die Folge $\{x^k\}$ konvergiert dann Q-linear mit dem Faktor $\kappa < 1$ gegen x^*.

Wir skizzieren den Beweis: Wenn die Iteration für alle x^0 und c konvergiert, betrachten wir (3.13) für $x^0 = 0$ und $c = z^i$, wobei z^i Eigenvektor zu einem Eigenwert λ_i von M sei. Dann folgt $x^{k+1} = (1 + \lambda_i + \dots + \lambda_i^k)z^i$. Da die Folge

$\{x^k\}$ konvergieren soll, muß die Summe $1 + \lambda_i + \cdots + \lambda_i^k$ konvergieren, also $|\lambda_i| < 1$ sein. Da dies für alle Eigenwerte λ_i gilt, folgt $\varrho(M) < 1$.

Gelte umgekehrt $\varrho(M) < 1$. Dann kann 1 kein Eigenwert von M sein, so daß $I - M$ regulär ist und (3.12) die eindeutige Lösung $x^* = (I - M)^{-1}c$ hat. Für den Fehler $d^k := x^k - x^*$ von x^k gilt $d^k = (Mx^{k-1} + c) - (Mx^* + c) = Md^{k-1} = \cdots = M^k d^0$. Wir setzen jetzt voraus, daß M diagonalähnlich ist, also n linear unabhängige Eigenvektoren z^i zu den Eigenwerten $\lambda_i \in \mathbb{C}$ besitzt. Dann gilt $Mz^i = \lambda_i z^i$ für $i = 1, \ldots, n$ bzw. $MZ = Z\Lambda$, also $M = Z\Lambda Z^{-1}$ mit der Matrix $Z := (z^1, \ldots, z^n)$ der Eigenvektoren und der Diagonalmatrix $\Lambda := \operatorname{diag}(\lambda_i)$ der Eigenwerte. Daraus folgt $M^k = Z\Lambda^k Z^{-1}$, also $d^k = Z\Lambda^k Z^{-1} d^0$ und schließlich

$$\|d^k\| \leq \|Z\| \|\Lambda^k\| \|Z^{-1}\| \|d^0\| = \operatorname{cond}(Z) \|d^0\| \varrho(M)^k \to 0 \quad \text{für } k \to \infty. \tag{3.17}$$

Wenn A nicht diagonalähnlich ist, muß Λ durch die Matrix J der *Jordanschen Normalform* ersetzt werden. Dies macht den Beweis komplizierter, wir verweisen auf die Literatur, z. B. [Hac93]. □

Da stets $|\lambda_i(M)| \leq \|M\|$ gilt, siehe Aufgabe 3.1, ist $\varrho(M) \leq \|M\|$. Die Bedingung (3.16) ist daher i. allg. schwächer als (3.15). Für symmetrisches M gilt jedoch $\varrho(M) = \|M\|_2$.

Durch $\varrho(M)$ wird auch die asymptotische Konvergenzgeschwindigkeit von $\{x^k\}$ charakterisiert: Aus (3.17) folgt $\lim_{k\to\infty} \|x^k - x^*\|^{1/k} \leq \varrho(M)$. Dies bedeutet $\|x^k - x^*\| \leq \varepsilon_k$ mit $\lim_{k\to\infty} \varepsilon_{k+1}/\varepsilon_k \to \varrho(M)$. Die Fehler $\{\|x^k - x^*\|\}$ haben also eine Majorante $\{\varepsilon_k\}$, die asymptotisch so schnell wie eine geometrische Folge mit dem Faktor $\varrho(M) < 1$ gegen Null geht. Man sagt auch, daß $\{x^k\}$ *R-linear* mit dem *asymptotischen Konvergenzfaktor* $\varrho(M)$ konvergiert. Die Fehler können allerdings am Anfang der Iteration durchaus anwachsen, was bei stark unsymmetrischem M typisch ist. Dagegen impliziert $\kappa = \|M\| < 1$ nach (3.5) stets das monotone Fallen der Fehlernormen im Sinne von $\|x^{k+1} - x^*\|/\|x^k - x^*\| \leq \|M\|$, also die Q-lineare Konvergenz.

3.2.2 Basisiterationen: Jacobi, Gauß-Seidel und SOR

Wir wollen jetzt das Gleichungssystem $Ax = b$ auf iterierfähige Fixpunktform (3.12) bringen. Dazu betrachten wir die i-te Zeile

$$a_{i1}x_1 + \cdots + a_{ii}x_i + \cdots + a_{in}x_n = b_i$$

des Ausgangssystems und setzen im folgenden $a_{ii} \neq 0$ für $i = 1, \ldots, n$ voraus. Setzt man für x_j mit $j \neq i$ die Werte der aktuellen Iterierten x^k ein, löst nach x_i auf und nimmt diesen Wert als x_i^{k+1}, so erhält man

Algorithmus 3.5. Jacobi- oder Gesamtschrittverfahren: $x^k \mapsto x^{k+1}$
for $i = 1 : n$ **do** $x_i^{k+1} = (b_i - \sum_{j=1}^{i-1} a_{ij} x_j^k - \sum_{j=i+1}^{n} a_{ij} x_j^k)/a_{ii}$ **end**

Nimmt man bei der Berechnung von x_2^{k+1} auf der rechten Seite statt x_1^k das für $i = 1$ bereits berechnete neue x_1^{k+1} usw., ergibt sich

Algorithmus 3.6. Gauß-Seidel- oder Einzelschrittverfahren: $x^k \mapsto x^{k+1}$
for $i = 1 : n$ **do** $x_i^{k+1} = (b_i - \sum_{j=1}^{i-1} a_{ij} x_j^{k+1} - \sum_{j=i+1}^{n} a_{ij} x_j^k)/a_{ii}$ **end**

Um die zugehörigen Größen M und c der Normalform (3.13) zu erhalten, zerlegen wir A additiv gemäß

$$A = L + D + U, \tag{3.18}$$

wobei L bzw. U die Elemente im unteren bzw. oberen Dreieck und D die Diagonalelemente von A enthält, d. h., wir setzen

$$L = \begin{pmatrix} & & & \\ * & & & \\ \vdots & \ddots & & \\ * & \cdots & * & \end{pmatrix}, \quad D = \begin{pmatrix} * & & \\ & \ddots & \\ & & \ddots & \\ & & & * \end{pmatrix}, \quad U = \begin{pmatrix} & * & \cdots & * \\ & & \ddots & \vdots \\ & & & * \\ & & & \end{pmatrix}.$$

Das Jacobi-Verfahren lautet dann

$$Lx^k + Dx^{k+1} + Ux^k = b \quad \text{bzw.} \quad x^{k+1} = D^{-1}(b - Lx^k - Ux^k), \tag{3.19}$$

das Gauß-Seidel-Verfahren

$$Lx^{k+1} + Dx^{k+1} + Ux^k = b \quad \text{bzw.} \quad x^{k+1} = (L + D)^{-1}(b - Ux^k). \tag{3.20}$$

In der Normalform (3.13) haben wir also

$$\begin{aligned} M_J &= -D^{-1}(L + U), & c_J &= D^{-1}b, \\ M_{GS} &= -(L + D)^{-1}U, & c_{GS} &= (L + D)^{-1}b. \end{aligned}$$

Bemerkung 3.7. (i) Falls A strikt diagonaldominant ist, siehe (2.10), gilt

$$\|M_{GS}\|_\infty \leq \|M_J\|_\infty = \max_{i=1,\ldots,n} \left(\sum_{j=1}^{i-1} |a_{ij}| + \sum_{j=i+1}^{n} |a_{ij}|\right)/|a_{ii}| < 1. \tag{3.21}$$

Das Jacobi- wie das Gauß-Seidel-Verfahren sind dann also konvergent.

(ii) Ist A symmetrisch und positiv definit, so gilt $\varrho(M_{GS}) < 1$, d. h., das Gauß-Seidel-Verfahren konvergiert. Unter gewissen Zusatzvoraussetzungen an A, siehe dazu etwa [Hac93, Schwa97], gilt sogar

$$\varrho(M_{GS}) = \varrho(M_J)^2 < 1. \tag{3.22}$$

Dies bedeutet, daß dann auch das Jacobi-Verfahren konvergiert, aber das Gauß-Seidel-Verfahren konvergiert asymptotisch doppelt so schnell. □

Bei linearen Systemen, die bei der Diskretisierung von Randwertaufgaben entstehen, siehe dazu Kapitel 8, ist leider $\varrho(M) = 1 - \mathcal{O}(h^p)$ mit einer gewissen Potenz $p \geq 1$. Die Iterationsverfahren konvergieren also umso langsamer, je kleiner die Diskretisierungsschrittweite $h > 0$ gewählt wird. Man sucht daher nach Möglichkeiten, die Konvergenz zu beschleunigen. Ein erster Weg besteht darin, die Verfahren durch Einführung eines Parameters ω zu erweitern und ω so zu bestimmen, daß $\varrho(M^\omega)$ als Funktion von ω minimal wird. Der übliche Weg dazu ist die *Relaxation* der Originalverfahren.

Beim Jacobi-Verfahren schreibt man (3.19) als

$$Dx^{k+1} = Dx^k + (b - Lx^k - Dx^k - Ux^k) = Dx^k + (b - Ax^k)$$

und wichtet die Korrektur $b - Ax^k$ mit dem Relaxationsfaktor $\omega > 0$, was auf

$$Dx^{k+1} = Dx^k + \omega(b - Ax^k) \quad \text{bzw.} \quad x^{k+1} = x^k + \omega D^{-1}(b - Ax^k) \tag{3.23}$$

führt. Komponentenweise liest sich das wie folgt:

Algorithmus 3.8. Relaxiertes Jacobi-Verfahren: $x^k \mapsto x^{k+1}$

for $i = 1 : n$ **do** $x_i^{k+1} = x_i^k + \omega(b_i - \sum_{j=1}^n a_{ij}x_j^k)/a_{ii}$ **end**

Analog erhält man aus (3.20) die relaxierte Erweiterung

$$Dx^{k+1} = Dx^k + \omega(b - Lx^{k+1} - Dx^k - Ux^k), \tag{3.24}$$

die als *Überrelaxationsverfahren* oder *SOR-Verfahren* bezeichnet wird:

Algorithmus 3.9. SOR-Verfahren: $x^k \mapsto x^{k+1}$

for $i = 1 : n$ **do** $x_i^{k+1} = x_i^k + \omega\left(b_i - \sum\limits_{j=1}^{i-1} a_{ij}x_j^{k+1} - \sum\limits_{j=i+1}^{n} a_{ij}x_j^k\right)/a_{ii}$ **end**

Die zugehörigen Größen der Normalform (3.12) sind

$$M_{RJ}^\omega = (1-\omega)I - \omega D^{-1}(L+U), \qquad c_{RJ}^\omega = \omega D^{-1}b,$$
$$M_{SOR}^\omega = -(\omega L + D)^{-1}((\omega - 1)D + \omega U), \qquad c_{SOR}^\omega = \omega(\omega L + D)^{-1}b.$$

Dabei bezeichnet RJ das relaxierte Jacobiverfahren 3.8. Für $\omega = 1$ ergeben sich als Spezialfälle das Jacobi- bzw. das Gauß-Seidel-Verfahren.

Für gewisse bei der Diskretisierung von Randwertaufgaben entstehende Systeme, siehe wieder [Hac93, Schwa97] für eine präzise Definition, läßt sich das Konvergenzverhalten genauer charakterisieren: Für den Spektralradius der Iterationsmatrix $M_J = -D^{-1}(L+U)$ des Jacobi-Verfahrens gilt dann $\mu := \varrho(M_J) < 1$, und der von M_{SOR}^{ω} ist durch

$$\varrho(M_{SOR}^{\omega}) = \begin{cases} \omega - 1 & \text{für } \omega_{opt} \le \omega \le 2, \\ 1 - \omega + \dfrac{\omega^2\mu^2}{2} + \omega\mu\sqrt{1 - \omega + \dfrac{\omega^2\mu^2}{4}} & \text{für } 0 \le \omega \le \omega_{opt}, \end{cases}$$

$$\omega_{opt} := \frac{2}{1+\sqrt{1-\mu^2}} < 2, \quad \varrho(M_{SOR}^{\omega_{opt}}) = \left(\frac{\mu}{1+\sqrt{1-\mu^2}}\right)^2 < \mu^2 \tag{3.25}$$

gegeben. Wegen $1 < \omega_{opt}$ heißt das Verfahren *Über*relaxation.

In Abbildung 3.1 ist $\varrho(M_{SOR}^{\omega})$ als Funktion von ω über dem Intervall [0,2] aufgetragen. Man sieht, daß $\varrho(M_{SOR}^{\omega}) < 1$ für $0 < \omega < 2$ gilt, und für $\omega = 1$ erhalten wir wieder die Beziehung (3.22). Zur Bestimmung von ω_{opt} benötigt

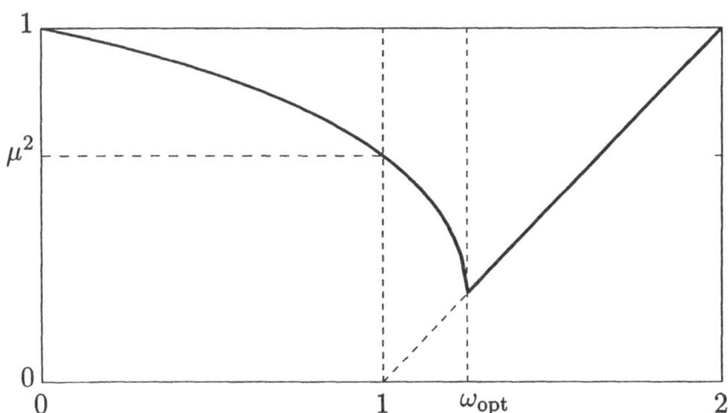

Abbildung 3.1: $\varrho(M_{\mathrm{SOR}}^{\omega})$ als Funktion von ω für $\mu = 0.8$

man also den Spektralradius $\mu = \varrho(M_J)$. Näherungen für μ und damit für ω_{opt} können aus der Iteration selbst gewonnen werden, siehe [HaYo81, Hac93], wobei eine Unterschreitung von ω_{opt} offenbar kritischer ist als eine Überschreitung.

Auch beim relaxierten Jacobi-Verfahren 3.8 kann unter gewissen Voraussetzungen ein optimales ω angegeben werden, siehe Aufgabe 3.3 und [Hac93, Schwa97].

Beispiel 3.10. An einem Modellproblem soll jetzt das Verhalten der klassischen Iterationsverfahren demonstriert werden.

Wir betrachten das zweidimensionale *Poisson-Problem*

$$\begin{aligned} -\Delta u(x,y) &= f(x,y) \quad \text{auf} \quad \Omega = \{(x,y) : 0 < x, y < 1\} \\ u(x,y) &= 0 \quad \text{auf} \quad \partial\Omega \end{aligned}$$

mit $f(x,y) = -2(1-3x)y(1-y^2) + 6x^2(x-1)y^2$, vgl. (8.29); die zugehörige Lösung ist $u(x,y) = x^2(1-x)y(1-y^2)$.

Mit dem Gitter $\{(x_i, y_j) = (ih, jh) : i, j = 0, \ldots, N\}$ und der Schrittweite $h = 1/N$ liefert der Differenzenstern aus den Bemerkungen 8.5 die Differenzengleichungen

$$\frac{1}{h^2}[-u_{i-1,j} - u_{i,j-1} + 4u_{i,j} - u_{i+1,j} - u_{i,j+1}] = f(x_i, y_j) =: f_{ij} \tag{3.26}$$

für die Näherungswerte $u_{i,j} \approx u(x_i, y_j)$, $i, j = 1, \ldots, N-1$; wegen der Randbedingungen ist $u_{0,j} = u_{N,j} = u_{i,0} = u_{i,N} = 0$, $i, j = 0, \ldots, N$, zu setzen. Wenn die (x_i, y_j) zeilenweise von links nach rechts, die Zeilen von unten nach oben durchlaufen werden und die Unbekannten u_{ij} in dieser Reihenfolge in den Vektor $u_h = (u_{ij})$ geschrieben werden, besitzt $A := A_h$ die Block-Tridiagonalform

$$A = \frac{1}{h^2}\begin{pmatrix} T & -I & & & \\ -I & T & -I & & \\ & \ddots & \ddots & \ddots & \\ & & -I & T & -I \\ & & & -I & T \end{pmatrix} \quad \text{mit } T = \begin{pmatrix} 4 & -1 & & & \\ -1 & 4 & -1 & & \\ & \ddots & \ddots & \ddots & \\ & & -1 & 4 & -1 \\ & & & -1 & 4 \end{pmatrix}$$

und $N-1$ Block-Zeilen und -Spalten, wobei $T \in \mathbb{R}^{(N-1)\times(N-1)}$ und $I = I_{N-1}$. Wir erhalten ein System $A_h u_h = f_h$ der Dimension $n = (N-1)^2$ mit $f_h = (f_{ij})$; die Elemente f_{ij} von f_h sind wie die von u_h angeordnet. Die Matrix A ist symmetrisch und positiv definit mit den Eigenwerten $\lambda_{min}(A) = \frac{8}{h^2}\sin^2(\frac{\pi h}{2}) \leq \lambda_i(A) \leq \lambda_{max}(A) = \frac{8}{h^2}\cos^2(\frac{\pi h}{2})$. Wegen $D = \frac{4}{h^2}I$, also $D^{-1}A = \frac{h^2}{4}A$ gilt $\lambda_{min}(D^{-1}A) = 2\sin^2(\frac{\pi h}{2})$, $\lambda_{max}(D^{-1}A) = 2\cos^2(\frac{\pi h}{2})$, folglich $\lambda_{max}(M_J) = 1 - \lambda_{min}(D^{-1}A) = 1 - 2\sin^2(\frac{\pi h}{2})$, $\lambda_{min}(M_J) = 1 - \lambda_{max}(D^{-1}A) = -1 + 2\sin^2(\frac{\pi h}{2})$ und daher $\varrho(M_J) = \lambda_{max}(M_J) = 1 - 2\sin^2(\frac{\pi h}{2}) = \cos(\pi h) = 1 - \frac{\pi^2}{2}h^2 + \mathcal{O}(h^4)$. Nach Aufgabe 3.3 ist der optimale Relaxationsfaktor des relaxierten Jacobi-Verfahrens $\omega_{opt} = 2/[\lambda_{min}(D^{-1}A) + \lambda_{max}(D^{-1}A)] = 1$, die unrelaxierte Version ist bereits optimal. Für das Gauß-Seidel-Verfahren erhält man aus (3.22) $\varrho(M_{GS}) = \varrho(M_J)^2 = \cos^2(\pi h) = 1 - \pi^2 h^2 + \mathcal{O}(h^4)$. Nach (3.25) ist der optimale Relaxationsfaktor des SOR-Verfahrens $\omega_{opt} = 2/(1 + \sin(\pi h))$, der minimale Spektralradius $\varrho(M_{SOR}^{\omega_{opt}}) = (1 - \sin(\pi h))/(1 + \sin(\pi h)) = 1 - 2\pi h + \mathcal{O}(h^4)$. Statt h^2 wie beim Gauß-Seidel-Verfahren tritt h auf, was eine signifikante qualitative Verbesserung bedeutet. Im folgenden geben wir für $N = 32$, also $h = 1/32 = 0.03125$ und ausgewählte k den Näherungswert $u^k_{16,16}$ im Mittelpunkt von Ω, den Fehler $\varepsilon_k := \|u^k_h - u^*_h\|_\infty$ der k-ten Iterierten sowie den Quotienten $\varrho_k := \varepsilon_k/\varepsilon_{k-1}$ an. In der Kopfzeile bezeichnet ϱ den Spektralradius der jeweiligen Iterationsmatrix M. Die Startnäherung ist $u^0_h = 0$.

Wir beginnen mit dem Jacobi- und Gauß-Seidel-Verfahren:

	Jacobi, $\varrho = 0.99518$			Gauß-Seidel, $\varrho = 0.99039$		
k	$u^k_{16,16}$	ε_k	ϱ_k	$u^k_{16,16}$	ε_k	ϱ_k
0	0.000000 + 00	5.69 − 02		0.000000 + 00	5.69 − 02	
100	1.282657 − 03	3.25 − 02	0.987	1.545640 − 03	1.99 − 02	0.985
200	1.519914 − 03	1.93 − 02	0.992	1.682182 − 03	7.53 − 03	0.989
300	1.622156 − 03	1.18 − 02	0.994	1.723821 − 03	2.87 − 03	0.990
500	1.703865 − 03	4.47 − 03	0.995	1.744477 − 03	4.16 − 04	0.990
700	1.731485 − 03	1.70 − 03	0.995	1.747435 − 03	6.03 − 05	0.990
900	1.741701 − 03	6.48 − 04	0.995	1.747864 − 03	8.75 − 06	0.990

Es folgen die Werte des SOR-Verfahrens für $\omega = \omega_{opt} = 1.8214652$ und $\omega = 1.7$:

	SOR(ω_{opt}), $\varrho = 0.82147$			SOR(1.7), $\varrho = 0.94214$		
k	$u^k_{16,16}$	ε_k	ϱ_k	$u^k_{16,16}$	ε_k	ϱ_k
0	0.000000 + 00	5.69 − 02		0.000000 + 00	5.69 − 02	
20	1.738233 − 03	1.33 − 02	0.913	1.659976 − 03	2.14 − 02	0.928
40	1.747677 − 03	7.70 − 04	0.838	1.722447 − 03	6.99 − 03	0.941

Man sieht die deutliche Beschleunigung gegenüber dem Gauß-Seidel-Verfahren und die Empfindlichkeit bezüglich der Wahl von ω. □

Es gibt weitere, auf additiven Zerlegungen der Matrix A beruhende Iterationsverfahren, etwa das *Verfahren der alternierenden Richtungen*, kurz: *ADI-Verfahren*, oder das in der russischsprachigen Literatur häufig diskutierte *Verfahren der alternierenden Dreieckszerlegungen.* Außerdem können die Verfahren auch als *Blockversionen* realisiert werden, bei denen nicht nach einer einzelnen Unbekannten x_i, sondern nach einer ganzen Gruppe von Unbekannten aufgelöst wird. Im obigen Beispiel wird man alle Gitterpunkte einer Zeile in einer Gruppe X_i zusammenfassen. Beim Auflösen nach X_i ist dann ein Tridiagonalsystem mit der Matrix T zu lösen, was sehr billig ist. Schließlich kann man die Iterierten x^j der Basisverfahren mit geeigneten Koeffizienten $\alpha_j^{(k)}$ gemäß

$$y^k := \alpha_0^{(k)} x^0 + \alpha_1^{(k)} x^1 + \cdots + \alpha_k^{(k)} x^k$$

linear kombinieren, um schnellere Konvergenz zu erreichen. Solche Verfahren werden als *semi-iterative Verfahren* bezeichnet, man spricht auch von

Tschebyscheff-Konvergenzbeschleunigung; in der englischsprachigen Literatur schreibt man auch *Chebyshev*. Wir verweisen dazu auf die Spezialliteratur, z. B. [HaYo81, SaNi89, Hac93].

Durch geeignete Festlegung von ω kann bei den klassischen Verfahren der Spektralradius $\varrho(M^\omega)$ verkleinert, also die Konvergenzgeschwindigkeit verbessert werden. Bei der Diskretisierung von Randwertaufgaben besteht jedoch weiterhin eine Abhängigkeit des Typs $\varrho(M^\omega) = 1 - \mathcal{O}(h^{\bar{p}})$ von der Diskretisierungsschrittweite h, siehe Beispiel 3.10 oben. Insofern sind die klassischen Verfahren für kleines h als alleinige Verfahren zur Lösung der diskreten Gleichungen nicht geeignet. Man verwendet sie heute als Bestandteil von *Mehrgitterverfahren*, bei denen die Randwertaufgabe auf einer Folge von Gittern mit den Schrittweiten $h_0 > h_1 > \cdots > h_\ell$ diskretisiert wird, siehe Abschnitt 8.3.6. Für den Gesamtprozeß gilt dann $\varrho(M_{MG}) \leq \bar{\varrho} < 1$ mit einer von den Schrittweiten h_j unabhängigen Kontraktionskonstanten $\bar{\varrho}$.

3.2.3 Richardson-Iteration und Vorkonditionierung

Alle bisher betrachteten Iterationsverfahren lassen sich in der Form

$$x^{k+1} = x^k + \alpha B^{-1}(b - Ax^k) \tag{3.27}$$

mit regulärem B schreiben. Diese Vorschrift entsteht aus (3.3), wenn dort $F(x) := B^{-1}(Ax - b) = -B^{-1}r(x)$ gesetzt wird, also das Gleichungssystem

$$F(x) := B^{-1}(Ax - b) = 0 \quad \text{bzw.} \quad B^{-1}Ax = B^{-1}b \tag{3.28}$$

als Ausgangsgleichung genommen wird. Die Matrix B wird als *Vorkonditionierungsmatrix*, kurz: *Vorkonditionierer*, englisch *preconditioner*, das System (3.28) selbst als das mit B *vorkonditionierte System* $Ax = b$ und die Iteration (3.27) als die mit B vorkonditionierte und mit α relaxierte *Richardson-Iteration* bezeichnet.

Für die bisher betrachteten Verfahren ist

$$B^\alpha_{RJ} = D,\ \alpha_{RJ} = \omega, \quad B^\alpha_{SOR} = \omega L + D,\ \alpha_{SOR} = \omega; \tag{3.29}$$

für $\omega = 1$ ergeben sich die Größen für das Jacobi- bzw. Gauß- Seidel-Verfahren.

Falls A symmetrisch und positiv definit ist, sollte der Vorkonditionierer B dieselben Eigenschaften haben. Für $B_{RJ} = D$ ist dies der Fall, nicht aber für $B^\omega_{SOR} = \omega L + D$. Man symmetrisiert daher das SOR-Verfahren, indem man zunächst einen Zwischenpunkt $x^{k+1/2}$ wie beim SOR-Verfahren 3.9 gemäß

$$x_i^{k+1/2} = x_i^k + \omega\left(b_i - \sum_{j=1}^{i-1} a_{ij}x_j^{k+1/2} - \sum_{j=i}^{n} a_{ij}x_j^k\right)/a_{ii}, \quad i = 1, \ldots, n$$

berechnet und dann einen inversen SOR-Schritt gemäß

$$x_i^{k+1} = x_i^{k+1/2} + \omega\Big(b_i - \sum_{j=1}^{i-1} a_{ij}x_j^{k+1/2} - \sum_{j=i}^{n} a_{ij}x_j^{k+1}\Big)/a_{ii}, \quad i = n, \ldots, 1$$

anschließt. Dieses Verfahren wird als *symmetrische Überrelaxation* oder *SSOR-Verfahren* bezeichnet. Der Aufwand ist bei intelligenter Implementierung vergleichbar mit dem des SOR-Verfahrens. Für das SSOR-Verfahren gilt

$$B_{SSOR} = (D + \omega L)D^{-1}(D + \omega L^T), \quad \alpha_{SSOR} = \omega(2 - \omega). \tag{3.30}$$

Man beachte, daß A als symmetrisch vorausgesetzt wurde, also $U = L^T$ gilt. Der SSOR-Vorkonditionierer B_{SSOR} ist dann symmetrisch und positiv definit. Als Spezialfall ergibt sich für $\omega = 1$ das *symmetrisierte Gauß-Seidel-Verfahren.*

Prinzipiell können jedoch beliebige reguläre Vorkonditionierer gewählt werden. Die Richardson-Iteration (3.27) wird dann wie folgt implementiert:

Algorithmus 3.11. Vorkonditioniertes Richardson-Verfahren: $x^k \mapsto x^{k+1}$

S1: Berechne Residuum $r^k = b - Ax^k$

S2: Berechne Korrektur $s = s^k$ als Lösung von $Bs = r^k$

S3: Setze $x^{k+1} = x^k + \alpha s^k$

Die Vorkonditionierungsmatrix sollte natürlich so gewählt werden, daß die Korrektur s^k billiger aus dem System $Bs = r^k$ berechnet werden kann als x aus $Ax = b$. Bei den obigen klassischen Verfahren ist das der Fall: $B_{RJ}^{\omega} = D$ ist diagonal, $B_{SOR}^{\omega} = \omega L + D$ ist eine untere Dreiecksmatrix, und $B_{SSOR} = (D + \omega L)d^{-1}(D + \omega L^T)$ ist das Produkt von Dreiecks- und Diagonalmatrizen, vgl. die simplen expliziten Algorithmen 3.8 und 3.9.

Andererseits sollte B die Originalmatrix A möglichst gut approximieren, denn im Fall $B = A$ liefert bereits der erste Richardson-Schritt mit $\alpha = 1$ die exakte Lösung. Eine in diesem Sinne bessere Approximation erreicht man i. allg. mit multiplikativen Zerlegungen der Matrix A. Nimmt man die auf dem Computer berechnete LU-Faktorisierung als Vorkonditionierer, setzt also $B = LU$, geht Algorithmus 3.11 für $\alpha = 1$ in die am Schluß von Abschnitt 2.2 beschriebene iterative Verbesserung über. Bei großen, schwach besetzten Systemen arbeitet man jedoch aus Aufwandsgründen mit *unvollständigen Dreiecksfaktorisierungen* der Koeffizientenmatrix A. Bei der *unvollständigen Cholesky-Faktorisierung* wird, grob gesprochen, Algorithmus 2.7 so modifiziert, daß nur diejenigen $\hat{\ell}_{ij}$ berechnet und abgespeichert werden, für die $a_{ij} \neq 0$ ist, die mögliche Auffüllung wird also ignoriert. Der so berechnete *unvollständige Cholesky-Faktor* $\bar{L}$ definiert dann $B_{IC} = \bar{L}\bar{L}^T$, und die Lösung von $Bs = r^k$ erfordert dann wie in Algorithmus 2.8 die Lösung zweier schwach besetzter Dreieckssysteme mit $\bar{L}$ und $\bar{L}^T$. Im nichtsymmetrischen Fall wird analog eine *unvollständige LU-Faktorisierung* $B_{ILU} = \bar{L}\bar{U}$ ohne Auffüllung berechnet[4]. Zur optimalen Wahl von α im symmetrisch positiv definiten Fall siehe Aufgabe 3.3.

Beim Richardson-Verfahren kommt A nur bei der Berechnung von $b - Ax^k$ vor. Es genügt daher, eine Routine `y = matvec(x)` zur Verfügung zu stellen, die jedem x das Bild $y = Ax$ zuordnet. Dazu muß nicht notwendig auf die Elemente von A zugegriffen werden; es genügt zu wissen, wie Ax aus x entsteht. Bei den Diskretisierungsverfahren aus Kapitel 8 liegt diese Situation vor: zu $(Au_h)_{ij}$ tragen nur diejenigen Unbekannten $u_{\mu,\nu}$ bei, die dem jeweiligen Gitterpunkt oder dem betrachteten finiten Element bzw. finiten Volumen im gewissen Sinne benachbart sind, vgl. Aufgabe 3.2.

3.3 Krylov-Teilraum-Verfahren

Die im vorangegangenen Abschnitt behandelten klassischen stationären Einschrittverfahren wie auch ihre semi-iterativen Erweiterungen haben den Nachteil, daß man zur Festlegung des bzw. der Parameter Informationen über die Eigenwerte gewisser Matrizen braucht. Obwohl solche Informationen i. allg. aus ohnehin berechneten Größen zumindest näherungsweise gewonnen werden können, sind alternative Verfahren, die ohne solche Informationen auskommen, wünschenswert. Um solche Verfahren zu erhalten, betrachten wir die einfache Richardson-Iteration

$$x^{k+1} = x^k + \alpha(b - Ax^k), \quad \alpha > 0 \text{ fest}, \tag{3.31}$$

in (3.27) wird also $B = I$ gesetzt. Die vorkonditionierten Varianten sind dann mit eingeschlossen, wenn $\{A, b\}$ durch $\{B^{-1}A, B^{-1}b\}$, also $r = b - Ax$ durch $s = B^{-1}r$ ersetzt wird, vgl. (3.27).

Aus (3.31) folgt zunächst $x^1 = x^0 + \alpha r^0$ mit $r^0 = b - Ax^0$, weiter $x^2 = x^1 + \alpha(b - Ax^1) = x^0 + \alpha r^0 + \alpha(b - Ax^0 - \alpha A r^0) = x^0 + 2\alpha r^0 - \alpha^2 A r^0$ und durch Induktion schließlich

$$x^k = x^0 + \gamma_1^{(k)} r^0 + \gamma_2^{(k)} A r^0 + \cdots + \gamma_k^{(k)} A^{k-1} r^0 =: x^0 + w^k \tag{3.32}$$

mit Koeffizienten $\gamma_j^{(k)}$, die eindeutig durch α festgelegt sind. Die Iterierte x^k unterscheidet sich von x^0 um die Korrektur w^k, die eine Linearkombination der Vektoren $A^{j-1}r^0$ mit den Koeffizienten $\gamma_j^{(k)}$ ist, also im Teilraum

$$\mathcal{K}_k := \mathcal{K}_k(r^0) := \mathcal{K}_k(r^0; A) := \operatorname{span}\{r^0, Ar^0, \ldots, A^{k-1}r^0\} \tag{3.33}$$

[4]Die in der Literatur üblichen Bezeichnungen *IC* bzw. *ILU* kommen vom englischen *Incomplete Cholesky* bzw. *Incomplete L (=Lower Triangular) U(=Upper Triangular).*

liegt, der als *Krylov-Teilraum* der Ordnung k bezeichnet wird. Im allgemeinen sind die Vektoren $\{r^0, \ldots, A^{k-1}r^0\}$ linear unabhängig, so daß $\mathcal{K}_k$ ein Teilraum der Dimension k ist. Mit diesem kann (3.32) als

$$x^k \in x^0 + \mathcal{K}_k(r^0) \tag{3.34}$$

geschrieben[5] werden. Das Verfahren (3.31) legt also über die Koeffizienten $\gamma_j^{(k)}$ eindeutig ein Element x^k in $x^0 + \mathcal{K}_k(r^0)$ als k-te Iterierte fest. Es liegt dann nahe zu fragen, ob sich in $x^0 + \mathcal{K}_k$ nicht ein besseres x^k finden ließe, also von der einmal getroffenen, durch α festgelegten Zuordnung abzuweichen und x^k so in $x^0 + \mathcal{K}_k$ zu wählen, daß ein geeignetes Fehlermaß φ minimal wird:

Algorithmus 3.12. Allgemeines Krylov-Teilraum-Verfahren: Schritt k
Bestimme x^k als Lösung von $\min\{\varphi(x) : x \in x^0 + \mathcal{K}_k(r^0)\}$.

Die einzelnen Verfahren unterscheiden sich in der Wahl des Fehlermaßes φ.

3.3.1 Symmetrische positiv definite Systeme: CG

Im folgenden betrachten wir den Fall, daß A symmetrisch und zudem positiv definit ist. Dann ist die durch

$$\varphi(x) = \tfrac{1}{2}x^T Ax - x^T b \tag{3.35}$$

definierte quadratische Funktion φ ein geeignetes Fehlermaß, denn für sie gilt

$$\nabla\varphi(x) = Ax - b = -r(x), \quad \nabla^2\varphi(x) = A.$$

Offenbar ist die Lösung $x^* = A^{-1}b$ der einzige *stationäre Punkt*[6] von φ. Da A als Hesse-Matrix von φ positiv definit ist, muß x^* sogar die eindeutige Minimumstelle von φ sein. Dies liest man auch aus der für alle x gültigen Identität

$$\varphi(x) - \varphi(x^*) = \tfrac{1}{2}(x - x^*)^T A(x - x^*) =: \tfrac{1}{2}\|x - x^*\|_A^2 \tag{3.36}$$

ab. Durch $\|z\|_A := \sqrt{x^T Ax}$ wird eine Norm definiert, die als die durch die Matrix A erzeugte *elliptische* oder *Energienorm* bzw. *A-Norm* bezeichnet wird, siehe Aufgabe 3.4. Minimierung von φ bedeutet also die Minimierung der A-Norm des Fehlers $x - x^*$. Das zugehörige Krylov-Verfahren heißt *Verfahren*

[5] Wir schreiben $x \in x^0 + \mathcal{K}$, wenn $x = x^0 + w$ mit einem $w \in \mathcal{K}$ gilt.

[6] Das sind Punkte, die den notwendigen Extremalbedingungen $\nabla\varphi(x) = 0$ genügen.

der konjugierten Gradienten, kurz *CG-Verfahren* nach dem englischen Terminus *Conjugate Gradient Method.*

Algorithmus 3.13. CG-Verfahren, theoretische Form: Schritt k
Bestimme x^k als Lösung von $\min\{\frac{1}{2}x^T Ax - x^T b : x \in x^0 + \mathcal{K}_k(r^0)\}$

Allein aus der obigen abstrakten Formulierung lassen sich die wesentlichen Eigenschaften herleiten: In exakter Arithmetik liefert das Verfahren nach höchstens n Schritten die Lösung x^*. Hat A nur $m < n$ verschiedene Eigenwerte, wird x^* bereits nach m Schritten erreicht. Ein vergleichsweise ähnliches Verhalten ist dann zu erwarten, wenn die Eigenwerte in wenigen konzentrierten Haufen vorkommen, was z. B. durch einen guten Vorkonditionierer erreicht werden kann. Das *Spektrum* $\sigma(A) := \{\lambda \in \mathbb{C} : \lambda = \lambda_i(A)\}$ als Menge der Eigenwerte λ_i von A spielt also eine entscheidende Rolle. Unabhängig von der individuellen Lage der Eigenwerte gilt jedoch stets

$$\|x^k - x^*\|_A \leq 2\kappa^k \|x^0 - x^*\|_A \quad \text{mit} \quad \kappa = \frac{\sqrt{c}-1}{\sqrt{c}+1} < 1 \tag{3.37}$$

und $c := \text{cond}_2(A) = \lambda_{max}(A)/\lambda_{min}(A)$. Das CG-Verfahren konvergiert also mindestens R-linear mit dem Faktor $\kappa < 1$. Praktisch sieht man das Verfahren als iterativ an und erwartet, daß bereits nach $k \ll n$ Schritten mit einer genügend guten Näherung x^k abgebrochen werden kann.

Zur Realisierung des CG-Verfahrens konstruiert man eine Basis $\{p^1, \ldots, p^k\}$ von $\mathcal{K}_k$ so, daß $(p^i)^T Ap^j = 0$ gilt für $i \neq j$; eine solche Basis heißt *A-orthogonal* oder *konjugiert bezüglich A*, was dem Verfahren seinen Namen gab. Es zeigt sich, daß dann die Minimierung über dem k-dimensionalen verschobenen Krylov-Unterraum $x^0 + \mathcal{K}_k$ durch k sukzessive eindimensionale Minimierungen auf den Geraden $x^{k-1} + \alpha p^k$ ersetzt werden kann. Wir übergehen die relativ technischen Details und geben nur das Schlußergebnis an:

Algorithmus 3.14. CG-Verfahren, praktische Form:
Wähle x^0, berechne $r^0 = b - Ax^0$, setze $p^1 = r^0$, $k = 1$ % Initialisierung
while $r^{k-1} \neq 0$ **do**

$$q^k = Ap^k,\ \alpha_k = \frac{\|r^{k-1}\|_2^2}{(p^k)^T q^k},\ x^k = x^{k-1} + \alpha_k p^k,\ r^k = r^{k-1} - \alpha_k q^k$$

$$\beta_{k+1} = \frac{\|r^k\|_2^2}{\|r^{k-1}\|_2^2},\ p^{k+1} = r^k + \beta_{k+1} p^k,\ k = k+1$$

end

Setzt man immer $\beta_{k+1} = 0$, erhält man $p^{k+1} = r^k$, also

$$x^k = x^{k-1} + \alpha_k r^{k-1} = x^{k-1} - \alpha_k \nabla\varphi(x^{k-1}). \tag{3.38}$$

Dies ist das *Verfahren des steilsten Abstiegs*, kurz auch als *Gradientenverfahren* bezeichnet, das bei vergleichbarem Aufwand i. allg. wesentlich schlechter konvergiert als das CG-Verfahren.

Beim CG- wie beim Gradientenverfahren kommt die Matrix A nur einmal pro Schritt bei der Anweisung $q^k = Ap^k$ ins Spiel. Der Nutzer muß also wieder eine Black-Box `matvec` bereitstellen, welche die Operation $p \mapsto q = Ap$ realisiert.

Beispiel 3.15. Gradienten- und CG-Verfahren für das Modellproblem aus Beispiel 3.10 mit $h = 1/32$ und $u_h^0 = 0$:

	Gradientenverfahren				CG-Verfahren		
k	$u_{16,16}^k$	ε_k	ϱ_k	k	$u_{16,16}^k$	ε_k	ϱ_k
0	0.000000 + 00	5.69 − 02		0	0.000000 + 00	5.69 − 02	
100	$\underline{1}$.439462 − 03	2.53 − 02	1.04	20	$\underline{1}$.834095 − 03	5.32 − 03	0.90
300	$\underline{1}$.652323 − 03	9.36 − 03	1.05	40	$\underline{1.74}$6127 − 03	9.13 − 05	0.71
500	$\underline{1.7}$13442 − 03	3.54 − 03	1.05	60	$\underline{1.7479}$02 − 03	9.57 − 07	0.74
700	$\underline{1.7}$34989 − 03	1.34 − 03	1.05	80	$\underline{1.747937}$ − 03	9.45 − 10	0.68
900	$\underline{1.74}$3032 − 03	5.10 − 04	1.05				

Man sieht die deutlich schnellere Konvergenz des CG-Verfahrens. □

Erweiterungen des CG-Verfahrens auf den mit B vorkonditionierten Fall sind möglich: pro Schritt muß dann noch zusätzlich aus dem „einfachen“ Residuum r^k das „vorkonditionierte“ Residuum $s^k = B^{-1}r^k$ aus dem System $Bs = r^k$ ermittelt werden, siehe z. B. [SchwK91, GoVL96, Gre97]. Bewährt hat sich die unvollständige Cholesky-Faktorisierung $B_{IC} = \bar{L}\bar{L}^T$ als Vorkonditionierer. Diese Kombination wird als *ICCG-Verfahren* bezeichnet, engl. *Incomplete Cholesky Conjugate Gradient Method.* In dieser Form wird das CG-Verfahren heute in der Regel verwendet.

Wir schließen diesen Teilabschnitt mit einer Bemerkung über symmetrische *indefinite* Systeme ab, bei denen A positive und negative Eigenwerte hat. Die Lösung $x^* = A^{-1}b$ ist dann ein Sattelpunkt von φ: In Richtung der zu positiven Eigenwerten gehörenden Eigenvektoren liegt ein Minimum vor, in Richtung der zu negativen Eigenwerten gehörenden Eigenvektoren jedoch ein Maximum, so daß x^* nicht durch Minimierung gefunden werden kann. Für solche Systeme sind alternative (und kompliziertere) Algorithmen wie z. B. das *MINRES-Verfahren* entwickelt worden, siehe dazu [Gre97, TrBa97, Dem97].

3.3.2 Unsymmetrische Systeme: CGNR, CGNE und GMRES

Wenn A unsymmetrisch ist, versagen die im symmetrischen Fall einsetzbaren Verfahren. Man kann zunächst versuchen, das System $Ax = b$ äquivalent in ein System mit einer symmetrischen positiv definiten Matrix zu transformieren und dieses mittels des CG-Verfahrens zu lösen. Diese „Rückführung auf einen lösbaren Fall" ist unter Mathematikern sehr beliebt, allerdings – wie wir auch hier sehen werden – nicht immer die beste Möglichkeit.

Ein solches symmetrisch definites System ist uns aus Abschnitt 2.3 bereits bekannt, nämlich die zu $Ax \cong b$ gehörenden Normalgleichungen

$$A^TAx = A^Tb \quad \text{bzw.} \quad \bar{A}x = \bar{b} \quad \text{mit } \bar{A} = A^TA,\ \bar{b} = A^Tb. \tag{3.39}$$

Da A als regulär vorausgesetzt wurde, also Vollrang n hat, ist $\bar{A}$ in der Tat symmetrisch und positiv definit, vgl. Aufgabe 2.4. Für die zugehörige, durch $\bar{\varphi}(x) = \frac{1}{2}x^T\bar{A}x - x^T\bar{b}$ definierte Fehlerfunktion $\bar{\varphi}$ gilt dann nach (3.36)

$$\begin{aligned} \bar{\varphi}(x) - \bar{\varphi}(x^*) &= \tfrac{1}{2}(x - x^*)^TA^TA(x - x^*) = \tfrac{1}{2}\|x - x^*\|^2_{A^TA} \\ &= \tfrac{1}{2}\|A(x - x^*)\|_2^2 = \tfrac{1}{2}\|b - Ax\|_2^2. \end{aligned} \tag{3.40}$$

Das CG-Verfahren für $\bar{A}x = \bar{b}$ minimiert also die Euklidische Norm des Residuums, die gleich der A^TA-Norm des Fehlers ist. Es wird als *CGNR-Verfahren* bezeichnet, das N weist auf *Normal Equations*, das R auf *Residual* hin.

Alternativ kann man $x = A^Ty$ setzen, womit man

$$Ax = AA^Ty = b, \quad \text{also } \widehat{A}y = \hat{b} \text{ mit } \widehat{A} = AA^T,\ \hat{b} = b \tag{3.41}$$

erhält. Die Matrix $\widehat{A}$ ist wie $\bar{A}$ symmetrisch und positiv definit, so daß das CG-Verfahren auf $\widehat{A}y = \hat{b}$ angewendet werden kann. Das entstehende Verfahren heißt *CGNE-Verfahren*, das E weist hier auf *Error* (Fehler) hin. Für die zugehörige Fehlerfunktion $\widehat{\varphi}$ bez. der transformierten Variablen y gilt

$$\begin{aligned} \widehat{\varphi}(y) - \widehat{\varphi}(y^*) &= \tfrac{1}{2}(y - y^*)^TAA^T(y - y^*) = \tfrac{1}{2}\|y - y^*\|^2_{AA^T} \\ &= \tfrac{1}{2}\|A^T(y - y^*)\|_2^2 = \tfrac{1}{2}\|x - x^*\|_2^2, \end{aligned} \tag{3.42}$$

das CGNE-Verfahren minimiert also die Euklidische Norm des Fehlers.

Um A^TAx bzw. AA^Ty zu bilden, braucht das Produkt A^TA bzw. AA^T natürlich nicht explizit gebildet zu werden: Man geht gemäß

$$x \mapsto u = Ax \mapsto v = A^Tu \quad \text{bzw.} \quad y \mapsto v = A^Ty \mapsto u = Av$$

vor. Neben der Black-Box-Operation $x \mapsto Ax$ wird also auch die Operation $y \mapsto A^Ty$ benötigt, was manchmal Probleme bereitet und zur Entwicklung sog. *transponiertenfreier Methoden* geführt hat.

Der wesentliche Nachteil beider Normalgleichungsverfahren ist jedoch, daß

$$\mathrm{cond}_2(\bar{A}) = \mathrm{cond}_2(\widehat{A}) = [\mathrm{cond}_2(A)]^2 \tag{3.43}$$

gilt, also die Normalgleichungsmatrizen $\bar{A}$ bzw. $\widehat{A}$ im allgemeinen eine wesentlich größere Konditionszahl als A selbst haben, was sich wegen (3.37) nachteilig auf die Konvergenzgeschwindigkeit der jeweiligen CG-Verfahren auswirken kann. Das CGNR- bzw. CGNE-Verfahren ist daher nur für gut konditionierte lineare Systeme brauchbar.

Im allgemeinen Fall liegt es dann nahe, den Umweg über $\bar{A}$ bzw. $\widehat{A}$ zu meiden und $\|b - Ax\|_2^2$ direkt über dem mit A erzeugten Krylov-Teilraum zu minimieren. Dies führt auf

Algorithmus 3.16. GMRES-Verfahren, theoretische Form: Schritt k

Bestimme x^k als Lösung von $\min\{\, \|b - Ax\|_2^2 : \; x \in x^0 + \mathcal{K}_k(r^0, A)\}$

Die Bezeichnung kommt von *Generalized Minimum Residual.* Praktisch bestimmt man eine orthogonale Basis $Q_k = (q^1, \ldots, q^k)$ von $\mathcal{K}_k$ nach dem modifizierten Gram-Schmidt-Verfahren 2.15, 2.17, was als *Arnoldi-Prozeß* bezeichnet wird, und setzt $x^k = x^0 + Q_k\alpha^k$ mit Koeffizienten $\alpha^k \in \mathbb{R}^k$ an. Die Minimierung von $\|b - Ax\|_2^2$ über $x^0 + \mathcal{K}_k$ ist dann zur Minimierung von $\|\varrho_0 e^1 - H_k\alpha\|_2^2$ über $\alpha \in \mathbb{R}^k$ äquivalent. Dabei ist $\varrho_0 = \|r^0\|_2$, und $H_k \in \mathbb{R}^{(k+1)\times k}$ ist eine gewisse Hessenberg-Matrix[7]. Solche Quadratmittelprobleme sind billig lösbar. Für Details verweisen wir auf die Literatur, z. B. [Kel95, Gre97, Dem97, TrBa97].

Der wesentliche Nachteil des GMRES-Verfahrens gegenüber dem CG-Verfahren besteht darin, daß die gesamte Basis $\{q^1, \ldots, q^k\}$ mitgeführt werden muß. Der Speicherplatz wächst also linear mit k. Wenn das Verfahren langsam konvergiert, ist man daher gezwungen, den Speicherplatz einzuschränken: Man bricht das Verfahren nach m Schritten ab und startet mit der letzten Iterierten x^m als Startwert x^0 den Algorithmus neu. Dies wird als *Restart* bezeichnet, das zugehörige Verfahren als GMRES(m). Der Restart verschlechtert natürlich das Gesamtverhalten, da alle bis zumNeustart gesammelten Teilraum-Informationen verlorengehen.

Es gibt weitere Verfahren vom Krylov-Typ, bei denen man wie beim CG-Verfahren mit sog. „kurzen" Rekursionen arbeitet, also der Speicherplatz nicht linear mit k wächst. Wir erwähnen das *CGS-*, das *Bi-CGStab-* und das *QMR-Verfahren.* Diese Problematik ist ein aktueller Forschungsgegenstand. Wir können darauf im Rahmen dieser Einführung nicht weiter eingehen und verweisen wieder auf die oben angegebene Spezialliteratur.

[7]Eine *Hessenberg-Matrix* ist eine obere Dreiecksmatrix, bei der noch die erste untere Nebendiagonale besetzt ist.

3.4 Verfahren für nichtlineare Gleichungssysteme

In diesem Abschnitt betrachten wir ausschließlich *nichtlineare* Gleichungssysteme, entweder in der Nullstellenform $F(x) = 0$ oder in der Fixpunktform $x = G(x)$, vgl. die Einführung zu diesem Kapitel. Im Gegensatz zu linearen Gleichungssystemen lassen sich solche nichtlinearen Gleichungssysteme im allgemeinen *nur* iterativ lösen.

3.4.1 Lineare Konvergenz und das Ostrowski-Theorem

In Aussage 3.2 hatten wir hinreichende Bedingungen dafür angegeben, daß G in $S_0 = S(x^0, \delta_0) = \{x : \|x - x^0\| \le \delta_0\}$ einen eindeutigen Fixpunkt x^* besitzt, gegen den das gewöhnliche Iterationsverfahren

$$x^{k+1} = G(x^k), \quad k = 0, 1, \ldots \tag{3.44}$$

konvergiert. Im folgenden setzen wir die Existenz eines solchen Fixpunktes x^* voraus und fragen, wann man erwarten kann, daß das Verfahren (3.44) durchführbar ist und $\{x^k\}$ gegen x^* konvergiert.

Wenn G auf einer Kugel $S(x^*, \delta^*)$ um x^* mit $\delta^* > 0$ stetige partielle Ableitungen besitzt, gilt $x^{k+1} - x^* = G(x^k) - G(x^*) \approx G'(x^*)(x^k - x^*)$ für $x^k \approx x^*$, vgl. Aufgabe 3.6. Man überlegt sich, daß dann unter der Voraussetzung

$$\|G'(x^*)\| < 1 \tag{3.45}$$

tatsächlich Q-lineare Konvergenz mit dem asymptotischen Konvergenzfaktor $\|G'(x^*)\| < 1$ vorliegt, sofern $\|x^0 - x^*\|$ genügend klein ist.

Analog zu Aussage 3.4 läßt sich die Bedingung (3.45) abschwächen:

Satz 3.17 (Ostrowski-Theorem). *Die Funktion G besitze auf $S(x^*, \delta^*)$ stetige partielle Ableitungen, und für die Jacobi-Matrix $G'(x^*)$ gelte*

$$\varrho^* = \varrho(G'(x^*)) < 1. \tag{3.46}$$

Dann ist das Verfahren (3.44) für jeden Startwert x^0 durchfürbar und R-linear mit dem Faktor ϱ^* gegen x^* konvergent, sofern $\|x^0 - x^*\| \le \delta_0$ mit genügend kleinem δ_0 gilt.

Zum Beweis siehe z. B. [Schwe79]. □

Ein Fixpunkt x^* mit der Eigenschaft (3.46) heißt *anziehender Fixpunkt.* Das Ostrowski-Theorem besagt dann:

Wenn x^* ein anziehender Fixpunkt von G ist, konvergiert das gewöhnliche Iterationsverfahren für genügend gute Startwerte x^0 gegen x^*.

Das ist eine typische *lokale Konvergenzaussage:* Im Gegensatz zu Satz 3.1 wird die Existenz eines Fixpunktes x^* vorausgesetzt, und aus der nur an der Stelle x^* geforderten Bedingung (3.46) wird gefolgert, daß für alle im Sinne von $\|x^0 - x^*\| \leq \delta_0$ genügend guten Startwerte x^0 Konvergenz vorliegt. Im linearen Fall folgt aus (3.46) nach Satz 3.4 dagegen *globale Konvergenz*, d. h. Konvergenz für *alle* x^0. Dies liegt daran, daß dort $G(x) = Mx + c$ gilt, also $G'(x) = M$ unabhängig von x ist.

Umgekehrt kann man zeigen, daß es im Fall $\varrho(G'(x^*)) > 1$ beliebig dicht bei x^* gelegene x^0 gibt, so daß $\|x^1 - x^*\| > \|x^0 - x^*\|$ gilt. Ein solcher Fixpunkt heißt daher *abstoßender Fixpunkt.* Er kann durch die Iteration (3.44) i.a. nicht gefunden werden.

Wir illustrieren die obigen theoretischen Ergebisse an einem eindimensionalen Beispiel. Im Eindimensionalen entsprechen die Fixpunkte x^* von $g : \mathbb{R} \to \mathbb{R}$ den Schnittpunkten $(x^*, g(x^*))$ der durch g definierten Kurve mit der durch $y = x$ definierten Geraden.

Beispiel 3.18. Gegeben sei die quadratische Gleichung $f(x) = x^2 - 4x + 3 = 0$ mit den beiden Wurzeln $x^{1,*} = 1$, $x^{2,*} = 3$. Auflösen nach dem linearen Glied liefert die äquivalente Fixpunktgleichung $x = (x^2 + 3)/4 =: g(x)$. Hier haben wir $g'(x) = x/2$, also $|g'(x^{1,*})| = 0.5 < 1$, $|g'(x^{2,*})| = 1.5 > 1$, d. h. $x^{1,*} = 1$ ist anziehend, $x^{2,*} = 3$ dagegen abstoßend. Die Iterierten[8] $x_{k+1} = g(x_k)$ sind für die Startwerte $x_0 = 0$, 2.9 und 3.1 in der folgenden Tabelle wiedergegeben:

k	x_k	x_k	x_k	k	x_k	x_k	x_k
0	0.0	2.9	3.1	5	0.9875684	2.3835884	3.957
1	0.7500000	2.8525000	3.15250	10	0.9996162	1.2790449	188.950
2	0.8906250	2.7841891	3.23456	15	0.9999880	1.0115681	> 999.999
3	0.9483032	2.6879272	3.36560	20	0.9999996	1.0003656	> 999.999
4	0.9748198	2.5562381	3.58182	25	1,0000000	1.0000002	> 999.999

Man überlegt sich an Hand der zu g gehörenden Kurve, daß die Iteration für alle x_0 mit $|x_0| < 3$ gegen $x^{1,*} = 1$ konvergiert, während $|x_0| > 3$ zu monotoner Divergenz $x^k \to +\infty$ führt. □

Im folgenden setzen wir voraus, daß die zu lösende Gleichung in der Nullstellenform

$$F(x) = (F_i(x_1, \dots, x_n)) = 0$$

gegeben ist, vgl. (3.1) vorn. Dann lassen sich das Jacobi- bzw. Gauß-Seidel-Verfahren, die wir im Abschnitt 3.2.2 für den linearen Fall $F(x) = Ax - b$

[8]Im Fall $n = 1$, also für skalares x schreiben wir den Iterationsindex unten, da keine Verwechslungsgefahr mit den Komponenten besteht.

eingeführt haben, sinngemäß auf den nichtlinearen Fall übertragen, indem man die i-te Gleichung $F_i(x) = 0$ nach der i-ten Unbekannten auflöst und diesen Wert als x_i^{k+1} nimmt. Setzt man für alle übrigen x_j die alten Werte x_j^k ein und relaxiert, erhält man das folgende Analogon zu Algorithmus 3.8:

Algorithmus 3.19. Nichtlineares relaxiertes Jacobi-Verfahren:
Schritt $x^k \mapsto x^{k+1}$

for $i = 1 : n$ **do**
  Bestimme ξ als Lösung von $F_i(x_1^k, \ldots, x_{i-1}^k, \xi, x_{i+1}^k, \ldots, x_n^k) = 0$
  Setze $x_i^{k+1} = x_i^k + \omega(\xi - x_i^k)$
end

Verwendet man die für $j < i$ bereits berechneten neuen Werte x_j^{k+1}, erhält man das zu Algorithmus 3.9 analoge Verfahren:

Algorithmus 3.20. Nichtlineares SOR-Verfahren: $x^k \mapsto x^{k+1}$

for $i = 1 : n$ **do**
  Bestimme ξ als Lösung von $F_i(x_1^{k+1}, \ldots, x_{i-1}^{k+1}, \xi, x_{i+1}^k, \ldots, x_n^k) = 0$
  Setze $x_i^{k+1} = x_i^k + \omega(\xi - x_i^k)$
end

Für $\omega = 1$ ergibt sich aus Algorithmus 3.19 das nichtlineare Jacobi-, aus Algorithmus 3.20 das nichtlineare Gauß-Seidel-Verfahren als Spezialfall.

In jedem Iterationsschritt $x^k \mapsto x^{k+1}$ sind bei beiden Verfahren n skalare Gleichungen $f(\xi) := f_i^k(\xi) = 0$, $i = 1, \ldots, n$, zu lösen, wodurch die Iterationsfunktion G implizit definiert wird. Zur Lösung solcher skalaren Gleichungen gibt es bewährte Algorithmen einschließlich zugehöriger Software.

Eines der Basisverfahren für skalare Nullstellengleichungen ist das *Halbierungs-* oder *Bisektionsverfahren*. Bei diesem geht man von einem Intervall $[x_0, y_0]$ mit $f(x_0)f(y_0) < 0$ aus; die Funktionswerte in den Randpunkten x_0, y_0 haben also unterschiedliche Vorzeichen. Wenn $f : [x_0, y_0] \to \mathbb{R}$ stetig ist, existiert nach dem Zwischenwertsatz mindestens eine Nullstelle x^* von f im Inneren von $[x_0, y_0]$. Man berechnet f im Mittelpunkt $m_0 = (x_0 + y_0)/2$ und ersetzt denjenigen der Randpunkte durch m_0, dessen Funktionswert dasselbe Vorzeichen wie $f(m_0)$ hat. Im neuen, halbierten Intervall liegen dann an den Endpunkten wieder Funktionswerte unterschiedlichen Vorzeichens vor, so daß die Einschließungseigenschaft erhalten bleibt. Bei wiederholter Anwendung dieses Prinzips erhalten wir damit

Algorithmus 3.21. Halbierungsverfahren für skalare Gleichungen

Wähle $x_0 < y_0$ mit $f(x_0)f(y_0) < 0$, setze $k = 0$ % Initialisierung
while $y_k - x_k > tol$ **do**
  Berechne $m_k = x_k + (y_k - x_k)/2$ und $f(m_k)$
  if $f(x_k)f(m_k) > 0$ **then** $x_{k+1} = m_k,\ y_{k+1} = y_k$
  else $x_{k+1} = x_k,\ y_{k+1} = m_k$
  end, setze $k = k + 1$
end

Die Intervallänge $y_k - x_k$ halbiert sich also in jedem Schritt, so daß in diesem Sinne lineare Konvergenz mit dem Faktor $\kappa = 1/2$ vorliegt. Da stets $f(x_k)f(y_k) < 0$ gilt, schließt jedes Intervall $[x_k, y_k]$ eine Nullstelle von f ein.

Durch Übergang zu *Q-überlinear* konvergenten Verfahren – das sind Verfahren, bei denen für die Quotienten aufeinanderfolgender Fehlernormen

$$\lim_{k\to\infty} \frac{\|x^{k+1} - x^*\|}{\|x^k - x^*\|} = 0 \tag{3.47}$$

gilt – kann das Konvergenzverhalten in der Regel drastisch verbessert werden. Man beachte, daß die Fehlerquotienten im Fall der Q-linearen Konvergenz nur durch $\kappa < 1$ beschränkt sein müssen und i. allg. nicht gegen Null gehen.

Zur Klasse der überlinear konvergenten Verfahren für skalare Gleichungen gehören z. B. das *Newton-Verfahren*, die *Regula falsi* – auf diese beiden kommen wir unten zurück – und das wie die Regula falsi nur mit Funktionswerten arbeitende *Muller-Verfahren*, siehe Aufgabe 3.7. Allerdings sind diese Verfahren in ihren Originalversionen i. allg. nur lokal konvergent. Durch Kombination mit dem Halbierungsverfahren oder einschließende Erweiterungen lassen sich jedoch überlineare und globale Konvergenz häufig verbinden, siehe z. B. [SchwK91, Schwa97] und [Her95, Kapitel 3 und 4].

3.4.2 Überlineare Konvergenz und Newton-Verfahren

Das erwähnte überlineare Konvergenzverhalten liegt vor, wenn

$$G'(x^*) = 0 \tag{3.48}$$

gilt. Falls G auf $S^* = S(x^*, \delta^*)$, $\delta^* > 0$, eine Lipschitz-stetige Jacobi-Matrix besitzt, also $\|G'(x) - G'(y)\| \leq L\|x - y\|$ für alle $x, y \in S^*$ gilt, ergibt sich für $x^k \in S^*$ wegen Aufgabe 3.6 und (3.48) die Abschätzung

$$\|x^{k+1} - x^*\| \leq C\|x^k - x^*\|^2 \qquad \text{mit} \quad C := L/2. \tag{3.49}$$

Für den Quotienten aufeinanderfolgender Fehlernormen folgt daraus

$$\frac{\|x^{k+1} - x^*\|}{\|x^k - x^*\|} \leq C\|x^k - x^*\| \leq \kappa \tag{3.50}$$

mit vorgegebenem $\kappa < 1$, sofern $\|x^k - x^*\| \leq \kappa/C$ gilt. Ist diese Bedingung bereits für x^0 erfüllt, folgt durch Induktion die Gültigkeit für alle k und damit die Q-lineare Konvergenz von $\{x^k\}$ gegen x^*. Da außerdem (3.49) gilt, spricht man von *Q-quadratischer Konvergenz*, die Fehler gehen quadratisch gegen Null.

Aus (3.50) liest man ab, daß die Q-quadratische Konvergenz ein Spezialfall von Q-überlinearer Konvergenz gemäß (3.47) ist, denn die rechte Seite geht sogar wie $\|x^k - x^*\|$ gegen Null.

Im folgenden gehen wir von der Nullstellengleichung $F(x) = 0$ aus und setzen voraus, daß x^* eine *reguläre Nullstelle* im folgenden Sinne ist:

Definition 3.22. *Wir sagen, daß x^* eine reguläre Nullstelle der Funktion F ist, wenn F auf einer Kugel $S^* = \{x : \|x - x^*\| \leq \delta^*\}$ um x^* mit dem Radius $\delta^* > 0$ definiert ist, $F(x^*) = 0$ ist und folgendes gilt:*

(i) *Auf S^* existiert F' und ist Lipschitz-stetig mit $L > 0$; es gilt also*

$$\|F'(x) - F'(y)\| \leq L\|x - y\| \quad \text{für alle } x, y \in S^*.$$

(ii) *Die Jacobi-Matrix $F'(x^*)$ ist regulär.*

Die Regularität von $F'(x^*)$ garantiert die von $F'(x)$ für benachbarte x:

Folgerung 3.23. *Es sei x^* eine reguläre Nullstelle von F. Dann gibt es ein δ_1 mit $0 < \delta_1 \leq \delta^*$, so daß $F'(x)$ regulär und die Inverse beschränkt ist gemäß*

$$\|F'(x)^{-1}\| \leq 2\|F'(x^*)^{-1}\| \tag{3.51}$$

für alle $x \in S_1^* = \{x : \|x - x^*\| \leq \delta_1\}$.

Für $A := F'(x^*)$ und $\delta A := F'(x) - F'(x^*)$ mit $x \in S^*$ gilt nämlich $\|\delta A\| \leq L\|x - x^*\| \leq L\delta_1 \leq 0.5\|F'(x^*)^{-1}\|$, falls $\delta_1 := \min\{\delta^*, 0.5\|F'(x^*)^{-1}\|/L)\}$ gesetzt wird. Daraus folgt $\|\delta A\|\|A^{-1}\| \leq 0.5 < 1$, nach dem Störungslemma 2.12 also die Regularität von $A + \delta A = F'(x)$ und die Abschätzung (3.51). □

Für skalare Gleichungen $f(x) = 0$ bedeutet die Regularität von $F'(x^*)$ nichts anderes als $f'(x^*) \neq 0$. Die Tangente in $(x^*, 0)$ muß also einen von Null verschiedenen Anstieg haben. Im Mehrdimensionalen ist die Situation wesentlich komplizierter, da dann $F'(x^*)$ ungleich 0, aber trotzdem singulär sein kann.

Wir zeigen jetzt, daß sich bei Vorliegen einer regulären Nullstelle x^* von F stets ein G konstruieren läßt, für das $G'(x^*) = 0$ gilt, also das zugehörige Iterationsverfahren Q-quadratisch konvergiert. Sei dazu $x^k \in S_1^*$ und

$\ell_k(x) := F(x^k) + F'(x^k)(x - x^k) = 0$ die im Punkt x^k linearisierte Gleichung, vgl. Abschnitt 1.2. Nach Folgerung 3.23 ist $F'(x^k)$ regulär, so daß man nach x auflösen kann. Nimmt man diese Lösung der linearisierten Gleichung als nächste Iterierte $x =: x^{k+1}$, erhält man die Vorschrift

$$x^{k+1} = G_N(x^k) := x^k - F'(x^k)^{-1}F(x^k), \quad k = 0, 1, \ldots \tag{3.52}$$

Das ist das (n-dimensionale) *Newton-Verfahren*. Ein Vergleich mit (3.27) zeigt, daß man das Newton-Verfahren als verallgemeinertes nichtlineares Richardson-Verfahren $x^{k+1} = x^k - B_k^{-1}F(x^k)$ mit dem variablen Vorkonditionierer $B_k = F'(x^k)$ und $\alpha = 1$ ansehen kann.

Im Eindimensionalen ist $\ell_k(x) = 0$ die Gleichung der Tangente an die Kurve $\{(x, y) : y = f(x)\}$ im Punkt $(x_k, f(x_k))$, und

$$x_{k+1} = x_k - f(x_k)/f'(x_k) \tag{3.53}$$

ist die x-Koordinate von deren Schnittpunkt mit der x-Achse. So wird das Newton-Verfahren in der Schule häufig eingeführt.

Praktisch bestimmt man x^{k+1} analog zum Verfahren 3.11 wie folgt:

Algorithmus 3.24 (Newton-Verfahren). Schritt $x^k \mapsto x^{k+1}$

S1: Berechne Residuum $F(x^k)$ und Jacobi-Matrix $F'(x^k)$

S2: Berechne Newton-Korrektur $s = s^k$ aus $F'(x^k)s = -F(x^k)$

S3: Setze $x^{k+1} = x^k + s^k$

Wenn F partielle Ableitungen zweiter Ordnung besitzt, rechnet man mit einiger Mühe nach, daß für die Iterationsfunktion $G := G_N$ des Newton-Verfahrens in der Tat $G'(x^*) = 0$ gilt, was nach (3.49) die quadratische Konvergenz impliziert. Wie der folgende lokale Konvergenzsatz zeigt, braucht man dafür statt der zweimaligen Differenzierbarkeit nur die Lipschitz-Stetigkeit von F':

Satz 3.25. *Es sei x^* eine reguläre Nullstelle von F. Dann gibt es ein δ_0 mit $0 < \delta_0 \le \delta^*$, so daß das Newton-Verfahren 3.24 für jeden Startwert x^0 mit $\|x^0 - x^*\| \le \delta_0$ durchfürbar ist und gegen x^* konvergiert, wobei*

$$\|x^{k+1} - x^*\| \le C\|x^k - x^*\|^2, \quad k = 0, 1, \ldots, \tag{3.54}$$

gilt mit $C := \|F'(x^*)^{-1}\|L$.

Nach Folgerung 3.23 ist nämlich $F'(x^k)$ regulär und gemäß (3.51) beschränkt, falls $\|x^k - x^*\| \le \delta_1$ mit dem dortigen δ_1 gilt. Dann existiert x^{k+1}, und es gilt

$$\begin{aligned}
\|x^{x+1} - x^*\| &= \|x^k - F'(x^k)^{-1}F(x^k) - x^*\| \\
&= \|F'(x^k)^{-1}\big[F(x^*) - F(x^k) - F'(x^k)(x^* - x^k)\big]\| \\
&\le \underbrace{\|F'(x^k)^{-1}\|}_{\le 2\|F'(x^*)^{-1}\|} \; \underbrace{\|F(x^*) - F(x^k) - F'(x^k)(x^* - x^k)\|}_{\le 0.5L\|x^k - x^*\|^2} \qquad (3.55) \\
&\le L\|F'(x^*)^{-1}\|\|x^k - x^*\|^2,
\end{aligned}$$

man beachte Aufgabe 3.6. Der Rest folgt dann wie vorn. □

Satz 3.25 besagt:

> *Wenn x^* eine reguläre Nullstelle von F ist, konvergiert das Newton-Verfahren für alle genügend guten Startwerte x^0 quadratisch gegen x^*.*

Es gibt auch Konvergenzsätze für das Newton-Verfahren, bei denen analog zum Kontraktionssatz 3.1 die Existenz von x^* nicht vorausgesetzt, sondern aus zu (K_1), (K_2) ähnlichen Voraussetzungen gefolgert wird. Das erste und berühmteste unter diesen sogenannten *semilokalen* Konvergenztheoremen ist das *Kantorowitsch-Theorem*, siehe dazu [Schwe79].

Beispiel 3.26. Wir demonstrieren das Verhalten des Newton-Verfahrens am Gleichungssystem $x = G(x)$ aus Beispiel 3.3, das wir jetzt in der Nullstellenform $F(x) := x - G(x) = 0$ schreiben; wir haben dann $F'(x) = I - G'(x)$. Für die dort verwendete Schrittweite $h = 0.05$ stimmt die Newton-Iterierte x^3 bereits auf 10 Stellen nach dem Dezimalpunkt mit x^* überein.

k	x_1^k	x_2^k	k	x_1^k	x_2^k
0	1.0	1.0	2	0.9431815356	1.0976456360
1	0.9430051813	1.0984455959	3	0.9431815245	1.0976456080

Auch für die zehnmal größere Schrittweite $h = 0.5$, bei der das gewöhnliche Iterationsverfahren nicht konvergierte, ergibt sich die Lösung nach 4 Schritten auf 10 Stellen:

k	x_1^k	x_2^k	k	x_1^k	x_2^k
0	1.0	1.0	3	0.5174622738	1.3656649129
1	0.5000000000	1.2500000000	4	0.5174558459	1.3656734874
2	0.5202952030	1.3671586716	5	0.5174558459	1.3656734875

Man sieht die bei Vorliegen von quadratischer Konvergenz typische Verdopplung der gültigen Ziffern in jedem Schritt. □

Im Schritt S2 des Newton-Verfahrens muß die Jacobi-Matrix $B_k := F'(x^k)$ berechnet und danach das Gleichungssystem $B_k s = -F(x^k)$ gelöst werden. Das ist der Preis, den man für die quadratische Konvergenz zu zahlen hat.

Um die Berechnung von $F'(x^k)$ zu vermeiden, kann man die partiellen Ableitungen durch vorwärtige Differenzenquotienten (6.9a) approximieren: Man ersetzt $F'(x^k)$ durch die Approximation $\delta F(x^k, h^k)$, deren Elemente durch

$$\left(\delta F(x^k, h^k)\right)_{ij} := \frac{F_i(x^k + h_j^k e^j) - F_i(x^k)}{h_j^k}, \quad i, j = 1, \ldots, n \tag{3.56}$$

definiert sind mit einem vorzugebenden Vektor $h^k = (h_j^k)$ von *Diskretisierungsschrittweiten* $h_j^k \neq 0$. Man beachte, daß sich das Argument $x^k + h_j^k e^j = (x_1^k, \ldots, x_{j-1}^k, x_j^k + h_j^k, x_{j+1}^k, \ldots, x_n^k)^T$ nur in der j-ten Komponente von x^k unterscheidet, und zwar um h_j^k. Wählt man z. B. diese Schrittweiten so, daß $\|h^k\| \leq \|F(x^k)\|$ gilt, bleibt Satz 3.25 für das derart *diskretisierte Newton-Verfahren*

$$x^{k+1} = x^k - \delta F(x^k, h^k)^{-1} F(x^k), \quad k = 0, 1, \ldots \tag{3.57}$$

gültig [Schwe79]. Praktisch setzt man z. B. $h_j^k := \min\{h_{rel}|x_j^k| + h_{abs}, \|F(x^k)\|\}$ mit vorgegebenen Konstanten $h_{rel}, h_{abs} > 0$, etwa $h_{rel} = 10^{-6}$, $h_{abs} = 10^{-8}$.

Pro Schritt müssen jedoch zusätzlich zu $F(x^k)$ noch die n benachbarten Funktionswerte $F(x^k + h_j^k e^j)$, $j = 1, \ldots, n$, berechnet werden. Die Kosten $K[\delta F(x, h)]$ für die Berechnung von $\delta F(x, h)$ sind also das n-fache der Kosten $K[F(x)]$ für eine Funktionswertberechnung. Bei intelligenter Berechnung der partiellen Ableitungen $\partial F_i / \partial x_j$ mittels *automatischer Differentiation* gilt für die Kosten $K[F'(x)]$ zur Berechnung von $F'(x)$ jedoch $K[F'(x)] \lessapprox 5\, K[F(x)]$, siehe [Gri99], vgl. auch [Her95, Kap. 5]. Allerdings braucht man dazu Werkzeuge, die aus dem Programm zur Berechnung von $F(x)$ in einem Präprozessing das zugehörige Programm zur Berechnung von $F'(x)$ automatisch erzeugen. Diese Werkzeuge gibt es für die Sprachen FORTRAN und C sowie in etwas abgerüsteter Form für MATLAB, siehe die oben angegebene Literatur.

Nimmt man im Fall $n = 1$ die Schrittweite $h_k = x_{k-1} - x_k$, so ergibt sich

$$\underbrace{\delta f(x_k, h_k)}_{=:\, a_k} = \frac{f(x_k) - f(x_{k-1})}{x_k - x_{k-1}}, \text{ also } f(x_k) - f(x_{k-1}) = a_k(x_k - x_{k-1}). \tag{3.58}$$

Das zugehörige diskretisierte Newton-Verfahren (3.57) ist dann

$$x_{k+1} = x_k - \frac{f(x_k)}{\left[\dfrac{f(x_k) - f(x_{k-1})}{x_k - x_{k-1}}\right]}, \quad k = 1, 2, \ldots. \tag{3.59}$$

Das ist die *Regula falsi*, die sich wie folgt geometrisch interpretieren läßt: Man ersetzt die Kurve $\{(x,y) : y = f(x)\}$ durch die *Sekante* durch die Punkte $(x_k, f(x_k))$, $(x_{k-1}, f(x_{k-1}))$. Deren Schnittpunkt mit der x-Achse hat dann obiges x_{k+1} als x-Koordinate. Statt der Tangente wie beim eindimensionalen Newton-Verfahren verwendet man hier die Sekante als lineare Approximation.

Für die Regula falsi gilt $|x_{k+1} - x^*| \leq C|x_k - x^*||x_{k-1} - x^*|$. Sie konvergiert also auch Q-überlinear.

Man kann versuchen, auch im Fall $n > 1$ eine Approximation $A_k \approx F'(x^k)$ so zu bestimmen, daß die in der zweiten Form von (3.58) auftretende *Sekanten-* oder *Quasi-Newton-Bedingung*

$$A_k(x^k - x^{k-1}) = F(x^k) - F(x^{k-1}) \tag{3.60}$$

erfüllt ist. Allerdings sind die n^2 Elemente von A_k durch die n skalaren Bedingungen (3.60) im Fall $n > 1$ nicht eindeutig festgelegt. Fordert man zusätzlich, daß $A_k s = A_{k-1} s$ für alle $s \perp x^k - x^{k-1}$ gilt[9], ist A_k eindeutig durch

$$A_k = A_{k-1} + \frac{(y^k - A_{k-1}s^k)s^{kT}}{(s^k)^T s^k} \tag{3.61}$$

mit $y^k := F(x^k) - F(x^{k-1})$, $s^k := x^k - x^{k-1}$ festgelegt. Das zugehörige Verfahren $x^{k+1} = x^k - A_k^{-1}F(x^k)$ heißt *Broyden-Verfahren*. Man muß hier neben x^0 noch eine Startmatrix $A_0 \approx F'(x^0)$ vorgeben, z. B. die Differenzenapproximation $A_0 = \delta F(x^0, h^0)$ nach (3.56). Es läßt sich mit allerdings erheblichem Aufwand zeigen, daß das Broyden-Verfahren gegen die reguläre Nullstelle x^* konvergiert, sofern $\|x^0 - x^*\|$ und $\|A_0 - F'(x^0)\|$ genügend klein sind. Die Konvergenz ist Q-überlinear im Sinne von (3.47). Zudem gilt $\|x^{k+2n} - x^*\| \leq C\|x^k - x^*\|^2$ für alle k. Der Fehler quadriert sich also nach $2n$ Schritten, man spricht von *2n-Schritt-quadratischer Konvergenz*, siehe [Schwe79, DeSc83]. Beim Newton-Verfahren ist dies bereits nach einem Schritt der Fall. Daher sollte man das Newton-Verfahren bevorzugen, zumal heute das automatische Differenzieren die relativ bequeme Berechnung von $F'(x^k)$ erlaubt. Verfahren, die auf (3.60) aufbauen, heißen *Sekanten-* oder *Quasi-Newton-Verfahren*. Sie spielen in der nichtlinearen Optimierung eine Rolle. Bekannte Vertreter sind das *BFGS-*, das *BSP-* und das ältere *DFP-Verfahren*[10], siehe [Schwe79, DeSc83].

3.4.3 Globalisierung

Die überlinear konvergenten Verfahren des vorangegangenen Abschnitts sind naturgemäß nur lokal konvergent. Um Konvergenz für eine größere Menge von

[9] Wie üblich bedeutet $u \perp v$, daß u *orthogonal* zu v ist, also $u^T v = 0$ gilt.

[10] Die Abkürzungen kommen von den Erfindern Broyden/Fletcher/Goldfarb/Shanno, Broyden (symmetric) Powell und Davidon/Fletcher/Powell.

Startwerten x^0 zu erreichen, müssen sie *globalisiert* werden.

Eine erste Möglichkeit dazu bieten die *Abstiegsverfahren*. Bei diesen wird der nichtlinearen Gleichung $F(x) = 0$ das *nichtlineare Quadratmittelproblem*

$$\min\{\varphi(x) := \tfrac{1}{2}\|F(x)\|_2^2 : x \in \mathbb{R}^n\} \tag{3.62}$$

zugeordnet, siehe Abschnitt 2.3 und (2.39) für das lineare Analogon. Wie dort können wir sogar zulassen, daß das System $F(x) = 0$ überbestimmt ist, also $F : \mathbb{R}^n \to \mathbb{R}^m$ mit $m \geq n$ gilt. Damit erfassen wir auch die Probleme der nichtlinearen *diskreten Quadratmittelapproximation* aus Abschnitt 5.2.1.

Im k-ten Schritt liegt es nahe, in (3.62) $F(x)$ wie beim Newton-Verfahren durch $\ell_k(x) := F(x^k) + F'(x^k)(x - x^k)$ zu ersetzen und die Lösung des in dieser Weise linearisierten Problems als nächste Iterierte zu nehmen. Zur Globalisierung ist es allerdings nötig, das Verfahren zu relaxieren, man sagt auch zu dämpfen. Der Dämpfungsfaktor α_k wird so bestimmt, daß im Fall $\nabla\varphi(x^k) = F'(x^k)^T F(x^k) \neq 0$, d. h., wenn x^k kein stationärer Punkt von φ ist, ein *Abstieg* im Sinne von $\varphi(x^{k+1}) = \varphi(x^k + \alpha_k s^k) < \varphi(x^k)$ vorliegt. Verwendet man dazu die *Goldstein-Armijo-Regel* mit Konstanten $0 < \kappa < 1$, $0 < \delta < 1/2$, siehe [Schwe79], ergibt sich

Algorithmus 3.27. Relaxiertes Gauß-Newton-Verfahren: $x^k \mapsto x^{k+1}$

S1: Berechne Residuum $F(x^k)$ und Jacobi-Matrix $F'(x^k)$

S2: Bestimme Gauß-Newton-Korrektur $s = s_k = s_{GN}^k$ aus
$\min\{\|F(x^k) + F'(x^k)s\|_2^2 : s \in \mathbb{R}^n\}$

S3: Bestimme kleinsten Index $j = j_k \in \{0, 1, \dots\}$ mit
$\varphi(x^k + \kappa^j s^k) \leq \varphi(x^k) + \kappa^j \delta (s^k)^T \nabla\varphi(x^k)$

S4: Setze $\alpha_k = \kappa^j$ und $x^{k+1} = x^k + \alpha_k s^k$

In jedem Iterationsschritt $k \mapsto k+1$ muß das lineare Quadratmittelproblem $F'(x^k)s \cong -F(x^k)$ aus S2 nach einem Verfahren aus Abschnitt 2.3 gelöst werden. Wenn $F'(x^k)$ Vollrang n hat, ist $s_{GN}^k = -\left[F'(x^k)^T F'(x^k)\right]^{-1} F'(x^k)^T F(x^k)$ die eindeutige Lösung. Im Spezialfall $m = n$ reduziert sich dies auf die Newton-Korrektur $s_N^k = -F'(x^k)^{-1}F(x^k)$, und das Gauß-Newton-Verfahren 3.27 geht in das *relaxierte* bzw. *gedämpfte Newton-Verfahren*

$$x^{k+1} = x^k - \alpha_k F'(x^k)^{-1} F(x^k), \quad k = 0, 1, \dots \tag{3.63}$$

über. Man kann zeigen, daß dieses für alle x^0 gegen die einzige Nullstelle x^* von F konvergiert, sofern die Funktion F auf ganz $\mathbb{R}^n$ stetig differenzierbar ist und $\|F'(x)^{-1}\| \leq M$ für alle $x \in \mathbb{R}^n$ gilt, siehe wieder [Schwe79].

Im Schritt S3 werden nacheinander die Kandidaten $1, \kappa, \kappa^2, \ldots$ getestet, und das erste dieser κ^j, für das die Abstiegsbedingung erfüllt ist, wird als α_k genommen. Im Vollrangfall tritt dies nach endlich vielen Verkleinerungen ein.

Falls $F'(x^k)$ keinen Vollrang hat, im Fall $m = n$ also singulär ist, ist das Quadratmittelproblem in S2 nicht eindeutig lösbar und die Abstiegsbedingung in S3 möglicherweise nicht erfüllbar. Man geht dann zu *Trust-Region-Versionen* des Gauß-Newton- bzw. Newton-Verfahrens über. Bei diesen wird das bezüglich s unbeschränkte Quadratmittelproblem in S2 durch das beschränkte Trust-Region-Problem $\min\{\|F(x^k) + F'(x^k)s\| : \|s\|_2 \leq \Delta_k\}$ ersetzt, wobei $\Delta_k > 0$ ein geeignet festzulegender *Trust-Region-Radius* ist. Diese Teilprobleme sind immer lösbar, siehe [DeSc83] für Details.

Eine alternative Globalisierungsmöglichkeit stellen die *Einbettungs-* oder *Fortsetzungsverfahren* dar, engl. *Homotopy* oder *Continuation Methods.* Bei diesen wird die Gleichung $F(x) = 0$ z. B. in die durch $t \in \mathbb{R}$ parametrisierte Schar

$$H(x,t) := F(x) - (1-t)F(x^0) = 0 \tag{3.64}$$

eingebettet. Für $t = 0$ hat $H(x,0) = F(x) - F(x^0) = 0$ offensichtlich die bekannte Lösung $x^*(0) := x^0$, und für $t = 1$ geht (3.64) in die zu lösende Gleichung $H(x,1) = F(x) = 0$ über; deren Lösung $x^*(1) := x^*$ ist gesucht.

Man nimmt jetzt an, daß (3.64) für jedes t aus $[0,1]$ eine bez. t stetige Lösung $x^*(t)$ hat. Dies ist z. B. der Fall, wenn F' stetig ist und $\|F'(x)^{-1}\| \leq M$ für alle x gilt. Die Kurve $\mathcal{L} := \{(x,t) : x = x^*(t),\ 0 \leq t \leq 1\}$ verbindet dann den Startpunkt $(x^0, 0)$ mit dem Endpunkt $(x^*, 1)$, siehe Abb. 3.2. Man

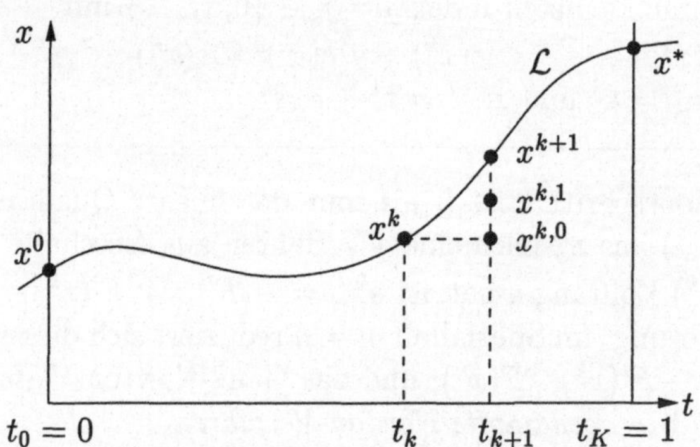

Abbildung 3.2: Fortsetzungsverfahren

wendet dann einen *Kurvenverfolgungsalgorithmus*, engl. *path following method*, an, um diese durch (3.64) implizit definierte Kurve $\mathcal{L}$ punktweise für wachsende t-Werte $0 = t_0 < t_1, \cdots < t_k < t_{k+1} < \ldots t_K = 1$ zu durchlaufen.

Bei der *Newton-Fortsetzung* bestimmt man $x^{k+1} = x^*(t_{k+1})$ aus der nichtlinearen Gleichung $F(x, t_{k+1}) = 0$ nach dem Newton-Verfahren und nimmt das zuletzt berechnete $x^k = x^*(t_k)$ als Startwert $x^{k,0}$. Indem man die Schrittweite $\tau_k := t_{k+1} - t_k$ genügend klein wählt, kann man stets erreichen, daß dieser Startwert im Konvergenzgebiet des Newton-Verfahrens liegt. Wegen der schnellen quadratischen Konvergenz kann i. allg. nach wenigen Newton-Schritten i_k mit einem genügend genauen $x^{k,i_k} \approx x^*(t_{k+1})$ abgebrochen werden. Man erhält so nach K Einbettungsschritten eine Näherung x^K für die gesuchte Lösung $x^* = x^*(t_K) = x^*(1)$.

Zu Fortsetzungsverfahren und Erweiterungen auf den Fall, daß $F'(x)$ singulär ist, aber trotzdem eine Verbindungskurve existiert, siehe [Schwe79, AlGe97].

3.5 Hinweise auf Software

Eine Übersicht über allgemeine Lineare-Algebra-Software gibt `http://www.netlib.org/utk/people/JackDongarra/la-sw.html`, zu iterativen Verfahren siehe `http://www.netlib.org/utk/papers/iterative-survey/index.html`. Bausteine für klassische wie Krylov-Verfahren und das zugehörige Buch [BarB+93] findet man in `http://elib.zib.de/netlib/templates/`. Mit diesen können eigene Codes zusammengestellt werden. Eine Liste von Software für nichtlineare Systeme steht in `http://www-fp.mcs.anl.gov/otc/Guide/OptWeb/continuous/unconstrained/nonlineareq/`; darunter befinden sich die Pakete CONTIN – früher PITCON) [Rhe86] – und HOMPACK [WaBi+87] für Fortsetzungsverfahren. Ein viel verwendetes Trust-Region-Verfahren ist NL2SOL [DeGa+81], siehe `http://elib.zib.de/netlib/toms/573` und das Update n2f bei `http://www.bell-labs.com/project/PORT/`.

3.6 Übungsaufgaben

Aufgabe 3.1. Es sei $\lambda_i(M)$ ein beliebiger Eigenwert der Matrix M. Zeigen Sie, daß $|\lambda_i(M)| \leq \|M\|$ in jeder Matrixnorm gilt, die einer Vektornorm zugeordnet ist.

Aufgabe 3.2. Überlegen Sie sich, daß die in Abschnitt 3.2.3 eingeführte Funktion `matvec` zur Berechnung von $y = Ax$ für das Modellproblem aus Beispiel 3.10 durch $U = (u_{ij}) \mapsto V = (v_{ij}) = \operatorname{matvec}(U)$ mit

$$v_{ij} = [4u_{ij} - (u_{i-1,j} + u_{i+1,j} + u_{i,j-1} + u_{i,j+1})]/h^2, \quad i,j = 1, \ldots, N-1,$$

erklärt ist, und der k-te Schritt $u_{ij}^k \mapsto u_{ij}^{k+1}$ des Jacobi-Verfahrens 3.5 ist

$$u_{ij}^{k+1} = (u_{i-1,j}^k + u_{i+1,j}^k + u_{i,j-1}^k + u_{i,j+1}^k)/4, \quad i,j = 1, \ldots, N-1.$$

Die Matrix A tritt in der Tat überhaupt nicht explizit auf!

Aufgabe 3.3. Es seien A, B symmetrisch positiv definit, und $0 < \lambda_1 \le \cdots \le \lambda_n$ seien die Eigenwerte von $B^{-1}A$, vgl. (4.5) und Aufgabe 4.1. Zeigen Sie: Die Iterationsmatrix $M_R^\alpha := I - \alpha B^{-1}A$ des relaxierten vorkonditionierten Richardson-Verfahrens (3.27) besitzt die Eigenwerte $\nu_i = 1 - \alpha\lambda_i$. Es gilt $\alpha_{opt} = 2/(\lambda_1 + \lambda_n)$, und $\varrho(M_R^{\alpha_{opt}}) = (c-1)/(c+1))$ mit $c = \lambda_n/\lambda_1$ ist der zugehörige minimale Spektralradius. Für $B := D$ ergibt sich das optimale $\alpha_{opt} = \omega_{opt}$ des relaxierten Jacobi-Verfahrens.

Aufgabe 3.4. Es sei $A \in \mathbb{R}^{2\times 2}$ symmetrisch und positiv definit mit den Eigenwerten $0 < \lambda_1 \le \lambda_2$ und den zugehörigen orthonormalen Eigenvektoren x^1, x^2. Überlegen Sie sich, daß die Normkugel $\{x \in \mathbb{R}^2 : \|x\|_A \le 1\} = \{x \in \mathbb{R}^2 : x^T Ax \le 1\}$ eine Ellipse, genauer: der durch die Ellipse mit dem Mittelpunkt $(0,0)$ und den Hauptachsen $\pm x^i/\sqrt{\lambda_i}$ berandete Bereich ist. Dies erklärt die Bezeichnung elliptische Norm.

Aufgabe 3.5. Zeigen Sie, daß die eindimensionale Minimierungsaufgabe

$$\min_{\alpha\in\mathbb{R}}\{\varphi(x) = \tfrac{1}{2}x^T Ax - x^T b : \; x = x^{k-1} + \alpha p^k\}$$

für symmetrisches, positiv definites A und $p^k \ne 0$ die eindeutige Lösung

$$\alpha = \alpha_k = [(r^{k-1})^T p^k]/[(p^k)^T A p^k] \quad \text{mit} \quad r^{k-1} := b - Ax^{k-1}$$

besitzt. Hinweis: Betrachten Sie $\psi(\alpha) := \varphi(x^{k-1} + \alpha p^k)$ und fordern Sie $\psi'(\alpha) = 0$.

Aufgabe 3.6. Zeigen Sie: (i) Wenn G auf $S_0 = \{x : \|x - x^0\| \le \delta_0\}$ stetige partielle Ableitungen besitzt, gilt

$$G(y) - G(x) = \left[\int_{t=0}^1 G'(x + t(y-x))dt\right](y - x) \quad \text{für alle } x, y \in S_0.$$

Das Integral ist dabei elementweise über die Elemente der Jacobi-Matrix zu verstehen. Folgern Sie hieraus, daß (3.10) die Gültigkeit von (3.11) nach sich zieht.
Hinweis: Wenden Sie auf die durch $f(t) := G(x+t(y-x))$ definierte skalare Funktion den Hauptsatz der Integralrechnung in der Form $f(1) - f(0) = \int_{t=0}^1 f'(t)dt$ an.

(ii) Wenn G' auf S_0 sogar Lipschitz-stetig ist, also $\|G'(x) - G'(y)\| \le L\|x - y\|$ für alle $x, y \in S_0$ gilt, folgt

$$G(y) - G(x) = G'(x)(y - x) + r(x, y) \quad \text{mit } \|r(x, y)\| \le \tfrac{L}{2}\|y - x\|^2.$$

Hinweis: Man gehe von der in (i) gegebenen Darstellung aus, füge $\pm G'(x)(y - x)$ hinzu, löse nach $r(x,y)$ auf und beachte $\| \int_{t=0}^1 G'(x + t(y-x))(y-x)dt - G'(x)(y - x)\| \le \int_{t=0}^1 \|G'(x + t(y - x)) - G'(x)\| \, \|y - x\|dt \le \int_{t=0}^1 Lt\|y - x\|^2 dt = \frac{L}{2}\|y - x\|^2$.

Aufgabe 3.7. Beim *Muller-Verfahren* zur Lösung von $f(x) = 0$ mit $f : \mathbb{R} \to \mathbb{R}$ wird die nichtlineare Funktion f durch die quadratische Funktion q_k approximiert, die f an den letzten drei Iterierten x_k, x_{k-1}, x_{k-2} interpoliert: $f(x_j) = q_k(x_j)$ für $j = k, k-1, k-2$. Dann wird diejenige der beiden Lösungen der quadratischen Ersatzgleichung $q_k(x) = 0$ als nächste Iterierte x_{k+1} genommen, die von x_k den kleineren Abstand hat. Überlegen Sie, daß dies auf die Vorschrift

$$x_{k+1} = x_k - 2f(x_k)/\Omega_k \text{ mit } \Omega_k := \omega_k + \sqrt{\omega_k^2 - 4f(x_k)\big[x_k, x_{k-1}, x_{k-2}; f\big]}$$

und $\omega_k := \big[x_k, x_{k-1}; f\big] + (x_k - x_{k-1})\big[x_k, x_{k-1}, x_{k-2}; f\big]$ führt. Welche Vorschrift ergibt sich für zusammenfallende Stützstellen $x_k = x_{k-1} = x_{k-2}$?
Hinweis: Verwenden Sie die Newtonsche Form (5.11) des Interpolationspolynoms q_k aus Abschnitt 5.1.1; dort werden auch die Steigungen $\big[x_k, \ldots, x_{k-i}; f\big]$ eingeführt.

4 Eigenwertprobleme

Als *Eigenwertproblem* der Matrix $A \in \mathbb{R}^{n \times n}$ bezeichnet man die Aufgabe, eine Zahl[1] $\lambda \in \mathbb{C}$ und einen Vektor $x \in \mathbb{C}^n$, $x \neq 0$, mit

$$Ax = \lambda x \tag{4.1}$$

zu finden; λ heißt *Eigenwert*, x zugehöriger *Eigenvektor* und (λ, x) *Eigenpaar* von A. Ein Vektor $x \neq 0$ ist also genau dann Eigenvektor zum Eigenwert λ, wenn er das homogene Gleichungssystem $(A - \lambda I)x = 0$ löst, d. h. wenn $A - \lambda I$ singulär ist. Dies ist gleichwertig zu $p_n(\lambda) := p_n(\lambda; A) := \det(A - \lambda I) = 0$. Die Determinante $p_n(\lambda) = \det(A - \lambda I)$ ist ein Polynom vom Grade n mit dem führenden Glied $(-\lambda)^n$. Dieses Polynom heißt *charakteristisches Polynom* der Matrix A und erweist sich als sehr nützlich für theoretische Zwecke. Dagegen ist der naive Weg, Eigenwerte von A durch Aufstellung des charakteristischen Polynoms und Berechnung von dessen Nullstellen zu bestimmen, fast immer der schlechteste und sollte tunlichst vermieden werden.

Die Vielfachheit eines Eigenwertes λ_i als Nullstelle des charakteristischen Polynoms wird als *algebraische Vielfachheit* ν_i von λ_i bezeichnet. Dagegen ist die *geometrische Vielfachheit* μ_i als Anzahl der zu λ_i gehörenden linear unabhängigen Eigenvektoren, d. h. der nichttrivialen Lösungen von $(A - \lambda_i I)x = 0$ definiert. Es gilt stets $\mu_i \leq \nu_i$; im Fall $\mu_i < \nu_i$ heißt λ_i *defektiv*.

Beim *allgemeinen Eigenwertproblem* wird (4.1) durch

$$Ax = \lambda Bx \tag{4.2}$$

mit einer zweiten Matrix $B \in \mathbb{R}^{n \times n}$ ersetzt; man spricht dann von Eigenwerten und Eigenvektoren des *Matrizenpaares* oder *Matrizenbüschels* $\{A, B\}$.

Eine typische Quelle von Eigenwertproblemen sind elektrische oder mechanische schwingende Systeme.

Beispiel 4.1. Wir betrachten zwei auf einem Stab der Länge ℓ reibungsfrei gleitende Punktmassen der Masse m_i, die untereinander und mit den benachbarten Wänden durch drei Federn gemäß Abb. 4.1 verbunden sind. Jede Feder besitze die Federkonstante k_i und die Ruhelänge ℓ_i. Nach dem Hookeschen Gesetz ist die Federkraft gleich $F_i = -k_i \Delta x_i$, wobei Δx_i die Auslenkung aus der

[1] $\mathbb{C}$ ist die Menge der komplexen Zahlen $x = u + \mathrm{i}v$, $u, v \in \mathbb{R}$. Analog ist $\mathbb{C}^n$ die Menge der n-dimensionalen Vektoren $x = (x_j)$ mit komplexen Komponenten $x_j = u_j + \mathrm{i}v_j$.

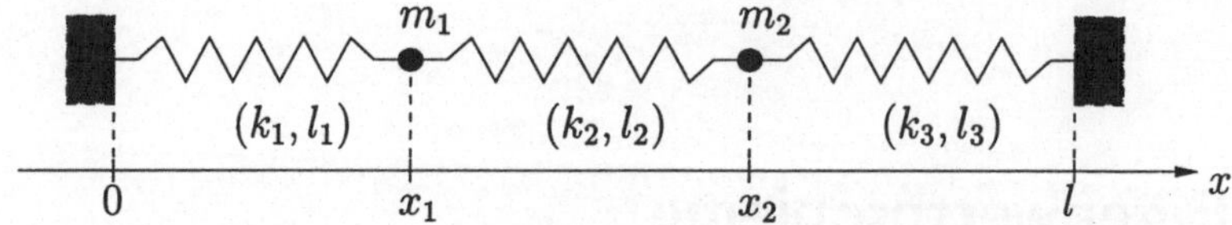

Abbildung 4.1: Schwingendes System aus zwei Punktmassen

Ruhelage bezeichnet. Die Newtonschen Bewegungsgleichungen lauten dann

$$\begin{aligned} m_1\ddot{x}_1 &= -k_1[x_1 - \ell_1] + k_2[(x_2 - x_1) - \ell_2], \\ m_2\ddot{x}_2 &= k_2[(x_2 - x_1) - \ell_2] + k_3[(\ell - x_2) - \ell_3]. \end{aligned}$$

Setzt man $x := (x_1, x_2)^T$, $f := (\ell_1 k_1 - \ell_2 k_2, \ell_2 k_2 + (\ell - \ell_3)k_3)^T$, kann dies als

$$M\ddot{x} = -Kx + f \quad \text{mit } M := \begin{pmatrix} m_1 & 0 \\ 0 & m_2 \end{pmatrix}, K := \begin{pmatrix} k_1 + k_2 & -k_2 \\ -k_2 & k_2 + k_3 \end{pmatrix} \tag{4.3}$$

geschrieben werden. Die Matrizen M bzw. K werden als *Masse-* bzw. *Steifigkeitsmatrix* bezeichnet; beide sind symmetrisch und positiv definit.

Die Ruhelage x^0 ist durch $\ddot{x} = 0$ gekennzeichnet, ergibt sich also nach (4.3) als Lösung von $Kx = f$ zu $x^0 = K^{-1}f$. Das Schwingungsverhalten charakterisieren wir durch die Auslenkung $z := x - x^0$ aus der Ruhelage. Mit dieser Substitution geht (4.3) wegen $\ddot{z} = \ddot{x}$ in das homogene System $M\ddot{z} = -Kz$ über. Man setzt dann $z = ye^{i\omega t}$ an, was auf $\ddot{z} = -\omega^2 ye^{i\omega t}$ führt. Einsetzen in $M\ddot{z} = -Kz$ und Division durch $e^{i\omega t} \neq 0$ führt auf das allgemeine Eigenwertproblem $Ky = \lambda My$ mit $\lambda := \omega^2$. Dieses Problem hat nur positive Eigenwerte $\lambda_i = \lambda_i(K, M)$, aus denen sich die Eigenfrequenzen $\omega_i = \sqrt{\lambda_i}$ ergeben. □

Realistische Systeme führen auf analog strukturierte Probleme hoher Dimension n. Den Ingenieur interessieren dann i. allg. nur die p kleinsten Eigenwerte, die die niedrigsten Eigenfrequenzen liefern. Diese sind bei der Untersuchung des Schwingungsverhaltens von Brücken, Tragflügeln von Großraumflugzeugen u.ä. von Bedeutung. Bei der Erregung der Brücke mit der niedrigsten Eigenfrequenz kann diese durch Resonanz einstürzen, was leider gelegentlich geschieht.

Im folgenden beschränken wir uns auf symmetrische Eigenwertprobleme. Eine symmetrische Matrix A besitzt stets reelle Eigenwerte $\lambda_i = \lambda_i(A)$, wobei diese entsprechend ihrer algebraischen Vielfachheit gezählt werden, und es gibt n zugehörige reelle orthonormale Eigenvektoren q^i; defektive Eigenwerte können nicht auftreten. Es gilt also

$$Aq^i = \lambda_i q^i \quad \text{mit} \quad (q^i)^T q^j = \delta_{ij}, \quad i, j = 1, \ldots, n.$$

Mit der Diagonalmatrix $\Lambda := \operatorname{diag}(\lambda_1, \dots, \lambda_n)$ der Eigenwerte und der orthogonalen Matrix $Q := (q^1, \dots, q^n)$ der Eigenvektoren schreibt sich dies als $AQ = Q\Lambda$ bzw. äquivalent - man beachte $Q^T = Q^{-1}$ - als

$$A = Q\Lambda Q^T = \sum_{i=1}^{n} \lambda_i q^i (q^i)^T. \tag{4.4}$$

Dies ist die *Spektralzerlegung* der symmetrischen Matrix A.

Beim allgemeinen symmetrischen Eigenwertproblem (4.2) fordern wir neben der Symmetrie von A und B zusätzlich, daß B positiv definit ist (bei den Schwingungsproblemen sind diese Voraussetzungen immer erfüllt). Man könnte dann zum äquivalenten Problem $B^{-1}Ax = \lambda x$ übergehen, allerdings ist $B^{-1}A$ i. allg. nicht symmetrisch. Mittels der Cholesky-Faktorisierung $B = \widehat{L}\widehat{L}^T$ von B läßt sich jedoch das allgemeine Eigenwertproblem $Ax = \lambda Bx$ äquivalent als „spezielles" Eigenwertproblem

$$\widehat{A}\hat{x} = \lambda\hat{x} \quad \text{mit } \widehat{A} := \widehat{L}^{-1}A\widehat{L}^{-T},\ \hat{x} := \widehat{L}^T x, \tag{4.5}$$

mit der symmetrischen Matrix $\widehat{A}$ schreiben, die reelle Eigenwerte λ_i und orthonormale Eigenvektoren $\hat{x}^i$ besitzt. Dann ist (λ_i, x^i) mit dem zurücktranformierten $x^i := \widehat{L}^{-T}\hat{x}^i$ ein Eigenpaar von $\{A, B\}$ und umgekehrt, siehe Aufgabe 4.1. Falls wie im Schwingungsfall neben B auch A positiv definit ist, ist auch $\widehat{A}$ positiv definit, und die Eigenwerte $\lambda_i(A, B) = \lambda_i(\widehat{A})$ sind dann sämtlich positiv.

Im folgenden betrachten wir wegen der beschriebenen Rückführungsmöglichkeit nur das „spezielle" symmetrische Eigenwertproblem (4.1) mit den reellen Eigenwerten λ_i und den orthonormalen Eigenvektoren q^i gemäß (4.4).

Für nichtsymmetrische Matrizen ist die Situation ungleich komplizierter. Es können dann komplexe, genauer: paarweise konjugiert komplexe Eigenwerte $\lambda = \alpha \pm \mathrm{i}\beta$ wie auch defektive Eigenwerte auftreten. Wir verweisen auf die einschlägige Spezialliteratur, etwa [GoVL96].

4.1 Transformationsverfahren

Die Transformationsverfahren beruhen darauf, die gewünschte diagonale Zielform $\Lambda = Q^T AQ$ mittels sukzessiver Ähnlichkeitstransformationen[2] der Ausgangsmatrix $A =: A_1$ zu erreichen. Ist jede einzelne Transformationsmatrix orthogonal, bleibt beim Übergang

$$A_k \mapsto A_{k+1} := Q_k^T A_k Q_k = Q_k^{-1} A_k Q_k \quad \text{mit orthogonalem } Q_k \tag{4.6}$$

[2] Als *Ähnlichkeitstransformation* bezeichnet man eine Transformation $A \mapsto \bar{A} := T^{-1}AT$ mit einer regulären Matrix T. Dabei ändern sich die Eigenwerte bekanntlich nicht, und x ist Eigenvektor von A genau dann, wenn $\bar{x} := T^{-1}x$ Eigenvektor von $\bar{A}$ ist.

die Symmetrie erhalten, mit A sind alle A_k symmetrisch. Wir lassen daher im folgenden nur solche *orthogonalen Ähnlichkeitstransformationen* (4.6) zu.

Das älteste Transformationsverfahren ist das *Jacobi-Verfahren.* Bei diesem wird als Transformationsmatrix Q_k eine *ebene* oder *Givens-Drehung*

$$G_{pq} = G_{pq}(c,s) := \begin{pmatrix} \ddots & \vdots & & \vdots & \\ \dots & c & \dots & s & \dots \\ & \vdots & \ddots & \vdots & \\ \dots & -s & \dots & c & \dots \\ & \vdots & & \vdots & \ddots \end{pmatrix} \begin{matrix} \\ p \\ \\ q \\ \\ \end{matrix} \quad \text{mit } c^2 + s^2 = 1 \tag{4.7}$$

verwendet. Diese Matrix unterscheidet sich nur in den Kreuzungspunkten der Zeilen und Spalten p, q von der Einheitsmatrix I, wobei wir $1 \le p < q \le n$ voraussetzen. Wegen $c^2 + s^2 = 1$ ist G_{pq} orthogonal, und es gibt genau einen Winkel $\varphi \in [0, 2\pi)$, so daß $c = \cos\varphi$, $s = \sin\varphi$ gilt. Die Matrix G_{pq} beschreibt also eine Drehung um den Winkel $-\varphi$ in der durch die Koordinatenvektoren e^p und e^q aufgespannten Ebene, was den Namen Givens-*Drehung* erklärt.

Bei gegebenen Indizes $\{p, q\}$ mit $p < q$ kann nun $\{c, s\}$ so bestimmt werden, daß $\bar{A} := G_{pq}^T A G_{pq}$ in der Position $\{p, q\}$ eine Null hat: $(\bar{A})_{pq} = 0$; wegen der Symmetrie von $\bar{A}$ muß dann auch $(\bar{A})_{qp} = 0$ gelten. Die so festgelegten Drehungsparameter $\{c, s\}$ hängen nur von a_{pp}, a_{pq} und a_{qq} ab, siehe z. B. [KiSw88, GoVL96] für entsprechende Formeln. Bei dieser Wahl von $\{c, s\}$ ergibt sich

$$\omega(\bar{A}) := \sum_{i \ne j} \bar{a}_{ij}^2 = \omega(A) - 2a_{pq}^2. \tag{4.8}$$

Die Quadratsumme der Nichtdiagonalelemente a_{ij}, $i \ne j$, reduziert sich also bei der Transformation $A \mapsto \bar{A}$ um $2a_{pq}^2$. Da wegen der Orthogonalität von G_{pq} stets $\sum_{i,j} \bar{a}_{ij}^2 = \sum_{i,j} a_{ij}^2$ gilt, müssen sich die Diagonalelemente in der Quadratsumme um $2a_{pq}^2$ vergrößern, $\bar{A}$ ist in diesem Sinne stärker diagonal als A. Die stärkste Reduktion läßt sich offenbar dann erzielen, wenn a_{pq} ein betragsmaximales Nichtdiagonalelement von A ist. Mit dieser Festlegung ergibt sich bei iterativer Anwendung das klassische Jacobi-Verfahren:

Algorithmus 4.2. Jacobi-Verfahren mit Maximalpivotwahl: $A_k \mapsto A_{k+1}$

S1: Bestimme $\{p, q\}$, $1 \le p < q \le n$, mit $|a_{pq}^{(k)}| = \max_{i<j} |a_{ij}^{(k)}|$
S2: Bestimme $\{c, s\}$ mit $c^2 + s^2 = 1$ so, daß $(G_{pq}^T A_k G_{pq})_{pq} = 0$ gilt
S3: Berechne $A_{k+1} = G_{pq}^T A_k G_{pq}$

Auf Grund der Maximalpivotwahl in S1 folgt aus (4.8)

$$\omega(A_{k+1}) \leq \kappa\, \omega(A_k) \quad \text{mit} \quad \kappa := 1 - \tfrac{1}{N} < 1, \tag{4.9}$$

wobei $N := n(n-1)/2$ die Anzahl der Nichtdiagonalelemente im oberen Dreieck von A bezeichnet. Dies bedeutet, daß die Quadratsumme $\omega(A_k)$ der Nichtdiagonalelemente Q-linear mit dem Faktor $\kappa < 1$ gegen Null geht, also die angestrebte Diagonalform Λ asymptotisch erreicht wird. Unter gewissen Zusatzvoraussetzungen läßt sich sogar die N-Schritt-Q-quadratische Konvergenz zeigen: Es gilt $\omega(A_{k+N}) \leq C[\omega(A_k)]^2$ mit einer Konstanten $C > 0$.

Ordnet man die Diagonalelemente $a_{ii}^{(k)}$ von A_k der Größe nach und setzt dasselbe von den λ_i voraus, kann $|\lambda_i - a_{ii}^{(k)}| \leq \sqrt{\omega(A_k)}$ bewiesen werden. Wenn $\omega(A_k)$ genügend klein ist, sind die $a_{ii}^{(k)}$ also genügend gute Approximationen für die Eigenwerte λ_i. Praktisch ist die Diagonalform wegen der erwähnten N-Schritt-quadratischen Konvergenz im Mittel nach $\approx 4N$ Schritten erreicht, der Aufwand ist $\mathcal{O}(n^3)$ *flops* .

Mit der Abkürzung $G_k := G_{p_k,q_k}$ ergibt sich für A_{k+1} die Darstellung

$$A_{k+1} = G_k^T A_k G_k = G_k^T G_{k-1}^T A_{k-1} G_{k-1} G_k = \cdots =: V_{k+1}^T A V_{k+1} \tag{4.10}$$

mit $V_{k+1} := G_1 G_2 \cdots G_k$. Die i-te Spalte von V_{k+1} ist dann eine Approximation für den zu $\lambda_i \approx a_{ii}^{(k+1)}$ gehörenden Eigenvektor. Sollen die Eigenvektoren mit berechnet werden, müssen die Transformationen G_k also nach der Vorschrift $V_{k+1} := V_k G_k$, $k = 1, 2, \ldots$, mit $V_1 := I$ akkumuliert werden. Im Algorithmus 4.2 ist dann ein Teilschritt S4: Berechne $V_{k+1} := V_k G_k$ hinzuzufügen, die zusätzlichen Kosten sind $\mathcal{O}(n^3)$ *flops*.

Die relativ teure Pivot-Suche im Schritt S1 wird beim *zyklischen Jacobi-Verfahren* vermieden, indem die Nichtdiagonalelemente im oberen Dreieck zyklisch durchlaufen werden. Als Kompromißvariante kann man dabei betragskleine $a_{pq}^{(k)}$ übergehen, da deren Annullierung wegen (4.8) wenig Gewinn bringt.

Neuere effektivere Verfahren als das von Jacobi beruhen darauf, die Matrix A in einer ersten Phase mittels $n-2$ Householder-Transformationen gemäß

Algorithmus 4.3. Householder-Tridiagonalisierung: $A \mapsto T$

$A_1 = A$, **for** $k = 1 : n-2$ **do** $A_{k+1} := H_k A_k H_k$ **end**, $T = A_{n-1}$

orthogonal ähnlich auf symmetrische Tridiagonalform

$$T := \begin{pmatrix} \alpha_1 & \beta_1 & & \\ \beta_1 & \alpha_2 & \ddots & \\ & \ddots & \ddots & \beta_{n-1} \\ & & \beta_{n-1} & \alpha_n \end{pmatrix} := A_{n-1} = Q^T A Q \tag{4.11}$$

zu bringen, dabei ist $Q = H_1 H_2 \cdots H_{n-2}$.

Im Schritt k wird die Householder-Spiegelung H_k so festgelegt, daß die gewünschten Nullen in Spalte und Zeile k erzeugt werden. Im ersten Schritt $k = 1$ wird $A = A_1$ in $\bar{A} = A_2$ transformiert. Dazu wählt man die Spiegelung $\bar{H}$ der Dimension $n-1$ nach Lemma 2.18 so, daß $(a_{21}, \dots, a_{n1})^T$ in $(\varrho, 0, \dots, 0)^T$ übergeht. Der erzeugende Vektor $\bar{v} = (a_{21} - \rho, a_{31}, \dots, a_{n1})^T \in \mathbb{R}^{n-1}$ von $\bar{H}$ wird dann durch eine Null zu $v = (0, a_{21} - \rho_1, a_{31}, \dots, a_{n1})^T \in \mathbb{R}^n$ erweitert, und mit der so auf die Dimension n gebrachten Transformation $H_1 := H := I - vv^T/\gamma$ wird die gewünschte Form in der ersten Spalte von HA erzielt. Man überzeugt sich, daß die Rechtsmultiplikation von HA mit H die erzeugten Nullen nicht ändert und die noch fehlenden Nullen in den Positionen $\{1,3\}, \dots, \{1,n\}$ der ersten Zeile erzeugt, so daß $A_2 = \bar{A} = HAH$ in der Tat in der ersten Zeile und Spalte Tridiagonalform hat. Im zweiten Schritt wird mit der symmetrischen Restmatrix $\{a_{ij}^{(2)}\}_{i,j=2}^n$ analog verfahren, bis nach $n-2$ Schritten die Tridiagonalform erreicht ist. Die gesamte Transformation kostet bei sachgemäßer Implementierung $\sim 4n^3/3$ *flops*.

Nachdem in der ersten Phase die Tridiagonalmatrix T gemäß (4.11) bestimmt worden ist, müssen danach in einer zweiten Phase die Eigenwerte λ_j von T bestimmt werden. Diese sind dieselben wie die von A, da (4.11) eine Ähnlichkeitstranformation ist. Werden auch die zugehörigen Eigenvektoren q^j von A benötigt, müssen die Eigenvektoren p^j von T ebenfalls mit berechnet werden. Aus diesen ergeben sich die von A gemäß $q^j := Qp^j = H_1 H_2 \cdots H_{n-2} p^j$. Um q^j aus p^j zu berechnen, müssen also die erzeugenden Vektoren v^k der Spiegelungen H_k gespeichert werden, vgl. dazu Bemerkung 2.20.

Bemerkungen 4.4. Zur Berechnung der Eigenwerte und Eigenvektoren einer symmetrischen Tridiagonalmatrix T gibt es eine Reihe effektiver Verfahren:

(i) Der *QR-Algorithmus*: Werden nur die Eigenwerte benötigt, ist dieser Algorithmus die Methode der Wahl. Ausgehend von $T_1 := T$ werden dabei Tridiagonalmatrizen T_k wie folgt erzeugt: Man berechnet die QR-Faktorisierung $T_k = Q_k R_k$ von T_k mit orthogonalem Q_k und einer oberen Dreiecksmatrix R_k und definiert die nächste Iterierte als

$$T_{k+1} := R_k Q_k = Q_k^T T_k Q_k. \tag{4.12}$$

Der Schritt $T_k \mapsto T_{k+1}$ kann mittels Givens-Drehungen mit $\mathcal{O}(n)$ *flops* implementiert werden. Seine hohe Effektivität erreicht der QR-Algorithmus jedoch erst, wenn die Basisvariante (4.12) durch Einbeziehung von *Verschiebungen*, engl. *shifts*, und eine *Deflation* genannte *Dimensionsreduktion* komplettiert wird. Die Details sind relativ kompliziert, wir verweisen auf die Spezialliteratur, z. B. [GoVL96, Dem97, TrBa97], auch [KiSw88]. Der so erweiterte Algorithmus ist in gewissem Sinne sogar kubisch[3] konvergent. Die Kosten für die Berechnung aller Eigenwerte von T nach dem QR-Algorithmus sind $\mathcal{O}(n^2)$ *flops*, im Vergleich zu den Tridagonalisierungskosten von $\sim 4n^3/3$ *flops* also vernachlässigbar. Werden zusätzlich die Eigenvektoren benötigt, müssen die Transformationen Q_k analog zum Vorgehen beim Jacobi-Verfahren akkumuliert werden, was allerdings $\mathcal{O}(n^3)$ *flops* kostet. Die Gesamtkosten sind zwar etwa um den Faktor 10 kleiner als die des Jacobi-Verfahrens, aber größer als beim nachfolgend beschriebenen Verfahren.

(ii) Das *„Divide-and-Conquer"-Verfahren*: Dieses Verfahren wurde erst Anfang der neunziger Jahre in eine praktikable Form gebracht und ist heute das effektivste Verfahren zur Berechnung aller Eigenwerte und -vektoren einer symmetrischen Tridiagonalmatrix der Dimension $n \gtrapprox 25$. Es beruht grob gesprochen darauf, die Matrix T in der Form

$$\left[\begin{array}{ccc|ccc} * & * & & & & \\ * & \ddots & * & & & \\ & * & * & * & & \\ \hline & & * & * & * & \\ & & & * & \ddots & * \\ & & & & * & * \end{array}\right] = \left[\begin{array}{ccc|ccc} * & * & & & & \\ * & \ddots & * & & & \\ & * & * & & & \\ \hline & & & * & * & \\ & & & * & \ddots & * \\ & & & & * & * \end{array}\right] + \left[\begin{array}{ccc|ccc} & & & & & \\ & & & & & \\ & & & * & & \\ \hline & & * & & & \\ & & & & & \\ & & & & & \end{array}\right]$$

zu schreiben. Der erste Summand auf der rechten Seite zerfällt in zwei Matrizen, deren Eigenwerte unabhängig voneinander sind. Der zweite Summand ist ein Kopplungsterm mit nur zwei Nichtnullelementen, mit dem diese Eigenwerte korrigiert werden müssen. Mit raffinierter rekursiver Anwendung solcher Zerlegungen wird dann die erwähnte hohe Effektivität erreicht, siehe auch [GoVL96, Dem97, TrBa97]. Eine solche rekursive Herangehensweise mit jeweiliger Halbierung der Dimension ist die Grundlage vieler moderner *schneller Algorithmen* wie der *Mehrgitterverfahren* und der *schnellen Fouriertransformation (FFT)*.

(iii) Das *Schneiden des Spektrums*: Werden nur einige Eigenwerte von T bzw. A benötigt, können diese mittels dieser Methode gezielt berechnet werden. Sie beruht darauf, daß die Anzahl der Eigenwerte λ_j, die kleiner als eine gegebene Zahl α ist, gleich der Anzahl $\chi(\alpha)$ der negativen Diagonalelemente d_j in der tridiagonalen LU-Faktorisierung 2.9 der Matrix $T - \alpha I$ ist; diese Faktorisierung kostet nur $\mathcal{O}(n)$ *flops*. Ist $[\lambda_l, \lambda_u]$ ein Ausgangsintervall, das den gesuchten Eigenwert λ_i enthält, berechnet man $\chi(\lambda_m)$ im Mittelpunkt

[3] Eine Folge $\{x^k\}$ heißt *kubisch* gegen x^* konvergent, wenn $\|x^{k+1} - x^*\| \leq C\|x^k - x^*\|^3$ mit einer Konstanten $C > 0$ gilt. Dies bedeutet grob gesprochen, daß sich die Anzahl der gültigen Ziffern pro Schritt verdreifacht, also extrem schnelle Konvergenz vorliegt.

$\lambda_m = (\lambda_l + \lambda_u)/2$ und kann damit entscheiden, ob λ_i in der linken oder rechten Hälfte liegt. Es wird dann wie beim Halbierungsverfahren 3.21 mit derjenigen Hälfte fortgefahren, in der λ_i liegt. Ein zugehöriger Eigenvektor von T kann danach durch inverse Iteration mit Spektralverschiebung ermittelt werden. □

Für große, schwach besetzte Matrizen scheidet die mit explizitem Zugriff auf die Elemente von A arbeitende Tridiagonalisierung nach Householder aus Aufwands- und Speicherplatzgründen aus. Man versucht dann, die Tridiagonalform T sukzessive ohne solchen elementweisen Zugriff zu erzeugen.

Ausgangspunkt ist die Faktorisierung (4.11), die äquivalent als $AQ = QT$ geschrieben wird. Spaltenweise gelesen, liefert dies die Identitäten

$$Aq^k = \beta_{k-1}q^{k-1} + \alpha_k q^k + \beta_k q^{k+1}, \quad k = 1, \dots, n, \tag{4.13}$$

wobei $\beta_0 = \beta_n = 0$ und $q^0 = q^{n+1} = 0$ gesetzt wird, damit diese auch für $k = 1$ und $k = n$ gelten.

Multiplikation von (4.13) von links mit $(q^k)^T$ liefert wegen der vorausgesetzten Orthonormalität der Spalten $\{q^j\}$ die Beziehung $(q^k)^T Aq^k = \alpha_k$. Auflösen nach dem Term mit q^{k+1} ergibt $\beta_k q^{k+1} = Aq^k - \alpha_k q^k - \beta_{k-1}q^{k-1} =: r^k$, folglich $\|r^k\|_2 = \|\beta_k q^{k+1}\|_2 = |\beta_k|$. Falls $r^k \neq 0$, ist also $\beta_k = \pm\|r^k\|_2 \neq 0$ und $q^{k+1} := r^k/\beta_k$. Entscheidet man sich für den positiven Wert $\beta_k = \|r^k\|_2$, erhält man den folgenden

Algorithmus 4.5 (Lanczos-Verfahren). Theoretische Form

Wähle q^1 mit $\|q^1\|_2 = 1$, setze $q^0 = 0$, $\beta_0 = 0$
for $k = 1 : n$ **do**
  $p^k = Aq^k$, $\alpha_k = (q^k)^T p^k$, $r^k = p^k - \alpha_k q^k - \beta_{k-1}q^{k-1}$
  $\beta_k = \|r^k\|_2$, **if** $\beta_k = 0$ **then** quit **end**, $q^{k+1} = r^k/\beta_k$
end

Pro Schritt ist nur eine Operation $q \mapsto p = Aq$ erforderlich wie bei den Krylov-Teilraumverfahren aus Abschnitt 3.3. In der Tat kann das Lanczos-Verfahren als ein solches Krylov-Verfahren aufgefaßt werden, und für positiv definites A besteht ein enger Zusammenhang zum CG-Verfahren.

Die Vektoren q^k heißen *Lanczos-Vektoren.* In exakter Arithmetik bricht das Lanczos-Verfahren mit einem Lanczos-Vektor q^m ab, wobei $m \leq n$ die Dimension des Krylov-Teilraums $\mathcal{K}_n(q^1) = \text{span}\{q^1, Aq^1, \dots, A^{n-1}q^1\}$ ist, siehe wieder Abschnitt (3.3). Falls $m = n$ gilt, was fast immer der Fall ist, definieren die Lanczos-Vektoren $\{q^k\}$ und die Koeffizienten $\{\alpha_k, \beta_k\}$ die tridiagonale Faktorisierung $T = Q^T AQ$ gemäß (4.11). Für großes n ist diese Aussage allerdings von geringer praktischer Bedeutung. Es zeigt sich jedoch in überraschender Weise, daß die k-ten Hauptabschnitte

$$T_k = \begin{pmatrix} \alpha_1 & \beta_1 & & \\ \beta_1 & \alpha_2 & \ddots & \\ & \ddots & \ddots & \beta_{k-1} \\ & & \beta_{k-1} & \alpha_k \end{pmatrix} \in \mathbb{R}^{k\times k} \tag{4.14}$$

von $T = T_n$ bereits für moderates $k \ll n$ die Eigenschaft haben, daß ihre Eigenwerte $\lambda_i(T_k)$, $i = 1, \dots, k$, die extremalen Eigenwerte $\lambda_j(A)$ am Rande des Spektrums $\sigma(A)$ von A gut approximieren. Die Eigenwerte $\lambda_i(T_k)$ können nach den in den Bemerkungen 4.4 erwähnten Verfahren billig berechnet werden.

Leider ist das Lanczos-Verfahren in der theoretischen Version bei Computerrechnung instabil, die $\{q^k\}$ weichen im Laufe der Rechnung immer stärker von der Orthogonalität ab, und das Verfahren bricht schließlich zusammen. Man muß daher Zusatzmaßnahmen zur Stabilisierung treffen. Wir verweisen dazu und zur Frage, wie zugehörige Eigenvektorapproximationen beschafft werden können, auf die Spezialliteratur wie [CuWi85, GoVL96, Dem97].

4.2 Teilraumiterationsverfahren

Für sehr große Eigenwertprobleme sind die im vorangehenden Abschnitt behandelten, auf Transformationen beruhenden Algorithmen nicht geeignet; eine Ausnahme bildet das Lanczos-Verfahren, das wie das CG-Verfahren für großes n als Iterationsverfahren angesehen wird und nur die Operation $q \mapsto Aq$ erfordert. Mit dieser Black-Box-Operation kommen auch die in diesem Abschnitt behandelten *Teilraumiterationsverfahren* aus.

Ausgangspunkt ist ein beliebiger Vektor $v^0 \neq 0$, den wir nach den orthonormalen Eigenvektoren $\{q^j\}_{j=1}^n$ der Matrix A entwickeln, vgl. (4.4):

$$v^0 = QQ^T v^0 = Q\alpha = \sum_{j=1}^n \alpha_j q^j \quad \text{mit } \alpha_j := (q^j)^T v^0,\ j = 1, \dots, n. \tag{4.15}$$

Wegen $Aq^j = \lambda_j q^j$ folgt daraus $A^k v^0 = \sum_{j=1}^n \alpha_j \lambda_j^k q^j$. Ordnet man die Eigenwerte nach Beträgen und setzt λ_1 als *dominant* voraus im Sinne von

$$|\lambda_1| > |\lambda_2| \geq \cdots \geq |\lambda_n|, \tag{4.16}$$

so ist $\kappa := |\lambda_2/\lambda_1| < 1$. Unter der Voraussetzung $\alpha_1 = (q^1)^T v^0 \neq 0$ folgt

$$A^k v^0 = \alpha_1 \lambda_1^k [\, q^1 + r^k], \qquad r^k := \textstyle\sum_{j=2}^n (\alpha_j/\alpha_1)(\lambda_j/\lambda_1)^k = \mathcal{O}(\kappa^k), \tag{4.17}$$

denn wegen der Dominanz von λ_1 gilt $|\lambda_j/\lambda_1| \leq |\lambda_2|/|\lambda_1| = \kappa$ für $j = 2, \ldots, n$, mithin $\|r^k\|_2 \leq C\kappa^k$. Der Anteil r^k von $A^k v^0$ bezüglich der Eigenvektoren $q^2, \ldots, q^n$ geht also wie κ^k gegen Null, und für großes k gilt dann $A^k v^0 \approx \lambda_1^k \alpha_1 q^1$, d. h., der iterierte Vektor $A^k v^0$ approximiert die Richtung des zum dominanten Eigenwert λ_1 gehörenden Eigenvektors q^1.

Die Vektoren $A^k v^0$ können rekursiv gemäß $A^k v^0 = A(A^{k-1} v^0)$ durch sukzessive Multiplikation von v^0 mit A berechnet werden. Allerdings wird $\|A^k v^0\|_2$ wegen des Faktors λ_1^k im Fall $|\lambda_1| > 1$ immer größer, im Fall $|\lambda_1| < 1$ immer kleiner. Durch Normierung von $A^k v^0$ bezüglich $\|.\|_2$ wird dies vermieden. Damit erhalten wir den folgenden, auch als *von-Mises-Iteration* bezeichneten

Algorithmus 4.6. Vektoriteration: $v^k \mapsto v^{k+1}$

$w^k = Av^k$, $\nu_k = \|w^k\|_2$, $v^{k+1} = w^k/\nu_k$

Bemerkungen 4.7. (i) Da mit q^1 auch jedes Vielfache αq^1 mit $\alpha \neq 0$ ein Eigenvektor zu λ_1 ist, charakterisieren wir die Qualität von v^k bezüglich q^1 durch eine von Länge und Orientierung unabhängige Größe, den *Winkel* $\varphi_k := \measuredangle(\text{span}\{v^k\}, \text{span}\{q^1\})$ der durch v^k bzw. q^1 aufgespannten Geraden. Im Fall $(v^k)^T q^1 = 0$ ist $\varphi_k = \pi/2$, andernfalls ist $\varphi_k \in [0, \pi/2)$ durch $\cos(\varphi_k) = |(v^k)^T q^1|/(\|v^k\|\|q^1\|)$ definiert[4].

Wenn $\alpha_1 = (q^1)^T v^0 \neq 0$ gilt, also v^0 eine nichtverschwindende Komponente in Richtung des gesuchten Eigenvektors q^1 besitzt, ist dies offenbar für alle v^k der Fall. Dann folgt

$$\tan(\varphi_{k+1}) \leq \kappa \tan(\varphi_k), \qquad k = 0, 1, \ldots, \tag{4.18}$$

siehe Aufgabe 4.2. Wegen $\kappa < 1$ konvergieren die Winkel $\{\varphi_k\}$ daher Q-linear gegen Null. Im Fall $\lambda_1 > 0$ konvergieren auch die normierten Vektoren v^k selbst gegen $\text{sgn}(\alpha_1) q^1$, im Fall $\lambda_1 < 0$ alternieren die Vorzeichen, siehe (4.17).

(ii) Für die Quotienten $\omega_j^{(k)} := (Av^k)_j / v_j^k = w_j^k / v_j^k$ entsprechender Komponenten von w^k und v^k gilt im Fall $v_j^k \neq 0$ die Beziehung $\omega_j^{(k)} = \lambda_1 + \mathcal{O}(\kappa^k)$; sie konvergieren also auch linear mit dem Faktor κ.

(iii) Bessere – in gewissem Sinne sogar optimale, siehe Aufgabe 4.3 – Eigenwertnäherungen liefern die durch

$$\varrho_k := \varrho(v^k) := \frac{(v^k)^T A v^k}{(v^k)^T v^k} = \frac{(v^k)^T w^k}{(v^k)^T v^k} \tag{4.19}$$

definierten *Rayleigh-Quotienten* von A bezüglich v^k. Für diese gilt $\varrho_k = \varrho(v^k) = \lambda_1 + \mathcal{O}(\kappa^{2k})$, sie konvergieren doppelt so schnell wie die Quotienten $\omega_j^{(k)}$. □

[4]Man nimmt von den beiden Schnittwinkeln der Geraden immer den kleineren.

Eine natürliche Verallgemeinerung der Vektoriteration stellt die Teilraumiteration dar. Bei dieser werden p Vektoren $v^{k,j}$, $j = 1, \dots, p$, simultan iteriert. Nach jeder Multiplikation mit A müssen die iterierten Vektoren $w^{k,j} := Av^{k,j}$ allerdings nicht nur normiert, sondern auch orthogonalisiert werden, da sie andernfalls immer stärker die Richtung von q^1 annehmen würden. Faßt man die $\{v^{k,j}\}$ in der Matrix $V_k := (v^{k,1}, \dots, v^{k,p}) \in \mathbb{R}^{n \times p}$ zusammen, ergibt sich

> **Algorithmus 4.8.** Teilraumiteration: $V_k \mapsto V_{k+1}$
> S1: Berechne $W_k = AV_k$, also $w^{k,j} = Av^{k,j}$, $j = 1, \dots, p$
> S2: Bestimme die orthogonale Faktorisierung $W_k = Q_k R_k$ nach dem modifizierten Gram-Schmidt-Verfahren 2.15
> S3: Setze $V_{k+1} = Q_k$

In S1 muß die Operation $v \mapsto Av$ jetzt p-mal mit den Spalten $v^{k,j}$ von V_k ausgeführt werden. Die Spalten von $V_{k+1} = Q_k$ entstehen aus den Spalten $w^{k,j}$ von W_k durch modifizierte Gram-Schmidt-Orthogonalisierung.

Wenn die Startvektoren $\{v^{0,j}\}_{j=1}^p$ nichtverschwindende Komponenten bez. der Eigenvektoren $\{q^j\}_{j=1}^p$ haben, folgt unter der Voraussetzung

$$|\lambda_1| \geq \cdots \geq |\lambda_p| > |\lambda_{p+1}| \geq \cdots \geq |\lambda_n|, \tag{4.20}$$

daß der p-dimensionale Teilraum $\operatorname{span}\{v^{k,1}, \dots, v^{k,p}\} =: \mathcal{V}_p^k$, der durch die Spalten von V_k aufgespannt wird, für $k \to \infty$ den durch die Eigenvektoren aufgespannten *invarianten Teilraum*[5] $\operatorname{span}\{q^1, \dots, q^p\} =: \mathcal{X}_p$ immer besser approximiert. Die geeignet zu definierenden Winkel zwischen $\mathcal{V}_p^k$ und $\mathcal{X}_p$ gehen Q-linear mit $\kappa := |\lambda_{p+1}|/|\lambda_p| < 1$ gegen Null, siehe z. B. [KiSw88].

Im allgemeinen konvergieren die Spalten $v^{k,j}$ von V_k nicht gegen die Eigenvektoren q^j. Man kann jedoch nach einem als *Rayleigh-Ritz-Prozeß* bezeichneten Algorithmus zu jedem Satz $V_k = V = (v^1, \dots, v^p)$ von orthonormalen Vektoren v^j Eigenpaarnäherungen (ϱ_j, x^j), $j = 1, \dots, p$, berechnen, die in einem gewissen Sinne, siehe [KiSw88] für Details, optimal sind.

> **Algorithmus 4.9.** Rayleigh-Ritz-Prozeß: $V \mapsto \{P, X\}$
> S1: Berechne $W = AV$ und $M = V^T W = V^T AV \in \mathbb{R}^{p \times p}$
> S2: Berechne Eigenwerte ϱ_j und orthonormale Eigenvektoren y^j, $j = 1, \dots, p$, von M, setze $P = \operatorname{diag}(\varrho_j)$
> S3: Berechne $x^j = Vy^j$, $j = 1, \dots, p$, setze $X = (x^1, \dots, x^p)$

[5] Ein Teilraum $\mathcal{X}$ heißt *invariant*, genauer: *invariant unter der Matrix A*, wenn $Ax \in \mathcal{X}$ für alle $x \in \mathcal{X}$ gilt, siehe auch Aufgabe 4.4.

Bemerkungen 4.10. (i) Die Eigenwertnäherungen ϱ_j werden als *Ritz-Werte*, die Eigenvektornäherungen x^j als *Ritz-Vektoren* bezeichnet. Zu deren Berechnung muß in S2 das Eigenwertproblem der p-dimensionalen Matrix $M = V^T AV$, die als *Projektion* von A auf $\operatorname{span}\{v^{k,1}, \dots, v^{k,p}\}$ bezeichnet wird, gelöst werden. Da p in der Regel klein ist, typisch ist $p = 2, \dots, 10$, sollte dazu das Jacobi-Verfahren oder der QR-Algorithmus verwendet werden, siehe Bemerkungen 4.4. Für $p = 1$ ist $\varrho_1 = \varrho(v^{k,1})$ der Rayleigh-Quotient und $x^1 = v^{k,1}$.

(ii) Im k-ten Schritt der Teilraumiterationen wird aus $V = V_k$ ohnehin $W = W_k = AV_k$ berechnet. Will man daraus Eigenwert- und Eigenvektornäherungen bestimmen, muß nur noch die Projektion $M = V^T W$ berechnet und mit den obigen Schritten S2 und S3 fortgefahren werden. Die in S3 erhaltene Matrix X hat nach Konstruktion orthonormale Spalten und wird dann als nächste Näherung $V_{k+1} := X$ genommen. □

Vektor- und Teilraumiteration können auch zur Berechnung der betragskleinsten Eigenwerte verwendet werden, sofern A regulär ist, also $\lambda = 0$ kein Eigenwert ist. Man braucht nur A durch die Inverse $\bar{A} := A^{-1}$ zu ersetzen. Aus der Spektralzerlegung (4.4) folgt durch Invertierung $A^{-1} = Q\Lambda^{-1}Q$ mit $\Lambda^{-1} := \operatorname{diag}(1/\lambda_1, \dots, 1/\lambda_n)$; die Inverse A^{-1} besitzt also dieselben Eigenvektoren q^j wie A und die reziproken Eigenwerte $1/\lambda_j$. Durch die Transformation $A \mapsto \bar{A} = A^{-1}$ gehen daher die betragskleinsten Eigenwerte von A in die betragsgrößten von $\bar{A} = A^{-1}$ über. Dann kann die Vektoriteration 4.6 mit $\bar{A}$ statt A zur Berechnung von q^1 angewendet werden, sofern $|\lambda_1| < |\lambda_2| \le \dots \le |\lambda_n|$ gilt, denn dann ist $\bar{\lambda}_1 = 1/\lambda_1$ dominanter Eigenwert von $\bar{A}$. Dies bedeutet, daß die Anweisung $w^k = Av^k$ durch $w^k = \bar{A}v^k = A^{-1}v^k$ zu ersetzen ist, also $w = w^k$ aus dem linearen System

$$Aw = v^k \tag{4.21}$$

mit der rechten Seite v^k berechnet werden muß. Das so modifizierte Verfahren wird deshalb als *inverse Iteration* bezeichnet. Analog ist bei der *inversen Teilraumiteration* die neue Matrix W_k aus den p linearen Gleichungssystem

$$AW = V_k, \quad \text{also} \quad Aw^j = v^{k,j}, \quad j = 1, \dots, p \tag{4.22}$$

zu berechnen. Man beachte, daß als Koeffizientenmatrix immer dieselbe Matrix A auftritt. Deshalb wird man diese Verfahren vor allem dann anwenden, wenn eine LU-Faktorisierung von A einfach berechnet werden kann, also A z. B. Bandgestalt hat oder eine schwach-besetzte LU-Faktorisierung noch möglich ist. Die Dreiecksfaktoren brauchen dann nur einmal berechnet zu werden, die Berechnung der Iterierten w^k bzw. $w^{k,j}$ erfordert nur den deutlich billigeren Lösungsschritt S2 des Gaußschen Algorithmus 2.4. Für sehr großes n müssen vorkonditionierte Iterationsverfahren zur Lösung der Gleichungssysteme (4.21) oder (4.22) verwendet werden, für positiv definites A typischerweise das CG-Verfahren mit unvollständiger Cholesky-Faktorisierung als Vorkonditionierer.

Eine weitere Modifikation der Vektoriteration erlaubt, den zu einer guten Näherung $\gamma_i \approx \lambda_i$ für den Eigenwert λ_i von A gehörenden Eigenvektor q^i zu berechnen. Dazu betrachtet man statt A die gemäß

$$\tilde{A} := A - \gamma_i I \tag{4.23}$$

transformierte Matrix $\tilde{A}$. Deren Eigenwerte sind $\tilde{\lambda}_j = \lambda_j - \gamma_i$. Sie entstehen aus den Eigenwerten λ_j von A durch *Verschiebung* um $-\gamma_i$. Die Transformation (4.23) wird deshalb auch als *Spektralverschiebung* bezeichnet. Falls λ_i ein einfacher, also von den restlichen Eigenwerten verschiedener Eigenwert ist, gilt $|\tilde{\lambda}_i| = |\lambda_i - \gamma_i| < |\lambda_j - \gamma_i|$ für alle $j \neq i$, sofern $|\lambda_i - \gamma_i|$ genügend klein, also γ_i eine genügend gute Approximation zu λ_i ist. Dann kann q^i durch Vektoriteration mit der Matrix $\tilde{A}^{-1} = (A - \gamma_i I)^{-1}$ gefunden werden, was pro Schritt die Lösung eines Gleichungssystems $(A - \gamma_i I)w = v^k$ erfordert. Dieses Vorgehen bezeichnet man als *inverse Iteration mit Spektralverschiebung.* Die Koeffizientenmatrix $A - \gamma_i I$ ist dann zwar wieder dieselbe für alle k, jedoch auch im Fall einer positiv definiten Matrix A i. allg. indefinit, so daß nicht mit dem Cholesky-Verfahren gearbeitet werden kann.

Hält man die Verschiebung γ_i nicht konstant, sondern ersetzt sie durch den i. allg. besseren Rayleigh-Quotienten $\varrho(v^k) = (v^k)^T A v^k / [(v^k)^T v^k]$ bezüglich der aktuellen Iterierten v^k, erhält man die *Rayleigh-Quotienten-Iteration.* Bei dieser ist $w = w^k$ aus dem System

$$(A - \varrho(v^k) I)w = v^k \tag{4.24}$$

zu berechnen. Die Rayleigh-Quotienten-Iteration ist sogar kubisch konvergent, siehe [Dem97], allerdings ändert sich hier die Koeffizientenmatrix der zu lösenden Gleichungssysteme (4.24) von Schritt zu Schritt.

Die Teilraumiterationsverfahren können auch für das allgemeine Eigenwertproblem (4.2) angewendet werden. Dann sind sowohl bei der direkten als auch bei der inversen Teilraumiteration lineare Gleichungssysteme zu lösen, und zwar bei der direkten vom Typ $Bw = Av^k$, bei der inversen vom Typ $Aw = Bv^k$. Wir verweisen dazu auf die Spezialliteratur, z. B. [KiSw88, Saa92].

4.3 Hinweise auf Software

Die beste Adresse für Transformationsverfahren ist wieder das Paket LAPACK mit seinen Abkömmlingen, siehe Abschnitt 2.4. Über die in diesem Abschnitt erwähnte Softwareübersicht findet man weitere Pakete. Erwähnt seien die Routinen aus [CuWi85], die unter `http://elib.zib.de/netlib/lanczos/` verfügbar sind, und das Paket ARPACK für Verfahren vom Arnoldi-Typ, dem Analogon der Lanczos-Verfahren für nichtsymmetrische Eigenwertprobleme, siehe [LeSo$^+$98] und `http://www.caam.rice.edu/software/ARPACK/`.

4.4 Übungsaufgaben

Aufgabe 4.1. Es seien A, B symmetrisch, und B sei zudem positiv definit mit der Cholesky-Faktorisierung $B = \widehat{L}\widehat{L}^T$. Dann gilt für jedes $\lambda \in \mathbb{R}$ und jedes $x \neq 0$

$$Ax = \lambda Bx \quad \Longleftrightarrow \quad B^{-1}Ax = \lambda x \quad \Longleftrightarrow \quad \widehat{A}\hat{x} = \lambda\hat{x}$$

mit $\widehat{A} := \widehat{L}^{-1}A\widehat{L}^{-T}$, $\hat{x} := \widehat{L}^T x$, vgl. (4.5) Da $\widehat{A}$ als symmetrische Matrix reelle Eigenwerte λ_j und orthonormale Eigenvektoren $\hat{x}^j$ besitzt, also $(\hat{x}^i)^T\hat{x}^j = \delta_{ij}$ für alle i, j gilt, folgere man hieraus: Das Büschel $\{A, B\}$ wie auch die Matrix $B^{-1}A$ besitzen dieselben reellen Eigenwerte λ_j und B-orthogonalen Eigenvektoren $x^j = \widehat{L}^{-T}\hat{x}^j$, es gilt also $Ax^j = \lambda_j Bx^j$ und $(x^i)^T Bx^j = \delta_{ij}$ für alle i, j.

Wie sehen die Elemente von $\widehat{A}$ im Fall einer Diagonalmatrix $B = M = \mathrm{diag}(m_i)$ mit $m_i > 0$ wie im Schwingungsbeispiel 4.1 aus?

Aufgabe 4.2. Es sei A symmetrisch, Λ und Q seien wie in (4.4) definiert, und der Vektor $v = \sum_{j=1}^n \alpha_j q^j \neq 0$ werde gemäß $v = c + s$ mit $c := \alpha_1 q^1$, $s := \sum_{j=2}^n \alpha_j q^j$ zerlegt, wobei $\alpha_j := (q^j)^T v^0$, vgl. (4.15). Man zeige durch Anwendung des Satzes des Pythagoras auf das durch v, c und s aufgespannte, wegen $c^T s = 0$ rechtwinklige Dreieck, daß für den Winkel $\varphi := \measuredangle(\mathrm{span}\{v\}, \mathrm{span}\{q^1\})$ dann $\varphi := \measuredangle(\mathrm{span}\{v\}, \mathrm{span}\{c\})$, folglich $\cos(\varphi) = \|c\|/\|v\| = |\alpha_1|/\|v\|$, $\sin(\varphi) = \|s\|/\|v\| = \sqrt{\sum_{j=2}^n \alpha_j^2}/\|v\|$ gilt. Im Fall $\alpha_1 \neq 0$ ist also $\tan(\varphi) = \|s\|/\|c\| = \sqrt{\sum_{j=2}^n \alpha_j^2}/|\alpha_1|$. Man stelle den iterierten Vektor $\bar{v} := Av = Ac + As = \bar{c} + \bar{s}$ in analoger Weise dar und folgere unter der Voraussetzung (4.16) hieraus $\|\bar{c}\| = |\lambda_1|\|c\|$, $\|\bar{s}\| \leq \kappa\|s\|$ und damit die Gültigkeit der Abschätzung $\tan(\bar{\varphi}) = \|\bar{s}\|/\|\bar{c}\| \leq \kappa\tan(\varphi)$ für den Winkel $\bar{\varphi} := \measuredangle(\mathrm{span}\{\bar{v}\}, \mathrm{span}\{q^1\})$ mit $\kappa = |\lambda_2/\lambda_1|$. Man gebe ferner ein v an, für das Gleichheit gilt.

Aufgabe 4.3. Es sei $v \neq 0$. Man zeige, daß die Aufgabe

$$\varphi(\lambda) := \tfrac{1}{2}\|Av - \lambda v\|_2^2 = \tfrac{1}{2}(Av - \lambda v)^T(Av - \lambda v) \to \min_{\lambda}!$$

die eindeutige Minimumstelle $\lambda_{opt} := \varrho(v) := v^T Av/v^T v$ besitzt. Der Rayleigh-Quotient $\varrho(v)$ ist also diejenige Eigenwertnäherung zu v, die das Residuum $Av - \lambda v$ der Eigenwertgleichung $Av = \lambda v$ bezüglich $\|\,.\,\|_2$ minimiert. Falls $v = \alpha_j q^j$ mit $\alpha_j \neq 0$ ein Eigenvektor zu λ_j ist, gilt $\varrho(v) = \lambda_j$ unabhängig von α_j.

Aufgabe 4.4. Man zeige mit den Bezeichnungen von (4.4), daß der Teilraum $\mathcal{X}_p := \mathrm{span}\{q^1, \ldots, q^p\}$ invariant unter A ist.

Ist umgekehrt $\mathcal{V}_p := \mathrm{span}\{v^1, \ldots, v^p\}$ mit orthonormalen Vektoren v^j invariant unter A, liefert der Rayleigh-Ritz-Prozeß 4.9 p orthonormale Eigenvektoren $x^j = q^{k_j}$ und zugehörige Eigenwerte $\varrho_j = \lambda_{k_j}$, $j = 1, \ldots, p$.

5 Interpolation und Approximation

In diesem Kapitel betrachten wir die Aufgabe, eine gegebene stetige Funktion $f : [a,b] \to \mathbb{R}$ durch eine einfache, d. h. im Computer darstellbare und für gegebenes Argument x billig auswertbare Funktion $g : [a,b] \to \mathbb{R}$ zu approximieren. Die erste Forderung impliziert, daß g durch endlich viele Koeffizienten bzw. Parameter $c = (c_0, \ldots, c_n)^T \in \mathbb{R}^{n+1}$ charakterisiert werden kann, also die Form $g(x) = g(x,c) = g(x, c_0, \ldots, c_n)$ besitzt, vgl. Abschnitt 1.2. Approximation von f durch $g(\,.\,,c)$ bedeutet dann, diese Koeffizienten c so zu bestimmen, daß $g(x,c) \approx f(x)$ für $x \in [a,b]$ in einem noch festzulegenden Sinne gilt.

Im folgenden beschränken wir uns auf die *lineare Approximation*, bei der g als Linearkombination von vorzugebenden, einfach auswertbaren stetigen *Ansatzfunktionen* $\varphi_j : [a,b] \to \mathbb{R}$ gewählt wird gemäß

$$\boxed{g(x,c) := \sum_{j=0}^{n} c_j \varphi_j(x), \quad a \le x \le b.} \tag{5.1}$$

5.1 Interpolation

Bei der *Interpolation* werden die im Ansatz (5.1) vorkommenden $n+1$ Koeffizienten $c = (c_j)$ so festgelegt, daß $g(\,.\,,c)$ und f an $n+1$ vorgegebenen, paarweise verschiedenen *Stützstellen* $x_i \in [a,b]$, $i = 0, \ldots, n$, übereinstimmen, also die *Interpolationsbedingungen*

$$\boxed{g(x_i,c) = \sum_{j=0}^{n} c_j \varphi_j(x_i) \stackrel{!}{=} f(x_i), \quad i = 0, \ldots, n} \tag{5.2}$$

erfüllt sind. Geometrisch bedeuten diese Bedingungen, daß die zu $g(\,.\,,c)$ gehörende Kurve durch die *Interpolationspunkte* $P_i := (x_i, f(x_i))$, $i = 0, \ldots, n$, geht. Algebraisch stellen die Bedingungen (5.2) ein lineares Gleichungssystem

$$\Phi_\Delta c = f_\Delta \quad \text{mit } \Phi_\Delta := \begin{pmatrix} \varphi_0(x_0) & \cdots & \varphi_n(x_0) \\ \vdots & & \vdots \\ \varphi_0(x_n) & \cdots & \varphi_n(x_n) \end{pmatrix}, \; f_\Delta := \begin{pmatrix} f(x_0) \\ \vdots \\ f(x_n) \end{pmatrix} \tag{5.3}$$

für die gesuchten Koeffizienten $c = (c_j) \in \mathbb{R}^{n+1}$ dar[1]. Die Matrix $\Phi_\Delta = (\varphi_j(x_i)) \in \mathbb{R}^{(n+1)\times(n+1)}$ enthält in der j-ten Spalte die Werte der Ansatzfunktion φ_j an den Stützstellen $\Delta := \{x_i\}_{i=0}^n$, die rechte Seite $f_\Delta \in \mathbb{R}^{n+1}$ hat die *Stützwerte* $f(x_i)$ als Komponenten. Daraus folgt unmittelbar:

Das Interpolationsproblem (5.2) *ist genau dann für alle Stützwerte* $f_\Delta = (f(x_i))_{i=0}^n$ *eindeutig lösbar, wenn die Matrix* Φ_Δ *regulär ist, also ihre Spalten* $(\varphi_j)_\Delta = (\varphi_j(x_i))_{i=0}^n$, $j = 0, \ldots, n$, *linear unabhängig sind.*

Ist letzteres der Fall, nennt man die Ansatzfunktionen $\{\varphi_j\}_{j=0}^n$ *diskret linear unabhängig* bez. der Stützstellen $\{x_i\}_{i=0}^n$. Dies ist eine stärkere Forderung als die übliche lineare Unabhängigkeit[2] von Funktionen. Prinzipiell kann man dann die Koeffizienten c aus dem System $\Phi_\Delta c = f_\Delta$ zum Beispiel nach dem Gaußschen Algorithmus bestimmen. Wie wir im folgenden sehen werden, gibt es für die in der Praxis verwendeten Ansatzfunktionen φ_j jedoch häufig effektivere spezielle Algorithmen.

5.1.1 Interpolation mit Polynomen

Die einfachsten approximierenden Funktionen $g(\,.\,, c)$ sind die *Polynome vom Höchstgrad* n, die man sich typischerweise in der Form

$$g(x,c) = p_{n+1}(x,c) := \sum_{j=0}^{n} c_j x^j \tag{5.4}$$

vorstellt. Der Index $n+1$ deutet auf die Anzahl der Koeffizienten hin und wird auch als *Ordnung* des Polynoms bezeichnet. Die Gesamtheit aller solchen Polynome bildet den Raum $\mathcal{P}_{n+1}$ der *Polynome der Ordnung* $n+1$, d. h. der Polynome vom Höchstgrad n. Die Ansatzfunktionen sind hier die durch $\varphi_j(x) = M_j(x) := x^j$, $j = 0, \ldots, n$, definierten *Monome*, die eine *Basis* von $\mathcal{P}_{n+1}$ bilden: Jedes $p_{n+1} \in \mathcal{P}_{n+1}$ läßt sich eindeutig in der Form (5.4) darstellen. Offenbar ist die Ordnung $n+1$ gleich der *Dimension* dieses Raumes, d. h. gleich der Maximalzahl linear unabhängiger Elemente in $\mathcal{P}_{n+1}$.

Mit diesen Monomen ergibt sich $\Phi_\Delta = \Phi_\Delta^M := ((x_i)^j)_{i,j=0}^n$. Die Matrix Φ_Δ^M heißt *Vandermonde-Matrix* und ist regulär genau dann, wenn die Stützstellen

[1] Der Index Δ an einer Funktion u bedeutet hierbei, daß u durch die zugehörige Gitterfunktion $u_\Delta := (u(x_0), \ldots, u(x_n))^T \in \mathbb{R}^{m+1}$ bezüglich des nicht notwendig äquidistanten Gitters $\Delta := \{x_i\}_{i=0}^m$ ersetzt wird, vgl. Abschnitt 1.2.

[2] Die Funktionen $\{\varphi_j\}_{j=0}^n$ heißen bekanntlich *linear unabhängig*, wenn aus $\sum_{j=0}^n c_j\varphi_j = 0$, also $\sum_{j=0}^n c_j\varphi_j(x) = 0$ für alle $x \in [a,b]$, folgt, daß $c_0 = \cdots = c_n = 0$, also $c = 0$ gilt.

$\{x_i\}$ alle verschieden sind. Hieraus folgt ein wichtiges theoretisches Ergebnis:

> *Wenn die Stützstellen $\{x_i\}_{i=0}^n$ sämtlich verschieden sind, hat die Interpolationsaufgabe* (5.2) *mit Polynomen $p_{n+1} \in \mathcal{P}_{n+1}$ für jeden Satz von Stützwerten $f_\Delta = (f(x_i))_{i=0}^n$ eine eindeutige Lösung.*

Das Interpolationspolynom kann dann in der Form (5.4) mit $c := (\Phi_\Delta^M)^{-1} f_\Delta$ dargestellt werden.

Daß dieses naive Vorgehen für praktische Zwecke nicht immer günstig ist, sieht man am folgenden Beispiel mit $n = 2$, $x_i = 1000 + i$, $i = 0, 1, 2$. Sind die Stützwerte $f(x_i)$ in der Größenordnung von Eins, werden dies auch die Funktionswerte von $p_3(x) = c_0 + c_1 x + c_2 x^2$ für $x \approx 1000$ sein. Der Funktionswert $p_3(x) \approx 1$ muß dann als Linearkombination der Werte $\varphi_0 = 1$, $\varphi_1 \approx 1000$ und $\varphi_2 \approx 1000^2$ dargestellt werden, was betragsgroße c_j unterschiedlichen Vorzeichens bedingt und zu Instabilitäten führt.

Man geht daher zu alternativen Basen im Raum $\mathcal{P}_{n+1}$ der Polynome der Ordnung $n + 1$ über, die der Lage der Stützstellen $\{x_i\}$ angepaßt sind.

Als erste Möglichkeit betrachten wir die durch

$$\boxed{L_j^{n+1}(x) := \frac{(x - x_0) \cdots (x - x_{j-1})(x - x_{j+1}) \cdots (x - x_n)}{(x_j - x_0) \cdots (x_j - x_{j-1})(x_j - x_{j+1}) \cdots (x_j - x_n)}} \tag{5.5}$$

für $j = 0, \ldots, n$ definierten *Lagrangeschen Stützpolynome* L_j^{n+1}. Diese haben alle den Grad n, und es gilt

$$L_j^{n+1}(x_i) = \delta_{ij} = \begin{cases} 1 & \text{für } i = j \\ 0 & \text{für } i \neq j \end{cases}, \quad i, j = 0, \ldots, n. \tag{5.6}$$

Daraus folgt, daß

$$\boxed{p_{n+1}(x) := \sum_{j=0}^{n} f(x_j) L_j^{n+1}(x)} \tag{5.7}$$

die Interpolationsaufgabe löst, man setze einfach $x = x_i$ ein. Das Polynom (5.7) wird als die *Lagrangesche Form* des Interpolationspolynoms bezeichnet. Wegen der Eindeutigkeit des Interpolationspolynoms stellt es das gleiche Polynom dar, das vorn mittels der Monome $\varphi_j(x) = x^j$ definiert wurde; es werden hier nur andere Basisfunktionen $\varphi_j = L_j^{n+1}$ verwendet. Mit diesen gilt $\Phi_\Delta = \Phi_\Delta^L := (L_j^{n+1}(x_i)) = I$, also $c = (\Phi_\Delta^L)^{-1} f_\Delta = f_\Delta$ wie in (5.7) abzulesen.

Beispiel 5.1. Für $n = 1$ erhalten wir das lineare Interpolationspolynom

$$p_2(x) = f(x_0)\frac{x - x_1}{x_0 - x_1} + f(x_1)\frac{x - x_0}{x_1 - x_0} \tag{5.8}$$

bezüglich $\{x_0, x_1\}$, für $n = 2$ das quadratische Interpolationspolynom

$$\begin{aligned} p_3(x) = f(x_0)&\frac{(x - x_1)(x - x_2)}{(x_0 - x_1)(x_0 - x_2)} \\ &+ f(x_1)\frac{(x - x_0)(x - x_2)}{(x_1 - x_0)(x_1 - x_2)} + f(x_2)\frac{(x - x_0)(x - x_1)}{(x_2 - x_0)(x_2 - x_1)} \end{aligned} \tag{5.9}$$

bezüglich $\{x_0, x_1, x_2\}$. □

Eine zweite Möglichkeit zur Darstellung des Interpolationspolynoms beruht auf den durch

$$\boxed{N_j(x) := (x - x_0)(x - x_1)\cdots(x - x_{j-1}), \quad j = 0, \ldots, n} \tag{5.10}$$

definierten *Newtonschen Stützpolynomen.* Bei diesen werden die Stützstellen $\{x_0, x_1, \ldots, x_n\}$ nacheinander in die Stützpolynome N_j aufgenommen. Die Matrix $\Phi_\Delta = \Phi_\Delta^N$ ist dann eine untere Dreiecksmatrix, und mit $c = (\Phi_\Delta^N)^{-1} f_\Delta$ ergibt sich die *Newtonsche Form* des Interpolationspolynoms zu

$$\boxed{\begin{aligned} p_{n+1}(x) &= \sum_{j=0}^{n} c_j N_j(x) = \sum_{j=0}^{n} c_j (x - x_0)\cdots(x - x_{j-1}) \\ &= c_0 + c_1(x - x_0) + \cdots + c_n(x - x_0)(x - x_1)\cdots(x - x_{n-1}). \end{aligned}} \tag{5.11}$$

Die Teilsumme $p_{k+1}(x) = \sum_{j=0}^{k} c_j N_j(x)$ der ersten $k+1$ Terme ist das Interpolationspolynom bezüglich der ersten $k + 1$ Stützstellen $\{x_i\}_{i=0}^{k}$. Die Ordnung kann also sukzessive durch Hinzunahme weiterer Terme erhöht werden, was bei der Lagrangeschen Form nicht möglich ist. Diese Forderung legt auch die spezielle Gestalt der N_j fest, denn der letzte Summand von p_{n+1} muß dann an den Stellen $\{x_j\}_{j=0}^{n-1}$ verschwinden, also ein Vielfaches von N_n sein.

Es stellt sich heraus, daß die Koeffizienten $c = (c_j)$ sich gemäß

$$\boxed{c_j = [x_0, x_1, \ldots, x_j; f], \quad j = 0, \ldots, n} \tag{5.12}$$

durch die *Steigungen* $[x_i, \ldots, x_{i+\ell}] = [x_i, \ldots, x_{i+\ell}; f]$ der Ordnung ℓ von f bez. der Stützstellen $\{x_i\}$ ausdrücken lassen. Diese Steigungen sind rekursiv durch

$$\begin{array}{|lll|}\hline \ell = 0: & [x_i] := f(x_i) & i = 0, \ldots, n, \\ \ell = 1, \ldots, n: & [x_i, \ldots, x_{i+\ell}] := \dfrac{[x_{i+1}, \ldots, x_{i+\ell}] - [x_i, \ldots, x_{i+\ell-1}]}{x_{i+\ell} - x_i}, & \\ & \qquad i = 0, \ldots, n - \ell & \\ \hline \end{array} \tag{5.13}$$

definiert. Man versteht diese Rekursion besser, wenn man die relevanten Größen im *Steigungsspiegel* anordnet, den wir für $n = 3$ angeben:

$$\begin{array}{cccc|cccc}
 & & & x_0 & f(x_0) = [x_0] & & & \\
 & & x_1 - x_0 & & & [x_0, x_1] & & \\
 & x_2 - x_0 & & x_1 & f(x_1) = [x_1] & & [x_0, x_1, x_2] & \\
x_3 - x_0 & & x_2 - x_1 & & & [x_1, x_2] & & [x_0, x_1, x_2, x_3] \\
 & x_3 - x_1 & & x_2 & f(x_2) = [x_2] & & [x_1, x_2, x_3] & \\
 & & x_3 - x_2 & & & [x_2, x_3] & & \\
 & & & x_3 & f(x_3) = [x_3] & & &
\end{array}$$

Die auf der rechten Seite stehenden Steigungen ergeben sich als Differenz der beiden linksstehenden benachbarten Steigungen, dividiert durch die auf der linken Seite spiegelbildlich stehende Differenz der x_i, also z. B.

$$[x_2, x_3] = \frac{[x_3] - [x_2]}{x_3 - x_2}, \quad [x_1, x_2, x_3] = \frac{[x_2, x_3] - [x_1, x_2]}{x_3 - x_1}.$$

Die Steigungen werden deshalb auch als *dividierte Differenzen* oder *Differenzenquotienten* bezeichnet. Die gesuchten Koeffizienten c_j stehen in der oberen Schrägzeile.

Wie man aus den Koeffizienten $\{c_j\}$ den Wert $y = p_{n+1}(x)$ des Interpolationspolynoms für gegebenes x berechnet, sieht man wieder für $n = 3$:

$$\begin{aligned} y &= c_0 + c_1(x - x_0) + c_2(x - x_0)(x - x_1) + c_3(x - x_0)(x - x_1)(x - x_2) \\ &= \{c_0 + (x - x_0)[c_1 + (x - x_1)(c_2 + (x - x_2)c_3)]\} \end{aligned}$$

Die Klammern werden dann von innen nach außen ausgewertet:

$$\begin{aligned} b_3 &= c_3, & b_1 &= c_1 + (x - x_1)b_2, \\ b_2 &= c_2 + (x - x_2)b_3, & y = b_0 &= c_0 + (x - x_0)b_1. \end{aligned}$$

Insgesamt erhalten wir damit den folgenden

Algorithmus 5.2. Interpolation nach Newton

S1: Berechnung der Koeffizienten c: $\{f(x_i)\}_{i=0}^n \mapsto \{c_j\}_{j=0}^n$

```
    for  i = 0 : n  do  c_i = f(x_i)  end        % Initialisierung
    for  ℓ = 1 : n  do
         for  i = n : -1 : ℓ  do  c_i = (c_i - c_{i-1})/(x_i - x_{i-ℓ})  end % ℓ
    end % i
```

S2: Berechnung des Funktionswertes $y = p_{n+1}(x)$: $\{c, x\} \mapsto y$

```
    y = c_n
    for  j = n-1 : -1 : 0  do  y = c_j + (x - x_j)y  end
    p_{n+1}(x) = y
```

Schritt S2 wird als *verallgemeinertes Horner-Schema* bezeichnet. Für den Spezialfall $x_0 = x_1 = \cdots = x_{n-1}$ geht dieses Schema in das klassische Horner-Schema zur Berechnung von $y = \sum_{j=0}^n c_j(x - x_0)^j$ über.

Die Steigungen hängen mit den Ableitungen von f zusammen. Im Fall $\ell = 1$ haben wir nach dem Mittelwertsatz $[x_0, x_1; f] = [f(x_1) - f(x_0)]/(x_1 - x_0) = f'(\xi)$ mit einer Zwischenstelle ξ. Allgemein gilt für ℓ-mal stetig differenzierbares f der *Mittelwertsatz für Steigungen*

$$[x_0, \ldots, x_\ell; f] = \frac{f^{(\ell)}(\xi)}{\ell!}, \tag{5.14}$$

wobei ξ eine Zwischenstelle mit $\min\{x_0, \ldots, x_\ell\} < \xi < \max\{x_0, \ldots, x_\ell\}$ ist.

Aus (5.14) folgt, daß die Steigungen der Ordnung n eines Polynoms $p_{n+1} \in \mathcal{P}_{n+1}$ vom Höchstgrad n konstant und gleich dem Koeffizienten von x^n sind, denn die n-te Ableitung dieses Polynoms ist konstant; alle Steigungen höherer Ordnung von p_{n+1} sind Null. Die erste Eigenschaft impliziert, daß Steigungen symmetrische Funktionen der Stützstellen sind, d. h., sie sind unabhängig von der Reihenfolge, in der die beteiligten Stützstellen angeordnet werden. Da nämlich $[x_0, \ldots, x_n; p_{n+1}]$ der Koeffizient von x^n im Interpolationspolynom zu $\{x_i, p_{n+1}(x_i)\}_{i=0}^n$ ist und dieses Polynom eindeutig, also unabhängig von der Indizierung der Stützstellen ist, muß dies dann auch für diese Steigung gelten.

Bei zusammenfallenden Stützstellen versagt die Rekursion (5.13), da dann Ausdrücke der Form 0/0 auftreten. Allerdings existiert nach dem Mittelwertsatz (5.14) der Grenzwert für zusammenfallende Stützstellen $x_i \to x_0$ und erlaubt, $[x_0, \ldots, x_0; f]$ als diesen Grenzwert zu definieren:

$$[\underbrace{x_0, \ldots, x_0}_{(\ell+1)\text{ mal}}; f] := \lim_{x_1, \ldots, x_\ell \to x_0} [x_0, \ldots, x_\ell; f] = \frac{f^{(\ell)}(x_0)}{\ell!}. \tag{5.15}$$

Unter Verwendung von (5.15) können dann auch *mehrfache Stützstellen* beliebiger Vielfachheit zugelassen werden: Auf der linken Seite des Steigungsspiegels stehen dann an den entsprechenden Stellen Nullen, und auf der rechten Seite sind die zugehörigen Steigungen durch die Grenzwerte (5.15) zu ersetzen und wie die Funktionswerte vorzugeben. Damit wird es möglich, neben der Funktion f auch deren Ableitung f' zu interpolieren. Wir erläutern dies an einem einfachen, aber praktisch wichtigen Beispiel.

Beispiel 5.3. Wir betrachten den Fall, daß x_0 und x_1, $x_1 \neq x_0$, doppelte Stützstellen im oben erklärten Sinne sind. Wir haben also $n = 3$, und die Stützstellenmenge ist $\Delta = \{x_0, x_0, x_1, x_1\}$. Dann müssen neben den Funktionswerten $f(x_0)$ und $f(x_1)$ noch die Grenzwerte $f'(x_0) = [x_0, x_0; f]$ und $f'(x_1) = [x_1, x_1; f]$ vorgegeben werden. Das Steigungsschema lautet also:

$$
\begin{array}{ccc|cccc}
 & & \mathbf{x_0} & \mathbf{f(x_0)} & & & \\
 & 0 & & & \mathbf{f'(x_0)} & & \\
 & x_1 - x_0 & & \mathbf{x_0} \;\; \mathbf{f(x_0)} & & [x_0, x_0, x_1] & \\
x_1 - x_0 & & x_1 - x_0 & & [x_0, x_1] & & [x_0, x_0, x_1, x_1] \\
 & x_1 - x_0 & & \mathbf{x_1} \;\; \mathbf{f(x_1)} & & [x_0, x_1, x_1] & \\
 & 0 & & & \mathbf{f'(x_1)} & & \\
 & & \mathbf{x_1} & \mathbf{f(x_1)} & & &
\end{array}
$$

Die vorzugebenden Werte sind fett gedruckt, die restlichen Steigungen werden nach (5.13) berechnet. Mit $h := x_1 - x_0$, $f_i := f(x_i)$, $f_i' := f'(x_i)$ erhalten wir

$$
\begin{aligned}
[x_0, x_1] &= \frac{f_1 - f_0}{h}, \\
[x_0, x_0, x_1] &= \frac{[x_0, x_1] - [x_0, x_0]}{h} = \frac{1}{h}\left[\frac{f_1 - f_0}{h} - f_0'\right] = \frac{f_1 - f_0 - hf_0'}{h^2} = c_2, \\
[x_0, x_1, x_1] &= \frac{[x_1, x_1] - [x_0, x_1]}{h} = \frac{1}{h}\left[f_1' - \frac{f_1 - f_0}{h}\right] = \frac{hf_1' - (f_1 - f_0)}{h^2}, \\
[x_0, x_0, x_1, x_1] &= \frac{[x_0, x_1, x_1] - [x_0, x_0, x_1]}{h} = \frac{hf_1' - 2(f_1 - f_0) + hf_0'}{h^3} = c_3.
\end{aligned}
$$

Mit $c_0 = f_0$, $c_1 = f_0'$ ergibt sich das kubische Interpolationspolynom zu

$$
\begin{aligned}
p_4(x) = f_0 + f_0'(x - x_0) &+ \frac{1}{h^2}\left[f_1 - f_0 - hf_0'\right](x - x_0)^2 \\
&+ \frac{1}{h^3}\left[hf_1' - 2(f_1 - f_0) + hf_0'\right](x - x_0)^2(x - x_1).
\end{aligned}
$$

Führt man $t := (x - x_0)/h$ als neue lokale Variable ein ($t = 0$ entspricht $x = x_0$, $t = 1$ entspricht $x = x_1$), ergibt sich die symmetrische Darstellung

$$p_4(x_0+th) = f(x_0)(1-t)^2(2t+1) + f(x_1)t^2(3-2t) + h\big[f'(x_0)(1-t)^2t - f'(x_1)t^2(1-t)\big]. \quad (5.16)$$

Man prüft nach, daß $p_4(x_i) = f(x_i)$ und $p_4'(x_i) = f'(x_i)$ für $i = 0, 1$ gilt. □

Wenn wie im obigen Beispiel neben den Funktionswerten auch Ableitungen von f interpoliert werden, spricht man von *Hermite-Interpolation.* Bei der Hermite-Interpolation im engeren Sinne gibt man f und f' an allen als verschieden vorausgesetzten Stützstellen $x_0, \dots, x_\ell$ vor, zählt diese also doppelt. Entsprechend den Vielfachheiten haben wir dann $2(\ell+1)$ Stützstellen. Wie oben im Fall $\ell = 1$ gibt es für beliebiges ℓ ein eindeutiges Hermite-Interpolationspolynom $p_{2\ell+2}$ vom Höchstgrad $2\ell+1$, das den Hermiteschen Interpolationsbedingungen

$$p_{2\ell+2}(x_i) = f(x_i), \quad p_{2\ell+2}'(x_i) = f'(x_i), \quad i = 0, \dots, \ell, \quad (5.17)$$

genügt. In analoger Weise könnte man auch höhere Ableitungen vorgeben, was allerdings seltener praktische Bedeutung hat.

Im folgenden wollen wir den *Interpolationsfehler* $e_{n+1}(x) := f(x) - p_{n+1}(x)$ abschätzen. Dazu bedienen wir uns eines Tricks: Wir betrachten eine von den $\{x_i\}_{i=0}^n$ verschiedene Stelle $\bar{x}$ und nehmen diese als $(n+2)$-te Stützstelle mit dem Stützwert $\bar{y} := f(\bar{x})$ hinzu. Dann interpoliert das zugehörige Interpolationspolynom p_{n+2} die Funktion f auch an dieser Stützstelle $\bar{x}$, so daß wir

$$\bar{y} = f(\bar{x}) = p_{n+2}(\bar{x}) = \textstyle\sum_{j=0}^{n+1} c_j N_j(\bar{x}) = \underbrace{\textstyle\sum_{j=0}^{n} c_j N_j(\bar{x})}_{= p_{n+1}(\bar{x})} + c_{n+1} N_{n+1}(\bar{x})$$

mit $c_{n+1} = [x_0, \dots, x_n, \bar{x}]$ erhalten, vgl. (5.12). Nennt man jetzt $\bar{x}$ einfach x, ergibt sich unter Beachtung von (5.14) für den Interpolationsfehler an der Stelle x die Darstellung

$$e_{n+1}(x) = f(x) - p_{n+1}(x) = c_{n+1} N_{n+1}(x) = \frac{f^{(n+1)}(\xi)}{(n+1)!} N_{n+1}(x), \quad (5.18)$$

sofern die Funktion f $(n+1)$-mal stetig differenzierbar ist. Dabei ist ξ eine Zwischenstelle mit $\min\{x_0, \dots, x_n, x\} < \xi < \max\{x_0, \dots, x_n, x\}$, und N_{n+1} ist das Newtonsche Stützpolynom $N_{n+1}(x) = (x-x_0)(x-x_1)\cdots(x-x_n)$.

Die Darstellung (5.18) nützt für sich allein wenig, da die Zwischenstelle ξ in der Regel nicht bekannt ist. Sie erlaubt jedoch die

Abschätzung des Interpolationsfehlers: Für alle $x \in [a, b]$ gilt

$$|f(x) - p_{n+1}(x)| \leq \frac{\max_{a \leq x \leq b} |f^{(n+1)}(x)|}{(n+1)!} \Omega_{n+1} \tag{5.19}$$

mit

$$\Omega_{n+1} := \max_{a \leq x \leq b} |N_{n+1}(x)| = \max_{a \leq x \leq b} |(x - x_0) \cdots (x - x_n)|. \tag{5.20}$$

Beispiel 5.4. Für das lineare Interpolationspolynom p_2 aus Beispiel 5.1 ergibt sich für eine Interpolationsstelle x mit $a := x_0 \leq x \leq x_1 =: b$ (diese Situation bezeichnet man auch als *Inter*polation im engeren Sinne) die Abschätzung $|N_2(x)| = |(x - x_0)(x - x_1)| \leq |N_2(\frac{1}{2}(x_0 + x_1))| = h^2/4 = \Omega_2$ mit $h := x_1 - x_0$. Kennt man das Betragsmaximum $\max_{x_0 \leq x \leq x_1} |f''(x)| =: M_2(x_0, x_1)$ oder eine Schranke für dieses, folgt aus (5.19)

$$|f(x) - p_2(x)| \leq \tfrac{1}{2} \max_{x_0 \leq x \leq x_1} |f''(x)| \max_{x_0 \leq x \leq x_1} |N_2(x)| \leq \tfrac{1}{8} M_2(x_0, x_1) h^2.$$

Betrachtet man Interpolationsstellen x mit $a = x_1 \leq x \leq x_1 + h =: x_2 =: b$, also außerhalb von $[x_0, x_1]$ (dies bezeichnet man auch als *Extra*polation), erhält man für diese x die Schranke $|N_2(x)| \leq |N_2(x_2)| = 2h^2 = \Omega_2$ und damit

$$|f(x) - p_2(x)| \leq \tfrac{1}{2} \max_{x_1 \leq x \leq x_2} |f''(x)| \max_{x_1 \leq x \leq x_2} |N_2(x)| \leq M_2(x_1, x_2) h^2.$$

Die Fehlerschranke bei der linearen Extrapolation ist also etwa um den Faktor 8 größer als die bei der linearen Interpolation im engeren Sinne. □

Im folgenden Beispiel soll gezeigt werden, wie sich Anzahl und Lage der Stützstellen auf den Interpolationsfehler auswirken.

Beispiel 5.5. Der Funktionswert $\bar{y} = f(\bar{x})$ der durch $f(x) = \sin(x)/\sin(1)$ und $f(x) = 11/(1 + 10x^2)$ definierten Funktionen an der Stelle $\bar{x} = 1$ soll durch den Wert $p_{n+1}(\bar{x})$ des Interpolationspolynoms der Ordnung $n+1$ approximiert werden. Als Stützstellen wählen wir die links von $\bar{x}$ gleichabständig mit vorgegebener Schrittweite $h > 0$ gelegenen Werte $x_i := \bar{x} - (i+1)h$, $i = 0, \ldots, n$. Die Fehler $e_{n+1}(1) = f(1) - p_{n+1}(1)$ sind in der folgenden Tabelle 5.1 aufgelistet. Zur besseren Übersicht haben wir f so normiert, daß $f(\bar{x}) = f(1) = 1$ gilt. Die bezüglich der Interpolation offenbar gutartige Funktion $\sin(x)/\sin(1)$ liefert für alle drei Schrittweiten h vernünftige Ergebnisse in dem Sinne, daß der Fehler mit wachsendem Grad n fällt. Dagegen werden für die Funktion $11/(1 + 10x^2)$ die Werte des Interpolationspolynoms für die Schrittweite $h = 0.2$ und $h = 0.1$ bereits für moderates n unbrauchbar. Für die kleinste Schrittweite $h = 0.02$ wächst der Fehler ab $n = 16$ auch wieder an. □

Tabelle 5.1: Interpolationsfehler $e_{n+1}(1) = f(1) - p_{n+1}(1)$ für verschiedene n und h

	$e_{n+1}(1)$ für $f(x) = \sin(x)/\sin(1)$			$e_{n+1}(1)$ für $f(x) = 11/(1+10x^2)$		
n	$h = 0.2$	$h = 0.1$	$h = 0.02$	$h = 0.2$	$h = 0.1$	$h = 0.02$
1	−3.4 − 02	9.3 − 03	−3.9 − 04	4.2 − 01	6.9 − 02	2.1 − 03
2	−7.2 − 03	−7.8 − 04	−5.4 − 06	−5.2 − 01	−3.1 − 02	−1.5 − 04
3	1.1 − 03	8.5 − 05	1.6 − 07	3.4 − 01	1.7 − 02	1.3 − 05
4	3.3 − 04	8.7 − 06	2.2 − 09	3.5 + 00	−9.5 − 03	−1.2 − 06
5	−2.9 − 05	−7.6 − 07	−6.1 − 11	3.0 + 00	−3.9 − 04	1.3 − 07
6	−1.4 − 05	−9.4 − 08	−9.1 − 13	−1.2 + 01	2.2 − 02	−1.3 − 08
7	6.0 − 07	6.7 − 09	2.6 − 14	−5.8 + 01	−6.1 − 02	7.1 − 10
8	6.0 − 07	1.0 − 09	4.7 − 15	−1.5 + 02	6.4 − 03	2.0 − 10
9	1.7 − 14	−5.7 − 11	9.0 − 15	−3.0 + 02	5.5 − 01	−1.2 − 10
10	−2.4 − 08	−1.1 − 11	1.9 − 14	−5.1 + 02	4.8 − 01	4.8 − 11

Wir schreiben kurz $-3.4 - 02$ für -3.4×10^{-02}.

Interpolation mit höherer Ordnung n ist i. allg. nur sinnvoll, wenn f genügend glatt ist und die Stützstellen sich zur Interpolationsstelle $\bar{x}$ hin verdichten. Dann wird der Faktor $N_{n+1}(\bar{x})$ in der Fehlerdarstellung (5.18) nämlich kleiner und kann auch wachsende Ableitungen im Restglied (5.19) kompensieren.

Ein Blick auf die Fehlerschranke (5.19) zeigt eine Möglichkeit, den Fehler zu verringern: Man versucht, die Stützstellen $\{x_i\}$ im Intervall $[a, b]$ so zu plazieren, daß die von f unabhängige Schranke Ω_{n+1} minimal wird:

$$\Omega_{n+1} = \max_{a \leq x \leq b} |N_{n+1}(x)| \longrightarrow \min_{x_0,\dots,x_n} ! \tag{5.21}$$

Dies ist eine Minimax-Aufgabe, deren Lösung bekannt ist. Die im Sinne von (5.21) optimalen Stützstellen lauten

$$x_i := \frac{b+a}{2} + \frac{b-a}{2} t_i \quad \text{mit} \quad t_i := \cos\left(\frac{2i+1}{n+1}\frac{\pi}{2}\right), \quad i = 0, \dots, n. \tag{5.22}$$

Die t_i sind die Nullstellen des Tschebyscheff-Polynoms T_{n+1} vom Grad $n+1$. Sie liegen alle im Intervall $[-1, 1]$ symmetrisch zum Nullpunkt und verdichten sich an den Intervallenden. Die x_i ergeben sich aus den t_i durch lineare Transformation des Intervalls $[-1, 1]$ auf $[a, b]$.

Durch diese optimale Wahl der Stützstellen kann die Approximation von f durch p_{n+1} i. allg. verbessert werden. Für viele praktische Anwendungen bereiten jedoch die „unrunden“ Werte der Stützstellen x_i Probleme, da die Daten $\{x_i, f(x_i)\}$ häufig mit gleichabständigen x_i-Werten anfallen. Außerdem wird man auch mit den Tschebyscheff-Stüzstellen i. allg. nicht erwarten können, daß sich mit wachsender Stützstellenzahl die Approximation verbessert oder sogar Konvergenz von p_{n+1} gegen f erreicht wird. Dies liegt daran, daß der Polynomgrad n dann auch sehr groß ist, was zu extrem starken Oszillationen des Fehlers zwischen den Stützstellen führen kann.

Die natürliche, historisch allerdings erst relativ spät erkannte Alternative besteht darin, die Ordnung der verwendeten Polynome durch eine moderate Zahl k, etwa $k = 2, \ldots, 6$, *unabhängig von der Anzahl der Stützstellen* zu beschränken und die interpolierende Funktion g *stückweise* aus solchen Polynomen der Ordnung k zusammenzusetzen. Das ist die Idee, die den Spline-Funktionen zugrunde liegt.

5.1.2 Interpolation mit Splines

Ausgangspunkt ist eine geordnete Menge $\tau := \{x_i\}_{i=0}^n$ von $n+1$ *Spline-Knoten*

$$a = x_0 < x_1 < \cdots < x_i < x_{i+1} < \cdots < x_n = b, \tag{5.23}$$

an denen Polynome der Ordnung k unter gewissen globalen, d. h. auf ganz $[a, b]$ geltenden Glattheitsforderungen zu einem *Spline* zusammengefügt werden.

Genauer ist die Menge $\mathcal{S}_k^r = \mathcal{S}_{k,\tau}^r$ der *Spline-Funktionen* der *Ordnung* k bezüglich der *Knoten* $\tau := \{x_i\}_{i=0}^n$ mit der *Glattheit* r als Menge aller Funktionen $s : [a, b] \to \mathbb{R}$ definiert, welche die folgenden Eigenschaften besitzen:

(S$_1$) Auf jedem Teilintervall (x_i, x_{i+1}), $i = 0, \ldots, n-1$, ist s ein Polynom s_i der Ordnung k, also ein Polynom vom Höchstgrad $k-1$.

(S$_2$) Auf ganz $[a, b]$ besitzt s stetige Ableitungen bis einschließlich der Ordnung r.

Dabei sind $k \in \{1, 2, \ldots\}$ und $r \in \{-1, 0, \ldots, k-1\}$ ganze Zahlen.

Eigenschaft (S$_1$) bedeutet, daß die Einschränkung $s_i := s|_{(x_i, x_{i+1})}$ von s auf (x_i, x_{i+1}) aus $\mathcal{P}_k$ ist. Eigenschaft (S$_2$) besagt, daß s aus $C^r[a, b]$ ist, dem Raum der r-mal stetig differenzierbaren[3] Funktionen. Man bezeichnet $s \in \mathcal{S}_{k,\tau}^r$ deshalb auch als C^r-Spline der Ordnung k bez. der Knotenmenge τ.

Da s auf jedem der offenen Intervalle (x_i, x_{i+1}) als Polynom s_i beliebig oft differenzierbar ist, können Unstetigkeiten nur an den inneren Knoten $\{x_i\}_{i=1}^{n-1}$ auftreten. Die Stetigkeitsbedingungen (S_2) sind daher genau dann erfüllt, wenn die Ableitungen $s = s^{(0)}, s' = s^{(1)}, s'' = s^{(2)}, \ldots, s^{(r)}$ an diesen Knoten stetig

[3] In den Randpunkten von $[a, b]$ sind die einseitigen Grenzwerte der Ableitungen zu nehmen.

sind, also die links- und rechtsseitigen Grenzwerte übereinstimmen. Dies liefert die Gleichungen

$$\begin{aligned} \lim_{x\to x_i-0} s^{(\ell)}(x) =: s^{(\ell)}(x_i-0) &= s_{i-1}^{(\ell)}(x_i) \\ &\stackrel{!}{=} s_i^{(\ell)}(x_i) = s^{(\ell)}(x_i+0) := \lim_{x\to x_i+0} s^{(\ell)}(x), \\ i = 1,\dots,n-1, &\quad \ell = 0,\dots,r. \end{aligned} \tag{5.24}$$

Im Fall $r = -1$ ist die Indexmenge $\ell = 0,\dots,-1$ leer. Es werden überhaupt keine Stetigkeitsbedingungen gestellt, die Polynome s_i können beliebig gewählt werden. Im Fall $r = k-1$ müssen alle Ableitungen bis zur Ordnung $k-1$ stetig sein, insbesondere auch die $(k-1)$-te Ableitung, die auf jedem Teilintervall konstant ist. Auf allen Teilintervallen muß also $s_i^{(k-1)}$ denselben konstanten Wert besitzten. Dies bedeutet, daß alle s_i dasselbe Polynom darstellen, mithin s selbst ein Polynom der Ordnung k ist. Wir haben also $\mathcal{S}_{k,\tau}^{k-1} = \mathcal{P}_k$. Im folgenden schließen wir diesen bereits behandelten Fall $r = k-1$ ebenso aus wie den Fall unstetiger Splines mit $r = -1$. Es gelte also $2 \le k$ und $0 \le r \le k-2$, d. h., die Splines sollen mindestens stückweise linear und stetig, aber keine Polynome der Ordnung k sein, sondern wirklich „zusammengestückelt“ werden. Die in diesem Sinne nichttrivialen Splines können also höchstens die Glattheit $r = k-2$ haben. Die Splines maximaler Glattheit aus $\mathcal{S}_{k,\tau}^{k-2} =: \mathcal{S}_{k,\tau}$ werden auch schlechthin als *Splines der Ordnung* k bezeichnet.

Wie wir im vorigen Abschnitt gesehen haben, kann jedes einzelne Polynom s_i als Linearkombination von k Basisfunktionen aus $\mathcal{P}_k$ mit k Koeffizienten dargestellt werden. Da wir n Intervalle (x_i, x_{i+1}) haben, ist jeder Spline s, der der Bedingung (S_1) genügt, durch nk frei wählbare Koeffizienten festgelegt, hat in diesem Sinne also nk *Freiheitsgrade.*

Die Stetigkeitsbedingungen (5.24) stellen $(n-1)(r+1)$ Bedingungen an diese nk Koeffizienten dar. Da s_i linear von den Koffizienten abhängt, sind diese Stetigkeitsforderungen lineare Gleichungsbedingungen für die Koeffizienten. Wenn diese Gleichungen linear unabhängig sind, werden durch sie $(n-1)(r+1)$ der nk Koeffizienten gebunden, so daß noch

$$N(n,k,r) := nk - (n-1)(r+1) = (n+1)(k-r-1) + 2r + 2 - k \tag{5.25}$$

Koeffizienten frei gewählt werden können. Man kann zeigen, siehe z. B. [deB78], daß dieses Abzählargument tatsächlich gültig ist: Die Stetigkeitsbedingungen sind linear unabhängig und lassen sich erfüllen, und $N(n,k,r)$ ist die Maximalzahl linear unabhängiger Spline-Funktionen aus $\mathcal{S}_{k,\tau}^r$, also die Dimension dieses Spline-Raumes.

Wir beginnen mit den *linearen Splines*, also dem Fall $k = 2$. Dann ist $\mathcal{S}_2 = \mathcal{S}_2^0$ der einzige nichttriviale Spline-Raum. Die Splines aus $\mathcal{S}_2$ sind stückweise linear und stetig, und nach (5.25) ist $N(n, 2, 0) = n + 1$ die Dimension von $\mathcal{S}_2$. Nach (5.8) läßt sich s auf dem Intervall (x_i, x_{i+1}) durch das lineare Polynom

$$s_i(x) = y_i \left[\frac{x_{i+1} - x}{x_{i+1} - x_i}\right] + y_{i+1} \left[\frac{x - x_i}{x_{i+1} - x_i}\right], \quad x_i \le x \le x_{i+1} \tag{5.26}$$

darstellen, wobei $s_i(x_i) = y_i$, $s_i(x_{i+1}) = y_{i+1}$ die Funktionswerte von s_i in den Randpunkten sind. Da s stetig sein soll, können beide Randpunkte des Intervalls in den Definitionsbereich von s_i mit einbezogen werden. Gibt man die Werte $\{y_i\}_{i=0}^n$ vor, ist der stückweise durch die obigen linearen Polynome s_i definierte Spline aus $\mathcal{S}_2$, und es gilt $s(x_i) = y_i$ für $i = 0, \ldots, n$. Die zugehörigen Kurven sind *Polygonzüge*, siehe Abb. 5.1, und die Funktionswerte $\{y_i\}_{i=0}^n$ von s in den Knoten $\{x_i\}$ stellen die $n + 1$ Parameter des Splines dar.

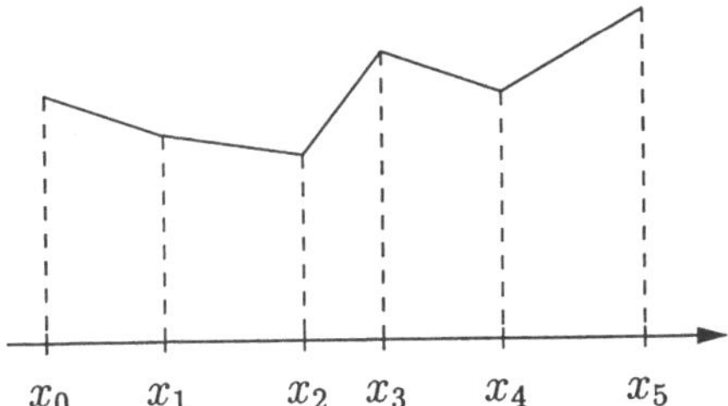

Abbildung 5.1: Spline $s \in S_{2,\tau}$ für $n = 5$

Mit $h_{i+1} := x_{i+1} - x_i > 0$ und der auf das Intervall $[x_i, x_{i+1}]$ bezogenen lokalen Variablen $t := (x - x_i)/h_{i+1}$, also $x = x_i + th_{i+1}$, geht (5.26) in

$$\boxed{s_i(x_i + th_{i+1}) = y_i(1 - t) + y_{i+1}t, \quad 0 \le t \le 1} \tag{5.27}$$

über. Setzt man $y_i := f(x_i)$ für alle i, ist durch (5.26) bzw. (5.27) der eindeutige stückweise lineare Interpolationsspline aus $\mathcal{S}_2$ zu den Daten $\{x_i, f(x_i)\}$ festgelegt.

Stückweise quadratische Splines aus $\mathcal{S}_3 = \mathcal{S}_3^1$ sind für die Interpolation von Funktionen nicht besonders geeignet, da die interpolierenden Splines meist sehr „wellig" sind. Dies liegt daran, daß die zweiten Ableitungen auf jedem Intervall (x_i, x_{i+1}) konstant sind. Wechseln sie an einem inneren Knoten das Vorzeichen, liegt im entsprechenden Kurvenpunkt ein Wendepunkt vor. Dagegen spielen quadratische Splines als Ansatzfunktionen z. B. in Galerkin-Verfahren eine wichtige Rolle, siehe dazu Abschnitt 8.3.2.

Wesentlich besser als mit quadratischen Splines funktioniert die Interpolation mit kubischen Splines aus $\mathcal{S}_4^r$. Für $r = 0$ erhält man lediglich stetige, also C^0-Splines, was für einen kubischen Ansatz einfach zu wenig und daher praktisch ohne Bedeutung ist. Wählt man $r = 1$, müssen s und s' stetig sein. Der Spline s ist dann ein C^1-Spline, und nach (5.25) hat $\mathcal{S}_4^1$ die Dimension $N(n,4,1) = 2(n+1)$. Man kann also versuchen, pro Knoten zwei Bedingungen vorzugeben, wofür sich analog zum Vorgehen bei linearen Splines die Werte

$$s(x_i) = y_i, \quad s'(x_i) = y_i', \quad i = 0, \ldots, n \tag{5.28}$$

von s und s' in den Knoten x_i anbieten. Das in Beispiel 5.3 bestimmte und mit $\{x_i, x_{i+1}\}$ statt $\{x_0, x_1\}$ geschriebene kubische Polynom

$$\boxed{\begin{aligned} s_i(x_i + th_{i+1}) := {} & y_i(1-t)^2(2t+1) + y_{i+1}t^2(3-2t) \\ & + h_{i+1}[y_i'(1-t)^2 t - y_{i+1}'(1-t)t^2], \quad 0 \le t \le 1 \end{aligned}} \tag{5.29}$$

genügt nach Konstruktion den Bedingungen (5.28) an den Stellen x_i und x_{i+1}. Definiert man s für beliebige Werte der Parameter $\{y_i, y_i'\}_{i=0}^n$ stückweise durch diese kubischen Polynome s_i, so sind s und s' stetig und erfüllen (5.28).

Zur Interpolation setzt man $y_i := f(x_i)$ für alle i. Dann ist (5.29) für beliebige verbleibende Parameter $\{y_i'\}$ ein Interpolationsspline aus $\mathcal{S}_4^1$. Es bleibt zu überlegen, wie diese Parameter gewählt werden sollen.

Wenn neben den Funktionswerten $f(x_i)$ auch die Ableitungen $f'(x_i)$ an den Stützstellen x_i bekannt sind[4], wird man natürlich $y_i' := f'(x_i)$ setzen. Der durch (5.29) definierte kubische C^1-Spline ist dann der eindeutige Hermite-Interpolationsspline, der f und f' an den Stellen $x_0 \ldots, x_n$ interpoliert. Dieser Spline $s \in \mathcal{S}_4^1$ ist ein *lokaler Spline* in dem Sinne, daß die Einschränkung s_i von s auf $[x_i, x_{i+1}]$ nur von den Daten $\{f(x_i), f'(x_i)\}$ und $\{f(x_{i+1}), f'(x_{i+1})\}$ in den beiden Endpunkten $\{x_i, x_{i+1}\}$ abhängt. Es können also ohne Mühe zusätzliche Stützstellen/Knoten eingefügt oder überflüssige wieder entfernt werden.

Sind die Ableitungen $\{f'(x_i)\}$ nicht a priori bekannt, gibt es zwei Möglichkeiten, zu einem eindeutigen kubischen Interpolationsspline zu kommen.

Bei der ersten bestimmt man aus den Funktionswerten $f(x_i)$ durch numerische Differentiation Näherungswerte f_i' für die benötigten Ableitungen $f'(x_i)$ und setzt $y_i' := f_i'$, $i = 0, \ldots, n$.

---

[4]Eine solche Situation liegt z. B. vor, wenn man die Anfangswertaufgabe $u' = f(x,u)$, $u(x_0) = u_0$ nach einem der in Kapitel 7 beschriebenen Verfahren numerisch integriert. Bei allen diesen Integrationsverfahren wird neben $u_i \approx u(x_i)$ auch die „rechte Seite" $f(x_i, u_i) =: u_i' \approx u'(x_i)$ berechnet. Die Tripel $\{x_i, u_i, u_i'\}$ können dann als Hermite-Daten $\{x_i, f(x_i), f'(x_i)\}$ verwendet werden, siehe auch Abschnitt 8.2.

Bemerkung 5.6. Üblich ist das folgende Vorgehen: In den inneren Knoten bestimmt man f_i' als Ableitung des mit den Stützstellen $\{x_{i-1}, x_i, x_{i+1}\}$ gebildeten quadratischen Interpolationspolynoms an der Stelle x_i. Dies ist gerade der in Abschnitt 6.1 angegebene Differenzenausdruck (6.14). In den Randpunkten muß man einseitige Formeln nehmen, siehe Aufgabe 5.1. Dieses Vorgehen setzt allerdings voraus, daß die Stützstellen genügend dicht liegen, damit die Differenzenausdrücke vernünftige Approximationen f_i' liefern. □

Bei der zweiten Möglichkeit faßt man die y_i' in (5.29) als freie Parameter auf und bestimmt sie so, daß auch s'' an den inneren Knoten stetig ist, also s ein C^2-Spline und damit aus $\mathcal{S}_4^2 = \mathcal{S}_4$ ist. Nach (5.24) bedeutet dies

$$s''(x_i - 0) = s_{i-1}''(x_i) \stackrel{!}{=} s_i''(x_i) = s''(x_i + 0), \quad i = 1, \ldots, n-1.$$

Setzt man s_i aus (5.29) ein, ergibt sich nach einiger Rechnung

$$\lambda_i y_{i-1}' + 2y_i' + \mu_i y_{i+1}' = 3(\lambda_i d_{i-1} + \mu_i d_i), \quad i = 1, \ldots, n-1 \tag{5.30}$$

mit $d_i := \dfrac{f_{i+1} - f_i}{h_{i+1}}$, $\lambda_i := \dfrac{h_{i+1}}{h_i + h_{i+1}}$ und $\mu_i := \dfrac{h_i}{h_i + h_{i+1}} = 1 - \lambda_i$.

Für gleichabständige Knoten, also $h_i = h$ für alle i, ist $\lambda_i = \mu_i = 1/2$.

Die Bedingungen (5.30) bilden ein lineares System aus $n-1$ Gleichungen für die $n+1$ Unbekannten y_i' mit der Koeffizientenmatrix

$$T_{n-1,n+1} = \begin{pmatrix} \lambda_1 & 2 & \mu_1 & & \\ & \ddots & \ddots & \ddots & \\ & & \lambda_{n-1} & 2 & \mu_{n-1} \end{pmatrix}. \tag{5.31}$$

Diese Matrix hat wegen $\lambda_i > 0$ vollen Zeilenrang $n-1$, so daß $n-1$ der $n+1$ Parameter y_i' durch (5.30) festgelegt sind. Um den Interpolationsspline eindeutig festzulegen, werden noch zwei weitere, von (5.30) linear unabhängige Bedingungen benötigt. Dies war zu erwarten, denn nach (5.25) hat $\mathcal{S}_4^2$ die Dimension $N(n,4,2) = (n+1)+2$. Durch die Interpolationsforderungen sind $n+1$ dieser Freiheitsgrade gebunden, zur Festlegung der verbleibenden zwei benötigt man zwei weitere Bedingungen.

Bemerkung 5.7. In der Praxis verwendet man folgende Zusatzbedingungen:

(i) *Natürliche Randbedingungen*: Hier verlangt man

$$s''(x_0) = s_0''(x_0) \stackrel{!}{=} 0, \quad s''(x_n) = s_{n-1}''(x_n) \stackrel{!}{=} 0. \tag{5.32}$$

Werden die auftretenden Ableitungen durch die Koeffizienten von s_0 und s_{n-1} ausgedrückt, erhält man die Gleichungen $2y_0' + y_1' = 3d_0$, $y_{n-1}' + 2y_n' = 3d_{n-1}$.

Fügt man diese den Gleichungen (5.30) als 0-te bzw. n-te Gleichung hinzu, entsteht ein quadratisches System mit der Koeffizientenmatrix

$$T_{n+1,n+1} = \begin{pmatrix} 2 & 1 & & & \\ \lambda_1 & 2 & \mu_1 & & \\ & \ddots & \ddots & \ddots & \\ & & \lambda_{n-1} & 2 & \mu_{n-1} \\ & & & 1 & 2 \end{pmatrix}.$$

Diese Matrix ist strikt diagonaldominant, also regulär, und das zugehörige Gleichungssystem für die y_i', $i = 0, \ldots, n$, kann mittels der tridiagonalen LU-Faktorisierung 2.9, 2.10 effektiv gelöst werden. Allerdings sind die natürlichen[5] Randbedingungen (5.32) i. allg. nicht sachgemäß: Sie bewirken, daß die zu s gehörende Kurve an den Endpunkten, d. h. für $x = x_0$ und $x = x_n$, die Krümmung Null hat, was für die zu interpolierende Funktion f i. allg. nicht zutrifft.

(ii) *Hermite-Randbedingungen*: Kennt man von f die Ableitungen an den Intervallenden, wird man

$$y_0' = s'(x_0) \stackrel{!}{=} f'(x_0), \quad y_n' = s'(x_n) \stackrel{!}{=} f'(x_n) \tag{5.33}$$

setzen. Dann sind die verbleibenden Unbekannten $y_1', \ldots, y_{n-1}'$ durch (5.30) eindeutig festgelegt. Die Koeffizientenmatrix dieses Systems entsteht aus der Matrix (5.31), indem die erste und letzte Spalte gestrichen wird. Sie ist ebenfalls strikt diagonaldominant, so daß der tridiagonale Gauß-Algorithmus zur Berechnung der y_i', $i = 1, \ldots, n-1$, angewendet werden kann.

(iii) *„Not-a-knot" -Bedingungen*: Hier verlangt man, daß an den zu x_0 und x_n benachbarten Knoten x_1 und x_{n-1} auch die dritte Ableitung stetig ist:

$$s'''(x_i - 0) = s_{i-1}'''(x_i) \stackrel{!}{=} s_i'''(x_i) = s'''(x_i + 0), \quad i = 1,\ i = n-1. \tag{5.34}$$

Da die dritten Ableitungen konstant sind, bedeutet dies, daß s_0 und s_1 bzw. s_{n-2} und s_{n-1} jeweils dasselbe kubische Polynom darstellen, also x_1 bzw. x_{n-1} keine Knoten im Sinne von „Flickstellen" sind, was die Bezeichnung „not-a-knot"-Bedingungen erklärt.

[5]Das Adjektiv *natürlich* kommt von einem mechanischen Modell aus dem Schiffsbau früherer Zeiten und hat keineswegs die Bedeutung von *naheliegend* oder *besonders zweckmäßig*. Man stellt sich eine elastische dünne *Straklatte(=Spline)* vor, die zwischen jeweils zwei oberhalb und unterhalb der Punkte (x_i, f_i) der (x, y)-Ebene eingeschlagenen Nägeln beweglich geführt wird. Der Gleichgewichtszustand wird durch eine Randwertaufgabe für die Biegelinie s beschriebenen. Da an den Endpunkten keine Kräfte wirken, hat man dort sog. *freie* oder *natürliche* Randbedingungen $s''(x_0) = s''(x_n) = 0$. In einer linearisierten Theorie ist s gerade der natürliche kubische Interpolationsspline.

(iv) *Periodische Randbedingungen*: Wenn die Funktion f auf ganz $\mathbb{R}$ definiert und periodisch mit der Periode $T = b - a = x_n - x_0$ ist, also $f(x+T) = f(x)$ für alle x gilt, wird man das auch vom Spline s verlangen. Da in diesem Fall wegen der Interpolationseigenschaft ohnehin $y_0 = s(x_0) = f(x_0) = f(x_n) = s(x_n) = y_0$ gilt, kann man noch die Periodizitätsforderungen

$$\begin{aligned} s'(x_0+0) = s'_0(x_0) &\overset{!}{=} s'_{n-1}(x_n) = s'(x_n - 0), \\ s''(x_0+0) = s''_0(x_0) &\overset{!}{=} s''_{n-1}(x_n) = s''(x_n - 0) \end{aligned} \tag{5.35}$$

stellen. Diese bewirken, daß der gemäß $s(x+T) = s(x)$ von $[x_0, x_n]$ periodisch fortgesetzte Spline s ein C^2-Spline auf ganz $\mathbb{R}$ wird.

Sowohl die *not-a-knot*-Bedingungen (5.34) wie die periodischen Randbedingungen (5.35) sind von den Bedingungen (5.30) linear unabhängig. Das um die zugehörigen Gleichungen erweiterte System (5.30) ist dann eindeutig lösbar, der entsprechende Interpolationsspline also eindeutig. Allerdings wird die Tridiagonalform durch Hinzunahme dieser Bedingungen leicht gestört, so daß der tridiagonale Gaußsche Algorithmus modifiziert werden muß, siehe [deB78, Spä90].

Sofern die Funktion f nicht periodisch ist, sollte man die Hermite- oder die *not-a-knot*-Bedingungen verwenden. □

Die interpolierenden natürlichen bzw. periodischen Splines besitzen gewisse Extremaleigenschaften: Unter allen Funktionen $g : [a, b] \to \mathbb{R}$, die stückweise stetige dritte Ableitungen besitzen, die Daten $\{x_i, f(x_i)\}$ interpolieren und die jeweiligen Randbedingungen erfüllen, minimieren sie das Funktional

$$I(g) := \int_a^b [g''(x)]^2 dx.$$

Da $g''(x)$ als Linearisierung der Krümmung $k(x) = g''(x)/[1 + g'(x)^2]^{3/2}$ der durch g definierten ebenen Kurve im Punkt $(x, g(x))$ aufgefaßt werden kann, bedeutet dies:

Die natürliche bzw. periodische kubische Splineinterpolierende ist diejenige Interpolierende, die in der jeweiligen Menge von zulässigen Funktionen eine im Integralmittel minimale linearisierte Krümmung besitzt.

Zur Interpolation stark variierender Funktionen f werden auch Splines der Ordnung $k = 6$, sog. *quintische Splines*, verwendet; siehe [Spä90].

Es gibt weitere Möglichkeiten zur Darstellung von Splines. Beim CAGD, dem *Computer Aided Geometric Design*, verwendet man *Bernstein-Bézier-Splines* zur Darstellung von Kurven und Flächen. Ausgangspunkt sind die *Bernstein-Polynome* B_j^m, $j = 0, \ldots, m$, die durch

$$B_j^m(x) = \binom{m}{j} x^j (1-x)^{m-j}, \quad j = 0, \ldots, m, \tag{5.36}$$

definiert sind und alle den Grad m haben. Aus dem binomischen Satz folgt $\sum_{j=0}^m B_j^m(x) = [x + (1-x)]^m = 1$ für alle x, und es gilt $0 \leq B_j^m(x) \leq 1$ für $x \in [0, 1]$. Man sagt deshalb, daß die Bernstein-Polynome $\{B_j^m\}$ auf $[0, 1]$ eine *positive Zerlegung der Eins* bilden und betrachtet sie nur auf diesem Intervall. Für $x \in (0, 1)$, gilt sogar $0 < B_j^m(x) < 1$, und an den Endpunkten ist

$$B_0^m(0) = B_m^m(1) = 1, \quad B_j^m(0) = B_j^m(1) = 0 \quad \text{sonst.} \tag{5.37}$$

Die Bernstein-Polynome genügen der Rekursionsformel

$$B_j^m(x) = xB_{j-1}^{m-1}(x) + (1-x)B_j^{m-1}(x), \quad j = 1, \ldots, m, \tag{5.38}$$

und für die Ableitungen gilt

$$\frac{d}{dx} B_j^m(x) = \begin{cases} -mB_0^{m-1}(x) & \text{für } j = 0, \\ m[B_{j-1}^{m-1}(x) - B_j^{m-1}(x)] & \text{für } j = 1, \ldots, m-1, \\ mB_{m-1}^{m-1}(x) & \text{für } j = m, \end{cases} \tag{5.39}$$

siehe Aufgabe 5.2. Für die Randpunkte von $[0, 1]$ folgt daraus

$$\frac{d}{dx} B_j^m(0) = \begin{cases} -m, & j = 0, \\ m, & j = 1, \end{cases} \quad \frac{d}{dx} B_j^m(1) = \begin{cases} -m, & j = m-1, \\ m, & j = m, \end{cases} \tag{5.40}$$

alle übrigen Randableitungen sind Null, siehe Abb. 5.2, wo die Bernstein-Polynome $\{B_j^4\}_{j=0}^4$ über $[0, 1]$ dargestellt sind.

Da die Bernstein-Polynome eine Basis von $\mathcal{P}_{m+1}$ bilden, kann jedes Polynom $p_{m+1} \in \mathcal{P}_{m+1}$ eindeutig in der Form $p_{m+1}(x) = \sum_{j=0}^m c_j B_j^m(x)$ dargestellt werden. Beim CAGD verwendet man diese Darstellung zur Beschreibung einer mit dem Kurvenparameter t gemäß

$$\mathbf{x}(t) = \sum_{j=0}^m \mathbf{c^j} B_j^m(t) =: BB[\mathbf{c^0}, \ldots, \mathbf{c^m}](t), \quad 0 \leq t \leq 1 \tag{5.41}$$

parametrisierten polynomialen *Raumkurve* $\mathcal{C} := \{\mathbf{x}(t) : 0 \leq t \leq 1\}$, wobei $\mathbf{x}(t) = (x_1(t), x_2(t), x_3(t))^T$ den Ortsvektor bezeichnet, und $\mathbf{c^j} = (c_1^j, c_2^j, c_3^j)^T$, $j = 0, \ldots, m$, sind vorzugebende Koeffizientenvektoren. Jede Komponente

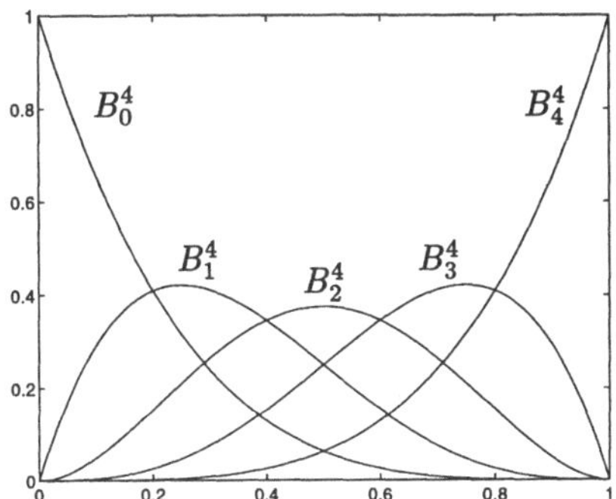

Abbildung 5.2: Bernstein-Polynome $B_0^4, \ldots, B_4^4$

$x_k(t)$, $k = 1, 2, 3$, des Ortsvektors wird also als Linearkombination $x_k(t) = \sum_{j=0}^m c_k^j B_j^m(t)$ dargestellt. An den Endpunkten des durch (5.41) definierten Kurvenstückes $\mathcal{C}$ gilt dann wegen (5.37) und (5.40)

$$\begin{aligned} \mathbf{x}(0) &= \mathbf{c^0}, & \mathbf{x}(1) &= \mathbf{c^m}, \\ \dot{\mathbf{x}}(0) &= m(\mathbf{c^1} - \mathbf{c^0}), & \dot{\mathbf{x}}(1) &= m(\mathbf{c^m} - \mathbf{c^{m-1}}), \end{aligned} \tag{5.42}$$

wobei $\dot{\mathbf{x}}(t) := d\mathbf{x}(t)/dt$ die Ableitung nach dem Kurvenparameter t bezeichnet; diese gibt die Tangentenrichtung im Kurvenpunkt $\mathbf{x(t)}$ an. Durch Vorgabe von $\{\mathbf{c^0}, \mathbf{c^1}\}$ und $\{\mathbf{c^{m-1}}, \mathbf{c^m}\}$ können Anfangs- und Endpunkt von $\mathcal{C}$ sowie die zugehörigen Tangentenrichtungen vorgegeben werden. Dies entspricht der Vorgabe von y_i, y_i' im kubischen Hermite-Interpolationsspline (5.29). Man beachte jedoch, daß die Tangentenrichtung einer Raumkurve im Punkt $\mathbf{x}(t)$ nur von der Richtung des Tangentenvektors $\dot{\mathbf{x}}(t)$ abhängt, nicht aber von dessen Länge; sie ist also nur bis auf einen Faktor festgelegt. In analoger Weise können auch höhere Ableitungen von $\mathbf{x}(t)$ durch Differenzen der $\{\mathbf{c^j}\}$ ausgedrückt werden.

Die Koeffizientenvektoren $\mathbf{c^j}$ definieren also Punkte im dreidimensionalen Raum, mit denen die Form der Raumkurve $\mathcal{C}$ beeinflußt werden kann. Sie heißen deshalb *Kontrollpunkte*, nach einem ihrer Begründer auch *Bézier-Punkte*.

Die zu konstruierende Raumkurve wird jetzt entsprechend der Spline-Philosophie aus Stücken $\mathcal{C}_i := \{\mathbf{x^i}(t) : 0 \leq t \leq 1\}, i = 0, \ldots, n-1$, zusammengesetzt, von denen jedes analog zu (5.41) durch

$$\mathbf{x^i}(t) = \sum_{j=0}^{m} \mathbf{c^{i,j}} B_j^m(t) = BB[\mathbf{c^{i,0}}, \ldots, \mathbf{c^{i,m}}](t), \quad 0 \leq t \leq 1, \tag{5.43}$$

definiert[6] ist. Eine derart stückweise definierte Raumkurve wird als *Bernstein-*

[6]Der Einfachheit halber haben wir für jedes Stück $\mathcal{C}_i$ denselben Polynomgrad m verwendet; natürlich kann $m = m_i$ auch von Stück zu Stück je nach Erfordernissen variieren.

Bézier-Spline, kurz: *BB-Spline*, bezeichnet.

Nach (5.42) hat $\mathcal{C}_{i-1}$ den Endpunkt $\mathbf{x^{i-1}}(1) = \mathbf{c^{i-1,m}}$, das nächste Stück $\mathcal{C}_i$ den Anfangspunkt $\mathbf{x^i}(0) = \mathbf{c^{i,0}}$. Im Fall $\mathbf{c^{i-1,m}} = \mathbf{c^{i,0}}$ stimmen beide Punkte überein, die Stücke $\mathcal{C}_{i-1}$ und $\mathcal{C}_i$ gehen dann stetig ineinander über.

Die Ableitung im Endpunkt von $\mathcal{C}_{i-1}$ ist $\dot{\mathbf{x}}^{\mathbf{i-1}}(1) = m(\mathbf{c^{i-1,m}} - \mathbf{c^{i-1,m-1}})$, und $\dot{\mathbf{x}}^{\mathbf{i}}(0) = m(\mathbf{c^{i,1}} - \mathbf{c^{i,0}})$ ist die im Anfangspunkt von $\mathcal{C}_i$. Wenn $\mathbf{c^{i-1,m}} - \mathbf{c^{i-1,m-1}}$ ein Vielfaches von $\mathbf{c^{i,1}} - \mathbf{c^{i,0}}$ ist, d. h. wenn $\mathbf{c^{i-1,m-1}}$, $\mathbf{c^{i-1,m}} = \mathbf{c^{i,0}}$ und $\mathbf{c^{i,1}}$ auf einer Geraden liegen, haben beide Tangentenvektoren dieselbe Richtung; die Kurve geht dann „glatt“ durch den Verbindungspunkt hindurch. In diesem Sinne liegt dann eine „geometrische“ Stetigkeit der Tangente vor. Man sagt, daß der so festgelegte BB-Spline ein G^1-*Spline* ist.

In analoger Weise kann die geometrische Stetigkeit höherer Ableitungen erreicht werden, z. B. stetige Krümmung. Schließlich können auch Spline-Flächen aus Spline-Flächenstücken, englisch *patches*, so zusammengesetzt werden, daß gewisse globale geometrische Glattheitseigenschaften gewährleistet sind. Wir verweisen dazu auf die Speziallitertur wie [Far92, HoLa92]; eine Einführung gibt [Schwa97].

Weniger für die Interpolation, sondern als Ansatzfunktionen z. B. für die Quadratmittelapproximation, die wir im nächsten Abschnitt besprechen, oder für die im Abschnitt 8.3 diskutierten Galerkin-Verfahren verwendet man häufig *Basis-Splines*, kurz: *B-Splines* der Ordnung k. Da in diesen Anwendungen die Knoten i. allg. von den Approximationsstellen x_i, an denen Funktionswerte vorgegeben werden, verschieden sind oder solche x_i überhaupt nicht auftreten, bezeichnen wir jetzt die Knoten mit τ_i und betrachten sie nicht notwendig als Interpolationsstellen, sondern als fest vorzugebende Parameter der Splines.

Ausgangspunkt ist eine Knotenfolge $\bar{\tau} := \{\tau_i\}_{j=1}^{N+k}$ gemäß

$$a = \tau_1 = \ldots = \tau_k < \tau_{k+1} < \ldots < \tau_N < \tau_{N+1} = \ldots = \tau_{N+k} = b \tag{5.44}$$

mit $N > k$. An den Intervallenden haben wir je einen k-fachen Knoten, die inneren Knoten $\tau_{k+1}, \ldots, \tau_N$, sind einfach.

Die B-Splines $B_{j,k}$, $j = 1, \ldots, N$ der Ordnung k bezüglich der Knotenmenge $\bar{\tau}$ sind dann rekursiv durch

$$\boxed{\begin{aligned} &\ell = 1,\ j = 1, \ldots, N + k - 1: \\ &\qquad B_{j,1}(x) := \begin{cases} 1 & \text{für } \tau_j \le x < \tau_{j+1} \\ 0 & \text{sonst} \end{cases} \\ &\ell = 2, \ldots, k,\ j = 1, \ldots, N + k - \ell: \\ &\qquad B_{j,\ell}(x) := \omega_{j,\ell}(x) B_{j,\ell-1}(x) + [1 - \omega_{j+1,\ell}(x)]\, B_{j+1,\ell-1}(x) \end{aligned}} \tag{5.45}$$

definiert. Für $\ell = 1$ und $j = N$ ist $\tau_N \leq x < \tau_{N+1}$ durch $\tau_N \leq x \leq \tau_{N+1} = b$ zu ersetzen, damit die B-Splines auch für $x = b$ erklärt sind.

Die in (5.45) auftretenden Funktionen $\omega_{j,\ell}(\,.\,)$ sind durch

$$\omega_{j,\ell}(x) := \begin{cases} \dfrac{x-\tau_j}{\tau_{j+\ell-1}-\tau_j} & \text{für } \tau_j < \tau_{j+\ell-1}, \\ 0 & \text{sonst} \end{cases} \tag{5.46}$$

definierte lineare Polynome; im Fall $\tau_j = \tau_{j+\ell-1}$ ist $\omega_{j,\ell}$ die Nullfunktion.

Aus der Definition folgt, daß $B_{j,k}$ auf jedem der $n := N - k + 1$ Teilintervalle $(\tau_k, \tau_{k+1}), \ldots, (\tau_N, \tau_{N+1})$ ein Polynom der Ordnung k ist. Mit etwas mehr Mühe zeigt man, daß $B_{j,k}$ an den inneren Knoten $\{\tau_i\}_{i=k+1}^{N}$ stetige Ableitungen bis zur Ordnung $k-2$ besitzt, also ein C^{k-2}-Spline ist. Dies bedeutet, daß jeder B-Spline $B_{j,k}$ in dem am Anfang dieses Abschnitts definierten Spline-Raum $\mathcal{S}_{k,\tau}^{k-2} = \mathcal{S}_{k,\tau}$ mit der Knotenmenge $\tau := \{\tau_i\}_{i=k}^{N+1}$ liegt; τ enthält nur die paarweise verschiedenen Knoten der Ausgangsknotenmenge $\bar{\tau} = \{\tau_i\}_{i=1}^{N+k}$.

Man zeigt, daß $B_{j,k}(x) \geq 0$ und $\sum_{j=1}^{N} B_{j,k}(x) = 1$ für $x \in [a,b]$ gilt; die B-Splines bilden also wie die Bernstein-Polynome eine positive Zerlegung der Eins.

Eine sehr nützliche Eigenschaft der B-Splines ist, daß

$$\begin{aligned} B_{j,k}(x) > 0 \quad & \text{für } x \in (\tau_j, \tau_{j+k}), \\ B_{j,k}(x) = 0 \quad & \text{für } x \notin [\tau_j, \tau_{j+k}] \end{aligned} \tag{5.47}$$

gilt. Ein B-Spline $B_{j,k}$ kann also *nur* auf dem abgeschlossenen Intervall $[\tau_j, \tau_{j+k}]$ von Null verschiedene – genauer: nichtnegative, im Inneren sogar positive – Werte annehmen. Das Intervall $[\tau_j, \tau_{j+k}]$ heißt deshalb *Träger*, englisch *support*, von $B_{j,k}$. Im Fall $j = k, \ldots, N-k+1$ besteht der Träger wegen (5.44) aus genau k benachbarten, sich nicht auf einen Punkt reduzierenden Teilintervallen $[\tau_j, \tau_{j+1}], \ldots, [\tau_{j+k-1}, \tau_{j+k}]$. An den Endpunkten des Trägers hat $B_{j,k}$ ebenfalls die Werte Null mit Ausnahme von $B_{1,k}(\tau_1) = B_{1,k}(a) = B_{N,k}(\tau_{N+k}) = B_{N,k}(b) = 1$, siehe Abbildung 5.3, wo einige kubische B-Splines dargestellt sind. Der Spline $B_{4,4}$ entspricht dem „Normalfall“ mit $k = 4$ benachbarten Teilintervallen als Träger.

Die einfacheren linearen B-Splines $\{B_{j,2}\}_{j=1}^{N}$ sind die bei den Galerkin-Verfahren beliebten *Hütchenfunktionen*, deren Träger aus den beiden benachbarten Intervallen $[\tau_j, \tau_{j+1}]$ und $[\tau_{j+1}, \tau_{j+2}]$ besteht. Ihr Bild ist ein Polygonzug durch die Punkte (τ_i, y_i) mit $y_i = \delta_{i,j+1}$, $i = 2, \ldots, N+1$, vgl. Abb. 8.3, wo die Indizierung allerdings um Eins verschoben ist.

Bemerkung 5.8. Zu jedem $x \in [a,b]$ gibt es genau ein i mit $k \leq i \leq N$, so daß $x \in [\tau_i, \tau_{i+1})$ gilt; im Fall $i = N$ ist das abgeschlossene Intervall $[\tau_N, \tau_{N+1}]$

zu nehmen, damit $x = b$ nicht ausgeschlossen wird. Aus den Eigenschaften der Träger folgt dann, daß nur die k Funktionswerte $B_{i,k}(x), \ldots, B_{i+k-1,k}(x)$ positiv sein können, die Funktionswerte aller anderen B-Splines $B_{j,k}(x)$, $j \notin \{i, \ldots, i+k-1\}$, sind Null. Dies hat zur Folge, daß die in den eingangs genannten Anwendungen aus den B-Splines gebildeten Matrizen Block-Band-Gestalt haben, wobei die Bandbreite nur von der Ordnung k, nicht aber von der Anzahl N der verwendeten B-Splines abhängt. □

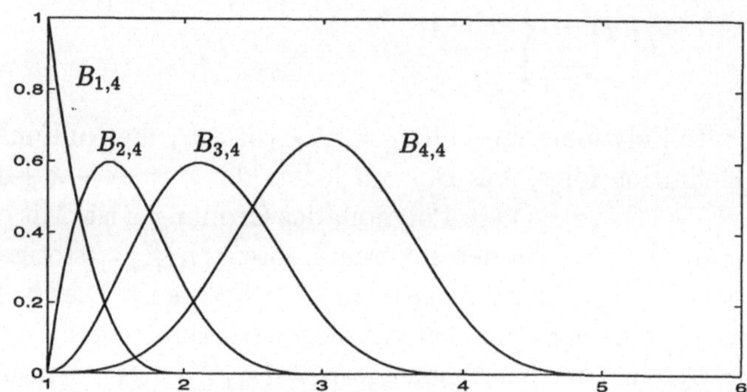

Abbildung 5.3: Kubische B-Splines $\{B_{j,4}\}_{j=1}^{4}$ mit Knoten $\{1,1,1,1,2,3,4,5,6,\ldots\}$

Mit jedem B-Spline $B_{j,k}$ gehört auch jede Linearkombination

$$s(x) = \sum_{j=1}^{N} c_j B_{j,k}(x) \tag{5.48}$$

mit Koeffizienten $c = (c_1, \ldots, c_N)^T \in \mathbb{R}^N$ zu $\mathcal{S}_{k,\tau} = \mathcal{S}_{k,\tau}^{k-2}$. Andererseits hat $\mathcal{S}_{k,\tau}^{k-2}$ nach (5.25) die Dimension $N(n,k,k-2) = (n+1)+(k-2) = n+k-1 = N$. Da die B-Splines $\{B_{j,k}\}_{j=1}^{N}$ wegen der Überlappungseigenschaften ihrer Träger offenbar linear unabhängig sind, bilden sie eine Basis des Spline-Raumes $\mathcal{S}_{k,\tau}^{k-2}$, die als *B-Spline-Basis* bezeichnet wird.

Ein Vorteil der B-Spline-Darstellung (5.48) eines Splines $s \in \mathcal{S}_{k,\tau}$ gegenüber der stückweisen Definition über die Polynome s_i eingangs dieses Abschnittes liegt darin, daß mit explizit gegebenen, auf ganz $[a,b]$ definierten und dort bis zur $(k-2)$-ten Ableitung stetigen Basisfunktionen $\{B_{j,k}\}_{j=1}^{N}$ gearbeitet wird. Es treten keine linearen Gleichheitsnebenbedingungen auf, welche die bei der stückweisen Definition zuviel eingeführten „freien" Parameter – bei den kubischen Splines aus $\mathcal{S}_4$ waren das die Größen $\{y_j'\}_{j=0}^{n}$ – wieder binden.

Natürlich können die B-Splines $\{B_{j,k}\}_{j=1}^{N}$ auch zur Interpolation in N paarweise verschiedenen Stützstellen $\{x_i\}_{i=1}^{N} =: \Delta$ verwendet werden; diese seien der Größe nach geordnet: $a \leq x_1 < x_2 < \cdots < x_N \leq b$. Die Interpolationsbedingungen (5.2) lauten in den jetzt verwendeten Bezeichnungen

$$\sum_{j=1}^{N} c_j B_{j,k}(x_i) \stackrel{!}{=} f(x_i),\ i = 1, \ldots, N, \quad \text{also} \quad \Phi_\Delta c = f_\Delta \tag{5.49}$$

mit $c = (c_j)_{j=1}^N \in \mathbb{R}^N$, $\Phi_\Delta = (B_{j,k}(x_i))_{i,j=1}^N \in \mathbb{R}^{N\times N}$ und $f_\Delta = (f(x_i))_{i=1}^N \in \mathbb{R}^N$.

Wie eingangs des Kapitels festgestellt, ist die Regularität von Φ_Δ, also die diskrete lineare Unabhängigkeit der B-Splines $\{B_{j,k}\}_{j=1}^N$ bezüglich der Stützstellen $\Delta = \{x_i\}_{i=1}^N$, notwendig und hinreichend für die eindeutige Lösbarkeit der Interpolationsaufgabe. Man überlegt sich, daß Φ_Δ regulär ist genau dann, wenn die *Schoenberg-Whitney-Bedingungen*

$$B_{j,k}(x_j) > 0, \quad j = 1, \ldots, N \tag{5.50}$$

erfüllt sind. Dies bedeutet, daß x_j im Inneren des Trägers von $B_{j,k}$ liegen muß, also in (τ_j, τ_{j+k}); für $j = 1$ wird der linke Randpunkt $a = \tau_1$, für $j = N$ der rechte Randpunkt $\tau_{N+k} = b$ mit zugelassen. Die Bedingungen (5.50) sind einfach zu überprüfen und zu erfüllen, da sie nur von der Lage der Spline-Knoten τ_j und Stützstellen x_i, nicht aber von den Funktionswerten abhängen.

Nach Bemerkung 5.8 sind von den N Elementen $B_{j,k}(x_i)$, $j = 1, \ldots, N$, in Zeile i von Φ_Δ höchstens k benachbarte von Null verschieden, siehe Aufgabe 5.3. Die Matrix Φ_Δ besitzt daher Block-Band-Gestalt, was bei der Lösung des Systems $\Phi_\Delta c = f_\Delta$ mittels LU-Faktorisierung ausgenutzt werden kann.

5.2 Approximation

Bei der Interpolation haben wir die $n+1$ Koeffizienten c_j im Ansatz $g(x,c) := \sum_{j=0}^{n} c_j \varphi_j(x)$ durch Vorgabe der Funktionswerte $f(x_i)$ in den $n+1$ paarweise verschiedenen Stützstellen x_i aus den Interpolationsbedingungen $g(x_i, c) = f(x_i)$, $i = 0, \ldots, n$, bestimmt. In vielen Fällen liegen über die zu approximierende Funktion $f : [a,b] \to \mathbb{R}$ jedoch wesentlich mehr Informationen vor als die hier verwendeten $n+1$ Datensätze $\{x_i, f(x_i)\}_{i=0}^n$.

5.2.1 Diskrete Quadratmittelapproximation

Typisch ist die folgende Situation: Zwischen der unabhängigen Variablen x, die z. B. eine einstellbare Kontrollgröße oder die Zeit repräsentiert, und der abhängigen Variablen y, der Zustandsgröße, wird ein funktionaler Zusammenhang $y = f(x)$ mit einer unbekannten Funktion f unterstellt; die Bezeichnungen entsprechen den in diesem Kapitel gebrauchten und nicht denen aus Abschnitt 1.1.

Man macht dann den Ansatz $y = g(x, c) = \sum_{j=0}^{n} c_j \varphi_j(x)$ mit gegebenen Ansatzfunktionen φ_j und Parametern bzw. Koeffizienten c_j und nimmt an, daß es unbekannte „wahre“ Parameter $c^* = (c_j^*)$ gibt, so daß $f(\,.\,) = g(\,.\,, c^*)$ gilt, also der funktionale Zusammenhang durch den Ansatz $\sum_{j=0}^{n} c_j \varphi_j$ beschrieben werden kann.

Aus Experimenten stehen $m + 1$ Beobachtungen $\{x_i, f_i\}_{i=0}^{m}$ des realen Prozesses zur Verfügung. Die Werte x_i der unabhängigen Variablen werden als fehlerfrei beobachtet vorausgesetzt, wir ordnen sie gemäß

$$a \le x_0 < x_1 < \cdots < x_i < x_{i+1} < \cdots < x_m \le b \tag{5.51}$$

der Größe nach an. Dagegen lassen wir zu, daß die Beobachtungen f_i der zu den x_i gehörenden „wahren“ Zustände $f(x_i) = g(x_i, c^*)$ durch stochastische *Beobachtungsfehler* ε_i gemäß

$$f_i = f(x_i) + \varepsilon_i = g(x_i, c^*) + \varepsilon_i, \quad i = 0, \ldots, m \tag{5.52}$$

verfälscht sein können. Dabei wird $m \ge n$ vorausgesetzt.

Prinzipiell könnte man auch hier Ansätze mit so vielen Parametern c_j verwenden, wie Meßstellen x_i vorhanden sind, also $n = m$ wählen und *alle* Daten $\{x_i, f_i\}_{i=0}^{m}$ nach den im vorigen Kapitel beschriebenen Methoden interpolieren, zum Beispiel mit Splines. Allerdings ist das nicht besonders vernünftig. Die Interpolierende würde allen durch die Fehler ε_i hervorgerufenen stochastischen Schwankungen folgen und i. allg. eine sehr „wellige“ Kurve liefern, die den eigentlich gesuchten funktionalen Zusammenhang $x \mapsto f(x)$, $x \in [a, b]$, nicht angemessen widerspiegelt. Der Ansatz ist dann i. allg. überparametrisiert. Er besitzt zu viele Freiheitsgrade, die zur Beschreibung des funktionalen Zusammenhangs eigentlich nicht benötigt werden.

In der Regel ist es günstiger, mit moderater Anzahl n von Parametern zu arbeiten und die Interpolationsbedingungen $\sum_{j=0}^{n} c_j \varphi_j(x_i) = f_i$, $i = 0, \ldots, m$, die im Fall $m > n$ ein i. allg. nicht lösbares, überbestimmtes lineares Gleichungssystem aus $m+1$ Gleichungen für die $n+1$ Parameter darstellen, durch die sachgemäßere *Approximationsbedingung*

$$\boxed{\varphi_{2,\omega}(c) := \frac{1}{2} \sum_{i=0}^{m} \omega_i \left[f_i - \sum_{j=0}^{n} c_j \varphi_j(x_i) \right]^2 \to \min_c !} \tag{5.53}$$

mit vorzugebenden *Gewichten* $\omega_i > 0$, $i = 0, \ldots, m$, zu ersetzen. Dies bezeichnet man als *gewichtete diskrete Quadratmittelapproximation*; man spricht auch von *Parameterschätzung*, in der Statistik von *parameterlinearer Regression*.

Das Gewicht ω_i bewertet den Fehler $e(x_i, c) = f_i - g(x_i, c)$ und sollte umso größer sein, je kleiner der Fehler ε_i der i-ten Beobachtung f_i ist[7].

Führt man analog zu (5.3) die Matrix $\Phi_\Delta := (\varphi_j(x_i)) \in \mathbb{R}^{(m+1)\times(n+1)}$ und den Vektor $f_\Delta := (f_i) \in \mathbb{R}^{m+1}$ sowie die diagonale Gewichtsmatrix $\Omega := \mathrm{diag}(\omega_0, \ldots \omega_m) \in \mathbb{R}^{(m+1)\times(m+1)}$ ein, läßt sich (5.53) als

$$\begin{aligned} \varphi_\omega(c) &= \tfrac{1}{2}(f_\Delta - \Phi_\Delta c)^T \Omega (f_\Delta - \Phi_\Delta c) \\ &= \tfrac{1}{2}\|(\Omega^{1/2}\Phi_\Delta)c - \Omega^{1/2} f_\Delta\|_2^2 \to \min_c ! \end{aligned} \tag{5.54}$$

schreiben. Dabei ist $\Omega^{1/2}$ wie im Abschnitt 2.1.4 durch $\Omega^{1/2} := \mathrm{diag}(\sqrt{\omega_i})$ definiert. Die Matrix Φ_Δ heißt *Beobachtungsmatrix*, sie enthält in Zeile i die Werte aller Ansatzfunktionen an der Stelle x_i.

Das Approximationsproblem (5.53) bzw. (5.54) ist also äquivalent zum linearen Quadratmittelproblem

$$\boxed{\widehat{\Phi} c \cong \hat{f} \quad \text{mit} \quad \widehat{\Phi} := \Omega^{1/2}\Phi_\Delta,\ \hat{f} := \Omega^{1/2} f_\Delta} \tag{5.55}$$

für die Koeffizienten c. Aus Abschnitt 2.3 wissen wir, daß (5.55) stets eine Lösung $c := c_{opt}$ besitzt, welche eine *Bestapproximierende* $g(\,.\,, c) = \sum_{j=0}^{n} c_j \varphi_j$ definiert, und daß die Lösung c und damit die Bestapproximierende $g(\,.\,, c)$ eindeutig ist genau dann, wenn die rechteckige Koeffizientenmatrix $\widehat{\Phi}$ vollen Spaltenrang $n+1$ hat. Da der Spaltenenrang von $\widehat{\Phi}$ – die Anzahl linear unabhängiger Spalten – gleich dem Zeilenrang – der Anzahl linear unabhängiger Zeilen – ist, bedeutet Vollrang von $\widehat{\Phi}$ folgendes: Unter den $m+1$ Zeilen von $\widehat{\Phi}$ gibt es $n+1$ linear unabhängige, das seien die Zeilen $i_0, \ldots, i_n$, so daß die aus diesen Zeilen bestehende quadratische Teilmatrix regulär ist. Letzteres ist aber gleichwertig dazu, daß die zugehörige Interpolationsaufgabe eine eindeutige Lösung besitzt. Damit haben wir ein wichtiges Resultat erhalten:

Das diskrete Quadratmittelapproximationsproblem (5.53) *besitzt eine eindeutige Lösung* $c = (c_j)_{j=0}^n$ *genau dann, wenn es unter den* $m+1$ *Approximationsstellen* $\{x_i\}_{i=0}^m$ *eine Teilmenge* $\{x_{i_j}\}_{j=0}^n$ *aus* $n+1$ *Stellen gibt derart, daß die Interpolationsaufgabe* $\sum_{j=0}^n c_j \varphi_j(x_{i_j}) = f_{i_j}$, $j = 0, \ldots, n$, *eindeutig lösbar ist.*

[7] Wenn die Fehler $\{\varepsilon_i\}$ stochastisch unabhängig sind mit Erwartungswert $\mathbf{E}(\varepsilon_i) = 0$ und Varianz $\mathbf{D}^2(\varepsilon_i) = \sigma_i^2 > 0$, sollte man $\omega_i := 1/\sigma_i^2$ wählen. Die damit berechneten Werte $c = (c_j)$ sind dann nach dem Gauß-Markov-Theorem in einem gewissen statistischen Sinne optimale Schätzungen für die wahren Parameter $c^* = (c_j^*)$, siehe z. B. [Bjö96].

Im folgenden setzten wir voraus, daß eine Teilmenge $\{x_i\}_{i=0}^m$ mit den oben angegebenen Eigenschaften existiert, also $\widehat{\Phi}$ Vollrang $n+1$ besitzt.

Das lineare Quadratmittelproblem (5.55) kann nach den Verfahren aus Abschnitt 2.3 gelöst werden. Bei den Orthogonalisierungsverfahren aus Abschnitt 2.3.2 muß eine QR-Faktorisierung der skalierten Beobachtungsmatrix $\widehat{\Phi} = \Omega^{1/2}\Phi_\Delta$ berechnet werden, während bei den Normalgleichungsverfahren aus Abschnitt 2.3.1 zunächst die Normalgleichungsmatrix $G = (g_{\ell j})_{\ell,j=0}^n := \widehat{\Phi}^T\widehat{\Phi} = \Phi^T\Omega\Phi$ und die rechte Seite $h = (h_\ell)_{\ell=0}^n := \widehat{\Phi}^T\hat{f} = \Phi^T\Omega\hat{f}$ bestimmt werden müssen. Die Matrix G wird als *diskrete Gramsche Matrix* der Funktionen $\{\varphi_j\}_{j=0}^n$ bezüglich $\Delta = \{x_i\}_{i=0}^m$ bezeichnet.

Führt man für zwei Funktionen u, v das *diskrete gewichtete Skalarprodukt*

$$(u,v)_\omega := u_\Delta^T\Omega v_\Delta = \sum_{i=0}^m \omega_i u(x_i)v(x_i) \tag{5.56}$$

ein, ergibt sich $g_{\ell j} = (\varphi_\ell, \varphi_j)_\omega$ und $h_\ell = (f, \varphi_\ell)_\omega$, also

$$G = \begin{pmatrix} (\varphi_0,\varphi_0)_\omega & \cdots & (\varphi_0,\varphi_n)_\omega \\ \vdots & & \vdots \\ (\varphi_n,\varphi_0)_\omega & \cdots & (\varphi_n,\varphi_n)_\omega \end{pmatrix}, \quad h = \begin{pmatrix} (f,\varphi_0)_\omega \\ \vdots \\ (f,\varphi_n)_\omega \end{pmatrix}. \tag{5.57}$$

Das diskrete Skalarprodukt besitzt für alle $u, v, w \in C[a,b]$ und $\lambda \in \mathbb{R}$ die Eigenschaften[8]

$$\begin{array}{lll} (S_1) & (u,v)_\omega = (v,u)_\omega & \text{(Symmetrie)} \\ (S_2) & (\lambda\, u,v)_\omega = \lambda\,(u,v)_\omega & \text{(Homogenität)} \\ (S_3) & (u+v,w)_\omega = (u,w)_\omega + (v,w)_\omega & \text{(Additivität)} \\ (S_4) & (u,u)_\omega \ge 0 & \text{(Semidefinitheit).} \end{array} \tag{5.58}$$

Im Gegensatz zum Skalarprodukt zweier Vektoren folgt jedoch aus $(u,u)_\omega = 0$ i. allg. nicht, daß $u = 0$, also $u(x) = 0$ für alle x gilt, sondern lediglich $u(x_i) = 0$ für $i = 0, \ldots, m$. Man nennt $(.,.)_\omega$ deshalb auch ein *semidefinites Skalarprodukt* oder eine *semidefinite Bilinearform* im Raum $C[a,b]$.

Mittels des diskreten Skalarproduktes kann ein Orthogonalitätsbegriff für Funktionen eingeführt werden: Zwei Funktionen u, v heißen *orthogonal* bezüglich $(.,.)_\omega$ oder *diskret orthogonal*, wenn $(u,v)_\omega = 0$ gilt.

Bemerkungen 5.9. (i) Für einen B-Spline-Ansatz $g(x,c) = \sum_{j=1}^N c_j B_{j,k}(x)$ der Ordnung k ist die diskrete Gramsche Matrix G wegen Bemerkung 5.8 eine

[8] Diese Eigenschaften besitzt auch das durch $(a,b) := a^Tb = \sum_{i=0}^m a_ib_i$ definierte klassische Skalarprodukt zweier Vektoren $a = (a_i)_{i=0}^m$, $b = (b_i)_{i=0}^m$ des $\mathbb{R}^{m+1}$.

Bandmatrix der Bandbreite $2k-1$; es gilt $(B_{\ell,k}, B_{j,k})_\omega = 0$ für $|\ell - j| \geq k$. Die Normalgleichungen $Gc = h$ können dann mittels Band-LU- bzw. Cholesky-Faktorisierung effizient gelöst werden, siehe Abschnitt 2.1.4. Auch die orthogonale Faktorisierung $\widehat{\Phi} = \widehat{Q}\widehat{R}$ aus Abschnitt 2.3.2 ist dann effizient berechenbar, da $\widehat{\Phi}$ Block-Band-Gestalt besitzt. In jeder Zeile treten höchstens k benachbarte positive Elemente auf, die sich mit wachsendem i nach „rechts" verschieben, siehe Aufgabe 5.3 für den Spezialfall $m = n$.

(ii) Sind die Ansatzfunktionen bezüglich $(.,.)_\omega$ orthogonal und verschwinden nicht an allen Stellen $\{x_i\}$, d. h. gilt

$$(\varphi_\ell, \varphi_j)_\omega = \sum_{i=0}^{m} \omega_i \varphi_\ell(x_i)\varphi_j(x_i) = \varrho_\ell \delta_{\ell j}, \quad \ell, j = 0, \ldots, n \tag{5.59}$$

mit $\varrho_j = (\varphi_j, \varphi_j)_\omega > 0$, folgt $G = \operatorname{diag}(\varrho_0, \ldots, \varrho_n)$. Die Lösung der Normalgleichungen $Gc = h$ ergibt sich dann einfach zu $c_j = h_j/\varrho_j = (f, \varphi_j)_\omega / (\varphi_j, \varphi_j)_\omega$, und die Bestapproximierende ist

$$g(x,c) = \sum_{j=0}^{n} \frac{h_j}{\varrho_j} \varphi_j(x) = \sum_{j=0}^{n} \frac{(f, \varphi_j)_\omega}{(\varphi_j, \varphi_j)_\omega} \varphi_j(x). \tag{5.60}$$

(iii) Will man mit Polynomen $g(\,.\,,c) \in \mathcal{P}_{n+1}$ vom Grade n arbeiten, lassen sich zu jeder Gewichtsmatrix $\Omega = \operatorname{diag}(\omega_i)$ in Analogie zur Gram-Schmidt-Orthogonalisierung 2.15 von Vektoren durch sukzessive Orthogonalisierung der Monome $1, x, x^2, \ldots, x^n$ bezüglich $(.,.)_\omega$ *orthogonale Polynome* $\{\varphi_j\}_{j=0}^n$ bestimmen. Es zeigt sich, daß sich dieser Prozeß auf die *dreigliedrige Rekursion*

$$\varphi_{j+1}(x) := (x - a_j)\varphi_j(x) - b_j \varphi_{j-1}(x), \quad j = 1, 2, \ldots, n-1 \tag{5.61}$$

mit $\varphi_0(x) := 1$, $\varphi_1(x) := x - a_0$ und Koeffizienten $a_j := (x\varphi_j, \varphi_j)_\omega / (\varphi_j, \varphi_j)_\omega$, $b_j := (\varphi_j, \varphi_j)_\omega / (\varphi_{j-1}, \varphi_{j-1})_\omega$ reduziert, siehe z. B. [DaBj72] für Details und Beispiele. □

Häufig macht es sich erforderlich, mit Ansätzen $g(\,.\,,c)$ zu arbeiten, die bezüglich der Parameter c nichtlinear sind. Ein Beispiel ist der Ansatz

$$g(x,c) = g(x,\alpha,\beta) := \alpha_0 e^{-\frac{(x-\beta_0)^2}{2(\beta_1)^2}} + \alpha_1 e^{-\frac{(x-\beta_2)^2}{2(\beta_3)^2}} + \alpha_2 + \alpha_3 x + \alpha_4 x^2$$

mit $c := (\alpha, \beta)$, der bezüglich der Parameter $\alpha = (\alpha_0, \ldots, \alpha_4)^T$ linear, bezüglich der Parameter $\beta = (\beta_0, \ldots, \beta_3)^T$ in den Exponentialfunktionen jedoch nichtlinear ist. Das Kriterium (5.53) geht dann in

$$\varphi_{2,\omega}(c) := \frac{1}{2} \sum_{i=0}^{m} \omega_i \left[f_i - g(x_i, c)\right]^2 \to \min_c ! \tag{5.62}$$

über, man spricht von *nichtlinearer diskreter Quadratmittelapproximation*. Das Optimierungsproblem (5.62) ist ein *nichtlineares Quadratmittelproblem* (3.62) für die Parameter c mit der durch $F_i(c) := \sqrt{\omega_i}\,[f_i - g(x_i, c)]$, $i = 0, \dots, m$, definierten Funktion F, vgl. Abschnitt 3.4.3. Das dort beschriebene *Gauß-Newton-Verfahren* ist für solche Aufgaben eine Basismethode, siehe z. B. [Schwe79, Bjö96]. Zu Fragen der nichtlinearen Parameterschätzung sei auch auf [Schwe91] verwiesen.

5.2.2 Weitere Approximationsprinzipien

Wenn die Funktionswerte $f(x_i)$ fehlerfrei beobachtet werden, ist es manchmal zweckmäßig, statt der gewichteten Summe der Fehlerquadrate das Maximum der gewichteten Fehlerbeträge zu minimieren, also (5.53) durch

$$\varphi_\infty(c) := \max_{i=0,\dots,m} \left\{ \omega_i \left| f_i - \sum_{j=0}^{n} c_j \varphi_j(x_i) \right| \right\} \to \min_c ! \tag{5.63}$$

zu ersetzen. Dies wird als gewichtete *diskrete gleichmäßige*, *Tschebyscheff-* oder *T-Approximation* bezeichnet. Das Problem (5.63) läßt sich als lineares Optimierungsproblem formulieren, siehe Aufgabe 5.4, und als solches mit dafür geeigneten Algorithmen wie Simplex- oder Innere-Punkte-Verfahren lösen.

Wenn die Funktion f für *alle* $x \in [a, b]$ verfügbar ist, sollte bei der Approximation der Fehler $f(x) - \sum_{j=0}^{n} c_j \varphi_j(x)$ auch an allen diesen Stellen berücksichtigt werden; man spricht dann von *stetiger Approximation*.

Bei der gewichteten *stetigen Quadratmittelapproximation* wird c aus

$$\varphi_{L^2_\omega}(c) := \frac{1}{2} \int_a^b \omega(x) \left[f(x) - \sum_{j=0}^{n} c_j \varphi_j(x) \right]^2 dx \to \min_c ! \tag{5.64}$$

bestimmt. Dabei ist $\omega : (a, b) \to \mathbb{R}$ mit $\omega(x) > 0$ für alle $x \in (a, b)$ eine vorzugebende stetige *Gewichtsfunktion*[9]. Die Funktion $\varphi_{L^2_\omega}$ ist eine quadratische Funktion der Koeffizienten $c = (c_j)$, und die notwendige Extremalbedingung $\nabla \varphi_{L^2_\omega}(c) = 0$ liefert das lineare Gleichungssystem $Gc = h$, wobei G und h wie in (5.57) definiert sind, allerdings mit dem durch

$$(u, v)_\omega := \int_a^b \omega(x) u(x) v(x) dx \tag{5.65}$$

[9] Die Funktionen müssen natürlich so beschaffen sein, daß die auftretenden Integrale wie $\int_a^b \omega(x)[f(x)]^2 dx$ und $\int_a^b \omega(x)[\varphi_j(x)]^2 dx$ existieren, was wir im folgenden voraussetzen. Funktionen f mit dieser Eigenschaft bilden – grob gesprochen – den Raum $L^2_\omega(a, b)$ der mit dem Gewicht ω *quadratisch integrierbaren Funktionen*. Für $\omega = 1$, also $\omega(x) = 1$ für alle $a < x < b$, ergibt sich als Spezialfall der Raum $L^2(a, b)$, vgl. dazu auch die Abschnitte 8.3.1 und 8.3.3.

erklärten „stetigen“ *Skalarprodukt* $(\,.\,,\,.\,)_\omega$. Dieses besitzt die Eigenschaften (5.58) und ist zusätzlich *definit*: Aus $(u,u)_\omega = 0$ folgt $u(x) = 0$ für *fast alle* $x \in [a,b]$. Es ist daher ein eigentliches Skalarprodukt. Durch $\|u\|_{L^2_\omega} := \sqrt{(u,u)_\omega}$ definiert es eine Norm auf $L^2_\omega(a,b)$, die mit ω *gewichtete* L_2*-Norm*, weshalb man auch von L_2*-Approximation* spricht. Die Funktionennorm $\|\,.\,\|_{L^2_\omega}$ besitzt dieselben Eigenschaften (2.24) wie die im Abschnitt 2.2 eingeführten Vektornormen, siehe auch (8.39).

Die Matrix G wird als *Gramsche Matrix* des Funktionensystems $\{\varphi_j\}_{j=0}^n$ bezeichnet. Sie ist stets symmetrisch und positiv semidefinit, und positive Definitheit liegt genau dann vor, wenn die Funktionen $\{\varphi_j\}_{j=0}^n$ linear unabhängig sind, siehe Aufgabe 5.5. Im folgenden setzen wir die lineare Unabhängigkeit stets voraus, so daß $c = G^{-1}h$ die eindeutige Minimumstelle von φ ist.

Hinsichtlich der Lösung von $Gc = h$ bleiben die Bemerkungen 5.9 weitgehend gültig. Bei B-Spline-Ansätzen der Ordnung k ist G auch hier eine Bandmatrix der Bandbreite $2k-1$, und für Ansatzfunktionen, die im Sinne von (5.59) bezüglich des Skalarproduktes (5.65) orthogonal sind, bleibt die Darstellung (5.60) gültig. Schließlich definiert die Rekursion (5.61) auch hier für jede Gewichtsfunktion ω eine Folge von Polynomen, die bezüglich $(\,.\,,\,.\,)_\omega$ orthogonal sind. Im Gegensatz zum diskreten Fall kann n dabei beliebig groß werden; man erhält eine unendliche Folge $\{\varphi_j\}_{j=0}^\infty$ von Orthogonalpolynomen.

Bemerkungen 5.10. Praktisch wichtige Beispiele orthogonaler Funktionensysteme sind

(i) *Trigonometrische Funktionen* $\{\frac{1}{2}, \cos(x), \sin(x), \cos(2x), \sin(2x), \dots\}$: Man verwendet sie zur Approximation von periodischen Funktionen der Periode 2π, also für Funktionen, für die $f(x+2\pi) = f(x)$ für alle x gilt.

Die trigonometrischen Funktionen (trigonometrischen Polynome) sind auf dem Intervall $[-\pi,\pi]$ orthogonal bezüglich $\omega(x) = 1$ und normiert gemäß $(\varphi_j,\varphi_j)_\omega = \pi$. Die Bestapproximierende ist dann nach (5.60) durch

$$g_n(x,c) = g_n(x,a,b) = \frac{a_0}{2} + \sum_{k=1}^{n} \left[a_k \cos(kx) + b_k \sin(kx)\right] \tag{5.66}$$

mit den *Fourier-Koeffizienten*

$$a_k := \frac{1}{\pi}\int_{-\pi}^{\pi} f(x)\cos(kx)dx, \quad b_k := \frac{1}{\pi}\int_{-\pi}^{\pi} f(x)\sin(kx)dx \tag{5.67}$$

gegeben. Für $n \to \infty$ geht (5.66) in die *Fourier-Reihe* zu f über, die Approximation g_n ist also deren n-te Teilsumme. Zur numerischen Berechnung der Fourier-Koeffizienten sei auf [Schwa97] verwiesen.

In engem Zusammenhang mit solchen Fourier-Summen steht die *diskrete Fourier-Transformation* (DFT), die z. B. in der Signalverarbeitung von Bedeutung ist. Aus diesem Gebiet kommt auch einer der ersten *schnellen Algorithmen*, die *schnelle Fourier-Transformation*, die nach dem englischen Terminus *Fast Fourier Transform* als FFT bezeichnet wird, siehe [VaL92, BrHe95].

(ii) *Legendre-Polynome* $\{P_j\}$: Diese sind rekursiv definiert durch

$$P_{j+1}(x) = \frac{2j+1}{j+1}\, xP_j(x) - \frac{j}{j+1}\, P_{j-1}(x), \quad j = 1, 2, \ldots$$

mit $P_0(x) = 1$, $P_1(x) = x$. Sie sind auf $[-1, 1]$ orthogonal bez. der Gewichtsfunktion $\omega(x) = 1$ und normiert gemäß $(P_j, P_j)_\omega = 2/(2j+1)$.

(iii) *Tschebyscheff* oder *T-Polynome* $T_j(x) := \cos[j \arccos(x)]$, $j = 0, 1, \ldots$: Sie genügen der Rekursion

$$T_{j+1}(x) = 2xT_j(x) - T_{j-1}(x), \quad j = 1, 2, \ldots$$

mit $T_0(x) = 1$, $T_1(x) = x$, sind auf $[-1, 1]$ orthogonal mit der Gewichtsfunktion $\omega(x) = 1/\sqrt{1-x^2}$, die die x-Werte in der Nähe der Randpunkte ± 1 stärker wichtet, und normiert gemäß $(T_0, T_0)_\omega = \pi$ und $(T_j, T_j)_\omega = \pi/2$ für $j > 0$.

(iv) Falls man orthogonale Funktionen auf einem beliebigen Intervall $[a, b]$ benötigt, kann das Basisintervall $[-1, +1]$ für x durch die lineare Abbildung $t = [(b-a)x + a + b]/2$ in das Zielintervall $[a, b]$ für t transformiert werden. □

Die L_2-Approximation wird in der Regel zur Approximation von in irgendeinem Sinne komplizierten Funktionen verwendet, zum Beispiel auch zur Darstellung der Lösung von Randwertaufgaben bei partiellen Differentialgleichungen. Im letzten Fall ergeben sich orthogonale Ansatzfunktionen in natürlicher Weise als Eigenfunktionen zugehöriger Eigenwertaufgaben gewöhnlicher Differentialgleichungen.

Soll der Betrag des Fehlers *gleichmäßig* klein werden, bestimmt man c aus

$$\varphi_C(c) := \|f - g(\,.\,, c)\|_C := \max_{a \le x \le b} \Big| f(x) - g(x, c) \Big| \to \min_c ! \tag{5.68}$$

Dies ist das stetige Analogon zur diskreten T-Approximation (5.63) und wird als *stetige gleichmäßige*, *Tschebyscheff*- oder *T-Approximation* bezeichnet, siehe z. B. [CoKr73, Pow81]. Die hier verwendete Funktion $\|\,.\,\|_C$ ist eine Norm im Raum $C[a, b]$ der auf $[a, b]$ stetigen Funktionen. Sie besitzt wie die vorn eingeführte Norm $\|\,.\,\|_{L^2_\omega}$ die Normeigenschaften (2.24), vgl. wieder (8.39).

5.3 Hinweise auf Software und ein Ausblick: Mehrdimensionale Interpolation und Approximation

Software zur Interpolation und Approximation ist in Bibliotheken wie NAG und IMSL enthalten, aber auch unter den Algorithmen aus den *Transactions on Mathematical Software* (TOMS), siehe `http://elib.zib.de/netlib/toms/`. Auf den Klassiker [deB78] gehen das Paket PPPACK, siehe `http://elib.zib.de/netlib/pppack`, und die Spline Toolbox von MATLAB zurück, wo mit Polynomen und Splines gearbeitet wird. Routinen für ein- und mehrdimensionale Spline-Interpolation und -Glättung, u. a. das Paket FITPACK, stehen in `http://elib.zib.de/netlib/dierckx/`, vgl. [Die95]. FORTRAN-Programme zur Spline-Interpolation sind auch in [Spä86, Spä90] enthalten.

Unter der aufgeführten Software befindet sich auch solche zur *mehrdimensionalen Interpolation und Approximation.* Im einfachsten zweidimensionalen Fall ist eine durch $z = f(x, y)$ definierte Funktion $f : \mathbb{R}^2 \to \mathbb{R}$ zu interpolieren bzw. zu approximieren.

Bei der Interpolation geht man grundsätzlich wie im Eindimensionalen vor: Man wählt geeignete Ansatzfunktionen $\{\varphi_{\mathbf{j}}(\,.\,,\,.\,)\}_{\mathbf{j}=\mathbf{0}}^{\mathbf{n}}$ aus und bestimmt die Koeffizienten $\{c_{\mathbf{j}}\}_{\mathbf{j}=\mathbf{0}}^{\mathbf{n}}$ der Linearkombination $g(x, y, c) := \sum_{\mathbf{j}=\mathbf{0}}^{\mathbf{n}} c_{\mathbf{j}}\varphi_{\mathbf{j}}(x, y)$ so, daß die Interpolationsbedingungen $g(x_{\mathbf{i}}, y_{\mathbf{i}}, c) = \sum_{\mathbf{j}=\mathbf{0}}^{\mathbf{n}} c_{\mathbf{j}}\varphi_{\mathbf{j}}(x_{\mathbf{i}}, y_{\mathbf{i}}) \stackrel{!}{=} f(x_{\mathbf{i}}, y_{\mathbf{i}})$, $\mathbf{i} = \mathbf{0}, \ldots, \mathbf{n}$, mit vorgegebenen Interpolations- oder Stützpunkten $(x_{\mathbf{i}}, y_{\mathbf{i}})$ erfüllt sind. Allerdings ist jetzt sowohl die Wahl der Ansatzfunktionen als auch der Stützpunkte wesentlich komplexer, und auch die Frage nach Existenz und Eindeutigkeit der Interpolierenden ist wesentlich schwieriger zu beantworten.

Es gibt jedoch Spezialfälle, in denen die Situation ähnlich wie im Eindimensionalen ist. Ein Beispiel bilden die *Tensorproduktansätze*

$$g(x, y, C) := \sum_{j=0}^{n}\sum_{\ell=0}^{m} c_{j\ell}\varphi_j(x)\psi_\ell(y), \tag{5.69}$$

wobei $\{\varphi_j\}_{j=0}^{n}$, $\{\psi_\ell\}_{k=0}^{m}$ zwei eindimensionale Systeme von Ansatzfunktionen sind, aus denen die zweidimensionalen Ansatzfunktionen $\varphi_j(x)\psi_\ell(y)$ gebildet werden. Wir haben hier $(n + 1)(m + 1)$ solche Ansatzfunktionen. Der Index $\mathbf{j}$ oben entspricht dem Paar (j, ℓ); die Koeffizienten $\{c_{j\ell}\}$ fassen wir in der Matrix $C = (c_{j\ell}) \in \mathbb{R}^{(n+1)\times(m+1)}$ zusammen. Werden die Stützpunkte $P_{\mathbf{i}} = (x_{\mathbf{i}}, y_{\mathbf{i}})$ jetzt auch in der angepaßten tensorierten Form $P_{\mathbf{i}} = (x_i, y_k)$ mit $i = 0, \ldots, n$, $k = 0, \ldots, m$, gewählt, also als Punkte eines Rechteckgitters in der (x, y)-Ebene – der Index $\mathbf{i}$ entspricht dann dem Indexpaar (i, k) –, zerfällt das zweidimensionale Interpolationsproblem der Dimension $(n+1)(m+1)$ in $n+1$ unabhängige eindimensionale Interpolationsprobleme der Dimension $m + 1$.

Tensorproduktansätze mit B-Splines werden im Kapitel 8 zur Diskretisierung von Randwertaufgaben auf Rechteckgittern verwendet. Dort sind auch Beispiele für Splines zu finden, die auf Dreiecksgittern definiert sind.

Für beliebig gestreute Stützpunkte – engl. *scattered data* – ist die Situation ungleich komplizierter. Hier verwendet man z. B. die *Powell-Sabin-Interpolation* oder arbeitet insbesondere bei höheren Dimensionen mit *radialen Basisfunktionen*, siehe [Pow92, Pow97].

5.4 Übungsaufgaben

Aufgabe 5.1. Um eine Näherung f_0' für $f'(x_0)$ im Randpunkt $a = x_0$ von $[a, b]$ zu erhalten, wird f durch das quadratische Interpolationspolynom p_3 bezüglich x_0, x_1, x_2 approximiert und $f_0' := p_2'(x_0)$ gesetzt, vgl. Bemerkung 5.6. Zeigen Sie, daß dies auf die einseitige Formel

$$f_0' = \frac{2h_1 + h_2}{h_1 + h_2}\left[\frac{f_1 - f_0}{h_1}\right] - \frac{h_1}{h_1 + h_2}\left[\frac{f_2 - f_1}{h_2}\right]$$

führt. Wie lautet die analoge Formel für den rechten Endpunkt $x_n = b$, und wie vereinfachen sich die Formeln im Fall gleichabständiger Stützstellen, d. h. für $h_i = h$?

Aufgabe 5.2. Zeigen Sie, daß die Bernstein-Polynome der Rekursionsformel (5.38) und ihre Ableitungen der Formel (5.39) genügen.
Hinweis: Beweisen Sie zunächst die Rekursionen

$$\binom{m}{j} = \binom{m-1}{j-1} + \binom{m-1}{j}, \quad \binom{m}{j} j = m\binom{m-1}{j-1}, \quad \binom{m}{j}(m-j) = m\binom{m-1}{j}.$$

Aufgabe 5.3. Bestimmen Sie die Besetztheitsstruktur der bei der Interpolation mit B-Splines auftretenden Matrix $\Phi_\Delta = (B_{j,k}(x_i))_{i,j=1}^N$ aus (5.49), d. h. kennzeichnen Sie diejenigen Positionen, in denen positive Elemente auftreten können, für $k = 4$ (kubische B-Splines), die Knotenmenge $\bar{\tau} = \{1, 1, 1, 1, 2, 3, 4, 5, 5, 5, 5\}$, also $N = 7$, und die Stützsstellen $\Delta = \{1, 1.5, 2, 3.5, 4, 4.5, 5\}$. Überlegen Sie, daß die Schoenberg-Whitney-Bedingungen (5.50) erfüllt sind, und geben Sie einen alternativen Satz von Stützstellen an, für den das nicht der Fall ist.

Aufgabe 5.4. Zeigen Sie: Das gewichtete diskrete T-Approximationsproblem

$$\max_{i=0,\ldots,m} \omega_i |f(x_i) - \textstyle\sum_{j=0}^n c_j \varphi_j(x_i)| \to \min_{c \in \mathbb{R}^{n+1}}!$$

ist äquivalent zum linearen Optimierungsproblem

$$c_{n+1} \to \min_{c_0,\ldots,c_{n+1}}! \quad \text{bei } -c_{n+1} \le \omega_i\big[f(x_i) - \textstyle\sum_{j=0}^n c_j\varphi_j(x_i)\big] \le c_{n+1}, \; i = 0, \ldots, m.$$

Aufgabe 5.5. Zeigen Sie, daß die zu den Funktionen $\{\varphi_j\}_{j=0}^n$ gehörende Gramsche Matrix G mit den Elementen $g_{ij} = (\varphi_i, \varphi_j)_\omega = \int_a^b \omega(x)\varphi_i(x)\varphi_j(x)dx$ symmetrisch und positiv semidefinit ist und daß positive Definitheit genau dann vorliegt, wenn die Funktionen linear unabhängig sind.
Hinweis: Beweisen Sie die Identität $\|g\|_{L^2_\omega}^2 = (g, g)_\omega = c^T G c$ für $g = \sum_{j=0}^n c_j\varphi_j$.

6 Numerische Differentiation und Integration

Oft berechnet man von einer Funktion f auf dem Intervall $[a, b]$ Näherungswerte f_i für die Funktionswerte $f(x_i)$, ist aber eigentlich an Näherungswerten für Ableitungen interessiert. Eine geschickte Kombination von Funktionswerten führt zu Näherungen für Ableitungen. Präziser: Eine Formel vom Typ

$$f_i' = \sum \mu_j f(x_j) \tag{6.1}$$

zur Approximation von $f'(x_i)$ mit geeignet zu bestimmenden Konstanten μ_j ist eine Formel zur *numerischen Differentiation*. Für höhere Ableitungen besitzen die Formeln eine analoge Struktur.

Approximiert man $I(f) = \int_a^b f(x)\,dx$ durch die Summe

$$Q(f) = \sum q_j f(x_j), \tag{6.2}$$

so spricht man von *numerischer Integration*, die Formel (6.2) heißt *Quadraturformel*. Solche Formeln werden zwangsläufig benötigt, wenn f nicht in „geschlossener Form" integriert werden kann – und dies ist eher die Regel als eine Ausnahme – oder wenn von f nur Wertepaare $(x_i, f(x_i))$ bekannt sind.

Man kann sowohl Formeln vom Typ (6.1) als auch (6.2) herleiten, indem man f durch eine einfach auswertbare Funktion approximiert und dann diese differenziert bzw. integriert. Die gängigste Wahl fällt auf Polynome oder Splines, wie in Kapitel 5 bereits erläutert.

6.1 Differenzenformeln zur Differentiation

Der Einfachheit halber nehmen wir an, daß wir als Ausgangspunkt die Funktionswerte von f auf einem *äquidistanten* Gitter der Schrittweite h wählen: Es seien also

$$x_j := a + jh \quad (j = 0, 1, \ldots, N) \qquad \text{mit } h = (b-a)/N$$

und $f_j = f(x_j)$ gegeben, eine Näherungsformel für die Ableitung $f_i' \approx f'(x_i)$ im Punkt x_i gesucht. Je nach Anzahl und Lage der verwendeten x_j gibt es viele unterschiedliche Näherungsformeln. Ersetzt man z. B. f durch die lineare Interpolierende durch die zwei Punkte (x_{i-1}, f_{i-1}) und (x_{i+1}, f_{i+1}) und differenziert die Interpolierende, so bekommt man die *symmetrische* Formel

$$f_i' = \frac{f_{i+1} - f_{i-1}}{2h}, \tag{6.3}$$

die auch als *zentraler Differenzenquotient* bezeichnet wird.

Bemerkung 6.1. Man erhält diese (und auch andere) Formeln auch noch auf zwei anderen Wegen, die für die Abschätzung des Fehlers interessant sind. Setzt man

$$f_i' = \mu_{i-1} f_{i-1} + \mu_i f_i + \mu_{i+1} f_{i+1} \tag{6.4}$$

mit zunächst unbekannten Parametern μ_i und fordert Exaktheit der Formel (6.4) für die Polynome $1, x, x^2$, so folgt (6.3).

Andererseits liefert Taylor-Abgleich der rechten Seite von (6.4)

$$\begin{aligned} &\mu_{i-1} f_{i-1} + \mu_i f_i + \mu_{i+1} f_{i+1} \\ &\quad = (\mu_{i-1} + \mu_i + \mu_{i+1}) f(x_i) + (\mu_{i+1} - \mu_{i-1}) f'(x_i) h + \frac{\mu_{i+1} + \mu_{i-1}}{2} f''(x_i) h^2 \\ &\qquad + \frac{\mu_{i+1} - \mu_{i-1}}{3!} f'''(x_i) h^3 + \frac{\mu_{i+1} + \mu_{i-1}}{4!} f^{(4)}(x_i) h^4 + \dots \quad . \end{aligned} \tag{6.5}$$

Aus den Forderungen $\mu_{i-1}+\mu_i+\mu_{i+1} = 0$, $\mu_{i+1}-\mu_{i-1} = 1/h$ und $\mu_{i+1}+\mu_{i-1} = 0$ folgt ebenfalls (6.3).

Dabei versteht man unter Taylor-Abgleich folgende Technik: Jeder der Näherungswerte f_j wird als Wert von f an der Stelle $x_i + (j - i)h$ interpretiert und dann an der Stelle x_i nach Taylor entwickelt; also z. B.

$$f(x_i + h) = f(x_i) + f'(x_i) h + \frac{f''(x_i)}{2} h^2 + \frac{f'''(x_i)}{3!} h^3 + \dots \quad .$$

Einsetzen der zwei entsprechenden Entwicklungen der rechten Seite von (6.4) liefert (6.5). □

Gilt für den Fehler der Näherungsformel (6.1) die Abschätzung

$$|f_i' - f'(x_i)| \le C h^p, \tag{6.6}$$

so spricht man von einer *Approximation der Ordnung* p und schreibt auch

$$f_i' = f(x_i) + \mathcal{O}(h^p). \tag{6.7}$$

Aus unserem Taylor-Abgleich (6.5) folgt sofort:

Der zentrale Differenzenquotient approximiert glatte Funktionen mit der Ordnung 2.

Diese Aussage ergibt sich ebenfalls durch Differentiation der Fehlerdarstellung bei Interpolation (vgl. Kapitel 5) oder dem Satz von Peano [HäHo94], der die Exaktheit von Näherungsformeln für Polynome ausnutzt.

Wir listen nun einige weitere Differenzenformeln der Ordnung p auf, zunächst für die erste Ableitung.

Symmetrische Formel:

$$f_i' = \frac{1}{h}\left(\frac{1}{12}f_{i-2} - \frac{2}{3}f_{i-1} + \frac{2}{3}f_{i+1} - \frac{1}{12}f_{i+2}\right), \quad p = 4 \tag{6.8}$$

Nichtsymmetrische Formeln:

$$f_i' = \frac{1}{h}\left(f_{i+1} - f_i\right), \qquad p = 1 \tag{6.9a}$$

$$f_i' = \frac{1}{2h}\left(-3f_i + 4f_{i+1} - f_{i+2}\right), \quad p = 2 \tag{6.9b}$$

Gebräuchliche symmetrische Formeln für die zweite Ableitung sind der *zentrale Differenzenquotient*

$$f_i'' = \frac{1}{h^2}\left(f_{i-1} - 2f_i + f_{i+1}\right), \quad p = 2 \tag{6.10}$$

und die *Fünf-Punkt-Approximation*

$$f_i'' = \frac{1}{h^2}\left(-\frac{1}{12}f_{i-2} + \frac{4}{3}f_{i-1} - \frac{5}{2}f_i + \frac{4}{3}f_{i+1} - \frac{1}{12}f_{i+1}\right), \quad p = 4. \tag{6.11}$$

Für weitere symmetrische und auch nichtsymmetrische Formeln siehe z. B. [For88].

Bemerkung 6.2. Schließt man Rundungsfehler in die Analyse der Formeln für f' ein (siehe z. B. [SchwK91]), so erhält man für den Gesamtfehler die Struktur

$$\frac{c_1}{h}eps + c_2 h^p, \tag{6.12}$$

dabei ist *eps* die relative Computergenauigkeit. Dies führt zu der Schlußfolgerung, daß die Schrittweite praktisch nicht zu klein sein sollte. Um trotzdem eine hohe Genauigkeit zu erreichen, favorisiert man Verfahren höherer Ordnung. Diese Schlußfolgerung ist auch für die numerische Behandlung von Differentialgleichungen wichtig, vergleiche Abschnitt 7.1, Abbildung 7.2. □

Ergänzend sei notiert, daß man Differenzenformeln für partielle Ableitungen einer Funktion zweier Veränderlicher auf einem *Rechteckgitter* mit

$$x_{i+1} - x_i = ih, \quad y_{j+1} - y_j = jk$$

unmittelbar aus den obigen Formeln gewinnt. Bei glattem f gilt z. B.

$$f_x(x_i, y_j) = \frac{f_{i+1,j} - f_{i-1,j}}{2h} + \mathcal{O}(h^2), \tag{6.13a}$$

$$f_{xx}(x_i, y_j) = \frac{f_{i+1,j} - 2f_{ij} + f_{i-1,j}}{h^2} + \mathcal{O}(h^2), \tag{6.13b}$$

$$f_{xy}(x_i, y_i) = \frac{f_{i+1,j+1} - f_{i,j+1} - f_{i+1,j} + f_{ij}}{hk} + \mathcal{O}(h+k), \tag{6.13c}$$

wobei $f_{ij} = f(x_i, y_j)$ gesetzt wurde.

Abschließend zurück zu Funktionen einer Veränderlichen, aber zu einem *nichtäquidistanten* Gitter mit variablen Schrittweiten $h_i = x_i - x_{i-1}$ und $h = \max h_i$. Dann ist

$$f_i' = \frac{h_i}{h_i + h_{i+1}} \left[\frac{f_{i+1} - f_i}{h_{i+1}}\right] + \frac{h_{i+1}}{h_i + h_{i+1}} \left[\frac{f_i - f_{i-1}}{h_i}\right] \tag{6.14}$$

das nichtäquidistante Analogon zu (6.3), unverändert eine Approximation der Ordnung 2 für die erste Ableitung. Für das Analogon zu (6.10), die Formel

$$f_i'' = \frac{2}{h_i + h_{i+1}} \left[\frac{f_{i+1} - f_i}{h_{i+1}} - \frac{f_i - f_{i-1}}{h_i}\right] \tag{6.15}$$

gilt dies jedoch *nicht*: der Term $(h_{i+1} - h_i)f'''(x_i)$ in der Taylor-Entwicklung reduziert die Ordnung der Approximation der zweiten Ableitung auf Eins!

6.2 Zusammengesetzte Quadraturformeln

Möchte man das Integral $I(f) = \int_a^b f(x)\,dx$ durch die Quadraturformel

$$Q(f) = \sum_{i=0}^{N} q_i f(x_i) \tag{6.16}$$

mit den $N+1$ Stützstellen x_i approximieren, so ist zunächst die Frage, ob man die *Stützstellen* x_i als gegeben ansieht oder nicht. In den Abschnitten 6.2 und 6.3 setzen wir die x_i als gegeben voraus und nehmen zudem der Einfachheit halber an, daß die Stützstellen äquidistant gegeben sind (dann ist

$x_i - x_{i-1} = h$ mit konstanter Schrittweite h). Wir suchen dann lediglich nach geeigneten *Gewichten* q_i für die Quadraturformel. In Abschnitt 6.4 diskutieren wir später die Frage der simultanen „optimalen“ Bestimmung von Stützstellen *und* Gewichten.

Einfache Quadraturformeln entstehen dadurch, daß man die gegebene Funktion f durch ein Interpolationspolynom vom Grad 1 oder 2 ersetzt und dieses anstelle von f integriert.

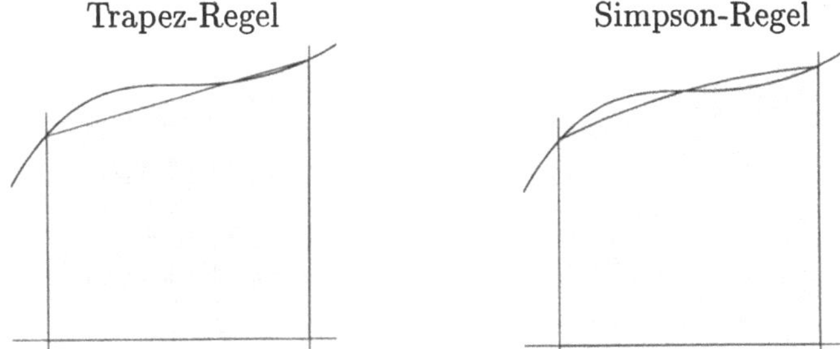

Abbildung 6.1: Trapez- und Simpson-Regel

Bei *linearer* Interpolation erhält man so die *Trapezregel*

$$\boxed{Q(f) = \frac{b-a}{2}[f(a) + f(b)].} \tag{6.17}$$

Analog entsteht bei *quadratischer* Interpolation durch die drei Punkte $(a, f(a))$, $((a+b)/2, f((a+b)/2)$, $(b, f(b))$ die *Simpson-Regel*

$$\boxed{Q(f) = \frac{b-a}{6}\left[f(a) + 4f\left(\frac{a+b}{2}\right) + f(b)\right].} \tag{6.18}$$

Wir untersuchen exemplarisch den Fehler bei Anwendung der Trapezregel. Dazu integrieren wir einfach den Fehler der linearen Interpolierenden $Int(f)$, vgl. Beispiel 5.4:

$$\begin{aligned} E = \int_a^b |f - Int(f)| &\leq \max_{x\in[a,b]} |f''(x)| \int_a^b \frac{(x-a)(b-x)}{2}\,dx \\ &= \frac{1}{12}(b-a)^3 \max_{x\in[a,b]} |f''(x)|. \end{aligned} \tag{6.19}$$

Möchte man eine größere Anzahl von Stützstellen verwenden, um den Quadraturfehler klein zu halten, so ist es sinnlos, wegen der beschriebenen Oszillationseigenschaften von Interpolationspolynomen auf einem äquidistanten Gitter (siehe Abschnitt 5.1.1) analog zu (6.17) oder (6.18) Interpolationspolynome hohen Grades zu integrieren. Viel besser ist, die Spline-Idee wieder aufzugreifen und *stückweise* z. B. die Trapezregel anzuwenden. Die so entstehenden Quadraturformeln heißen *zusammengesetzte* Formeln.

Wir zerlegen also $[a,b]$ äquidistant gemäß $x_0 = a$, $x_N = b$ und

$$x_i = x_0 + ih \quad \text{mit } i = 1, \dots, N-1 \text{ und } h = (b-a)/N.$$

Wendet man dann auf jedem Teilintervall die Trapezregel an, so entsteht die zusammengesetzte Trapezregel

$$\boxed{T(h) = h\left[\frac{1}{2}f(x_0) + f(x_1) + \cdots + f(x_{N-1}) + \frac{1}{2}f(x_N)\right].} \tag{6.20}$$

Durch Summation der Fehler über jedem Teilintervall erhält man für den Fehler der zusammengesetzten Trapezregel die Abschätzung

$$E(h) \le \frac{h^2}{12}(b-a) \max_{x\in[a,b]} |f''(x)|. \tag{6.21}$$

Man sagt, daß Verfahren *konvergiert quadratisch in* h, sofern f zweimal stetig differenzierbar ist. Ist f aber weniger glatt, so kann man (6.21) nicht garantieren: die Konvergenzordnung verringert sich.

Beispiel 6.3. Tabelle 6.1 zeigt die Trapezsummen und die relativen Fehler $R(h) = |(I - T(h))/I|$ für $h = 2^{-k}$ mit $k = 0, 1, \dots, 15$ für das Beispiel $I = \int_0^1 e^x \, dx$. Bei Halbierung von h reduziert sich der Fehler etwa um den Faktor 1/4: dies entspricht quadratischer Konvergenz. Die Trapezsummen sind

Tabelle 6.1: Numerische Integration mittels Trapezsummen

h	$T(h)$	$R(h)$	h	$T(h)$	$R(h)$
2^{-0}	1.85914091	8.2 − 02	2^{-8}	1.71829057	5.1 − 06
2^{-1}	1.75393109	2.1 − 02	2^{-9}	1.71828238	3.2 − 07
2^{-2}	1.72722191	5.2 − 03	2^{-10}	1.71828197	7.9 − 08
2^{-3}	1.72051859	1.3 − 03	2^{-11}	1.71828186	2.0 − 08
2^{-4}	1.71884113	3.3 − 04	2^{-12}	1.71828184	3.5 − 09
2^{-5}	1.71842166	8.1 − 05	2^{-13}	1.71828183	2.2 − 09
2^{-6}	1.71831679	2.0 − 05	2^{-14}	1.71828183	2.4 − 09
2^{-7}	1.71829057	5.1 − 06	2^{-15}	1.71828182	3.5 − 09

relativ unempfindlich gegenüber Rundungsfehlern, erst bei $h = 2^{-15}$ sieht man den Einfluß deutlich. □

Natürlich kann man das Prinzip der stückweisen Anwendung von Quadraturformeln auf jede Ausgangsquadraturformel anwenden, so auch auf die Simpson-Regel, vergleiche Abschnitt 6.3, und die Quadraturformeln von Abschnitt 6.4.

6.3 Erhöhung der Konvergenzordnung durch Extrapolation

Extrapolation ist ein allgemeines *Prinzip der Konvergenzbeschleunigung* von auf einer Folge von Gittern erzeugten Näherungswerten $T(h)$, die für $h \to 0$ gegen einen Wert I konvergieren.

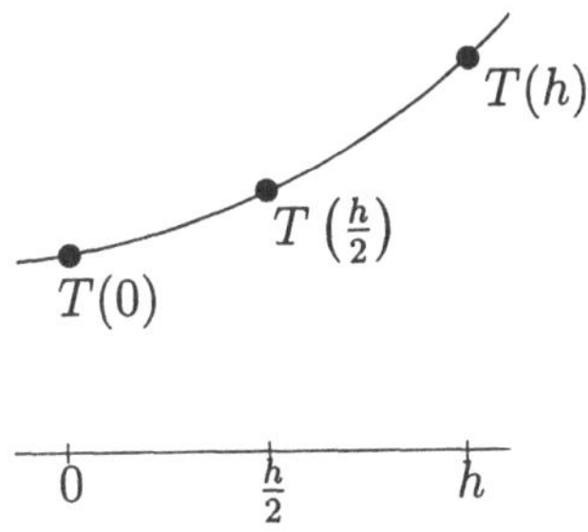

Abbildung 6.2: Extrapolation

Aus den Näherungswerten $T(h)$ und $T(h/2)$ wird dabei ein verbesserter Näherungswert folgendermaßen berechnet: Besitzt der Fehler die Größenordnung $\mathcal{O}(h^p)$, so legt man durch die Punkte $(h/2, T(h/2))$ und $(h, T(h))$ ein Interpolationspolynom H der Form $a + bt^p$, angepaßt an die Ordnung des Fehlers. Dies ergibt

$$H(t) = T(\tfrac{h}{2})\frac{h^p - t^p}{h^p - (\frac{h}{2})^p} + T(h)\frac{t^p - (\frac{h}{2})^p}{h^p - (\frac{h}{2})^p}.$$

$H(0)$ wird als verbesserter, *extrapolierter* – da außerhalb des Intervalls $(h/2, h)$ liegender – Näherungswert angesehen. Wir setzen $T_{h/2,h} := H(0)$, also

$$\boxed{T_{h/2,h} = \frac{2^p T(h/2) - T(h)}{2^p - 1}.} \tag{6.22}$$

In vielen Anwendungen dieses nach *Richardson* benannten Prinzips ist $p = 2$, und die Existenz einer sogenannten *asymptotischen Entwicklung*

$$T(h) = I + c_1 h^2 + c_2 h^4 + \cdots + c_m h^{2m} + \mathcal{O}(h^{2m+2}) \tag{6.23}$$

für beliebige m gestattet es, den nach (6.22) für $p = 2$ konstruierten Näherungswert der Ordnung 4 dann wieder entsprechend Formel (6.22) für $p = 4$ zu einem Näherungswert der Ordnung 6 zu verbessern usw. Extrapolation erlaubt theoretisch somit die Konstruktion von Näherungen beliebig hoher Ordnung.

Man kann zeigen, daß die Formel (6.22) für $p = 2$ auch dadurch entsteht, daß man in (6.23) die Werte $T(h)$ und $T(h/2)$ so kombiniert, daß der Term der Ordnung $\mathcal{O}(h^2)$ verschwindet, siehe Aufgabe 6.3.

Die Anwendung des Extrapolationsprinzips mit $p = 2$ auf die zusammengesetzte Trapezregel liefert die Näherungsformel

$$T_{h/2,h} = \frac{h}{6}\left[f(x_0) + 4f\left(\frac{x_0 + x_1}{2}\right) + 2f(x_1) + \cdots + 2f(x_{N-1}) + 4f\left(\frac{x_{N-1} + x_N}{2}\right) + f(x_N)\right]. \quad (6.24)$$

Dies ist die *zusammengesetzte Simpson-Regel*, ein Verfahren der Ordnung 4 für glattes f. Analog zu (6.21) kann man für den Fehler nachweisen

$$E(h) \leq \frac{h^4}{2880}(b - a) \max_{x \in [a,b]} |f^{(4)}(x)|. \quad (6.25)$$

Die sukzessive Anwendung des Extrapolationsprinzips auf die Trapezsummen heißt *Romberg-Verfahren*. Es sei

$$T_{i0} = T(h_i), \quad h_i = \frac{h}{2^i} \quad (i = 0, 1, 2, \dots).$$

Die extrapolierten Werte $T_{i,j}$ $(j = 1, 2, \dots, m)$ schreiben wir in der Form

$$T_{ij} = T_{i+1,j-1} + \frac{4^j T_{i+1,j-1} - T_{i,j-1}}{4^j - 1}$$

Dies ist nichts anderes als die Formel (6.22) mit $T(h/2) := T_{i+1,j-1}$, $T(h) := T_{i,j-1}$, $2^p := 4^j$. Die T_{ij} sind Approximationen der Ordnung $2j + 2$ für den gesuchten Integralwert; es gilt

$$T_{ij} = I + \mathcal{O}(h^{2j+2}),$$

sofern der Integrand f genügend glatt ist.

Die T_{ij} werden zweckmäßig im sog. *Romberg-Schema*

$$
\begin{array}{llllll}
T(h_0) & = T_{00} & & & & \\
 & & \searrow & & & \\
T(h_1) & = T_{10} & \rightarrow T_{01} & & & \\
\vdots & \vdots & \vdots & \ddots & & \\
T(h_i) & = T_{i0} & T_{i-1,1} & & & \\
 & & \searrow & & & \\
T(h_{i+1}) & = T_{i+1,0} & \rightarrow T_{i1} & & & \\
\vdots & \vdots & \vdots & \ddots & & \\
\vdots & \vdots & \vdots & & \ddots & \\
T(h_{i+j-1}) & = T_{i+j-1,0} & T_{i+j-2,1} & \cdots \quad \cdots & T_{i,j-1} & \\
 & & \searrow & & & \searrow \\
T(h_{i+j}) & = T_{i+j,0} & \rightarrow T_{i+j-1,1} & \cdots \quad \cdots & T_{i+1,j-1} & \rightarrow T_{ij} \\
\vdots & \vdots & \vdots & & \vdots & \vdots
\end{array}
$$

angeordnet. Man sieht, daß T_{ij} aus den $j+1$ Trapezsummen $T(h_i), \ldots, T(h_{i+j})$ gebildet wird.

Praktisch setzt man $h = h_0 = b - a$ und wählt die Anzahl m der extrapolierten Spalten nicht zu groß, etwa $m = 4, \ldots, 7$. Das Schema wird dann nach unten mit fester Spaltenzahl m so weit fortgesetzt, bis sich T_{ij} genügend wenig von $T_{i+1,j-1}$ oder $T_{i-1,j}$ unterscheidet.

Beispiel 6.4. Auf das Integral $I = \int_0^1 e^x \, dx$ wird das Romberg-Verfahren mit $m = 4$ angewandt. Bereits nach drei Intervallhalbierungen, also mit der Schritt-

Tabelle 6.2: Romberg-Verfahren

i	T_{i0}	$T_{i-1,1}$	$T_{i-2,2}$	$T_{i-3,3}$	$T_{i-4,4}$
0	1.85914091				
1	1.75393109	1.71886115			
2	1.72722191	1.71831884	1.71828269		
3	1.72051859	1.71828416	1.71828184	1.71828183	
4	1.71884113	1.71828198	1.71828183	1.71828183	1.71828183
5	1.71842166	1.71828184	1.71828183	1.71828183	1.71828183

weite $h_3 = 2^{-3}$, erhält man 9 richtige Ziffern im Ergebnis. □

Für glatte, nicht zu stark oszillierende Integranden ist das Romberg-Verfahren ein ausgezeichnetes Verfahren. Wendet man es allerdings z. B. auf den „Nadelimpuls“ f, definiert durch $f(x) = 1/(10^{-5} + x^2)$ an, so bewirkt die gleichmäßige Verfeinerungsstrategie, daß unnötig das *gesamte* Intervall sehr stark verfeinert wird. Notwendig ist aber nur eine Verfeinerung um $x = 0$.

Günstig sind Verfahren, die automatisch problemangepaßt vorgehen, man nennt solche Verfahren *adaptiv*. Eine adaptive Variante des Romberg-Verfahrens ist das Programm TRAPEX (verfügbar z. B. in der elektronischen Bibliothek eLib, Konrad-Zuse-Zentrum Berlin), siehe auch `http://elib.zib.de/netlib/quadpack/` bzw. [PiDo+83] zu Subroutinen für die automatische Integration.

6.4 Gauß-Formeln und verwandte optimale Quadraturformeln

Nun wenden wir uns Quadraturformeln zu, bei denen durch raffinierte Stützstellenwahl versucht wird, eine möglichst hohe Genauigkeit zu erreichen. Ihre Anwendung setzt voraus, daß man die zu integrierende Funktion f an beliebigen Stellen kennt oder (nicht zu aufwendig) berechnen kann.

Ein möglicher Ausgangspunkt dieser Formeln ist die Beobachtung, daß das Integral über das Produkt (siehe die Interpolationsfehlerabschätzung (5.19))

$$(x - x_0)(x - x_1) \cdots (x - x_{N-1})(x - x_N)$$

den von f unabhängigen Teil des Integrationsfehlers darstellt, und man wird versuchen, diesen zu minimieren.

Zunächst beschränken wir uns bei den Überlegungen dieses Abschnittes auf das Intervall $[-1, 1]$; ist das Intervall $[a, b]$ gegeben, so hat man nach der Transformation der alten Variablen t gemäß $t := [x(b-a)+a+b]/2$ in der neuen Variablen x das Intervall $[-1, 1]$. Für die angesprochene Minimierung gibt es nun eine Reihe verschiedener Möglichkeiten. Man kann z. B. $x_0, x_1, \ldots, x_N$ so bestimmen, daß

$$\int_{-1}^{1} (x - x_0)^2 (x - x_1)^2 \ldots (x - x_{N-1})^2 (x - x_N)^2 \, dx \to \text{min!} \tag{6.26}$$

oder

$$\max_{x \in [-1,1]} |(x - x_0)(x - x_1) \ldots (x - x_N)| \to \text{min!} \tag{6.27}$$

Zunächst studieren wir die Minimierungsaufgabe (6.26), der Einfachheit halber für $N = 1$. Berechnet man das Integral, so sind x_0, x_1 aus der Minimierungsaufgabe

$$3x_0^2 x_1^2 + x_0^2 + 4x_0 x_1 + x_1^2 \to \text{min!}$$

zu bestimmen. Die notwendigen Optimalitätsbedingungen führen zu

$$3x_0x_1^2 + x_0 + 2x_1 = 0, \quad 3x_0^2x_1 + 2x_0 + x_1 = 0.$$

Addition der Gleichungen ergibt $x_0 = -x_1$, und damit $x_0^2 = 1/3$, also $x_0 = -1/\sqrt{3}$, $x_1 = 1/\sqrt{3}$. Bestimmt man zum Schluß die Gewichte q_0, q_1 wie in Abschnitt 6.2 bei der Trapezregel, so entsteht mit $q_0 = q_1 = 1$ die einfachste *Gauß-Formel:*

$$\boxed{\int_{-1}^{1} f(x)\,dx \approx Q_G(f) := f\left(-\frac{1}{\sqrt{3}}\right) + f\left(\frac{1}{\sqrt{3}}\right).} \tag{6.28}$$

Im Gegensatz zur Trapezregel integriert die Gauß-Formel (6.28) mit zwei Stützstellen nicht nur lineare Polynome, sondern auch kubische Polynome exakt, vgl. Aufgabe 6.4.

Es ist bekannt [HäHo94], daß unter allen Polynomen mit Höchstkoeffizienten Eins die *Legendre-Polynome*

$$L_n(x) := \frac{n!}{(2n)!}\frac{d^n(x^2-1)^n}{dx^n},$$

siehe auch Bemerkung 5.10, die Lösung der Minimierungsaufgabe (6.26) liefern: Ihre Nullstellen – die *Gauß-Legendre-Punkte* – sind die Stützstellen der Gauß-Legendre-Quadraturformeln. Bei $N+1$ Stützstellen werden dabei Polynome vom Grad $2N+1$ exakt integriert.

Die Werte von Stützstellen und Gewichten für $N = 1, \ldots, 4$ liefert Tabelle 6.3. Wegen der Symmetrie der Stützstellen bezüglich $x = 0$ sind nur die Stützstellen in $[0, 1]$ angegeben.

Tabelle 6.3: Gauß-Legendre-Quadratur: Stützstellen und Gewichte

N	Stützstellen	Gewichte
$N=1$	$x_1 = 0.577\,350$	$q_1 = 1$
$N=2$	$x_1 = 0$	$q_1 = 0.888\,889$
	$x_2 = 0.774\,597$	$q_2 = 0.555\,556$
$N=3$	$x_2 = 0.339\,981$	$q_2 = 0.652\,145$
	$x_3 = 0.861\,136$	$q_3 = 0.347\,855$
$N=4$	$x_2 = 0$	$q_2 = 0.568\,889$
	$x_3 = 0.538\,469$	$q_3 = 0.478\,629$
	$x_4 = 0.906\,180$	$q_4 = 0.236\,927$

Beispiel 6.5. Für unser Standardbeispiel liefern die Gauß-Formeln:

N	Q
1	1.71789636
2	1.71828101
3	1.71828183

Man vergleiche mit den Beispielen 6.3 und 6.4!

Gauß-Legendre-Formeln liefern also bei glattem f außerordentlich genaue Näherungen auf der Basis einer geringen Zahl von Funktionsauswertungen. □

Welche weiteren Quadraturformeln gibt es? Modifikationen der Gauß-Legendre-Formel entstehen, wenn man vorschreibt, daß ein Endpunkt des Intervalls (*Gauß-Radau*) oder beide Endpunkte (*Gauß-Lobatto*) zu den Stützstellen gehören.

Minimiert man statt (6.26) das Fehlerfunktional (6.27), so erhält man andere Quadraturformeln. Die Stützstellen sind dann die Nullstellen der *Tschebyscheff-Polynome* 1. Art, vgl. Bemerkung 5.10; Details findet man in [HäHo94].

Quadraturformeln spielen bei der Methode der finiten Elemente (siehe Kapitel 8) eine wichtige Rolle. Im zweidimensionalen Fall hat man dabei Integrale über Rechtecke oder Dreiecke auszuwerten. Während die Konstruktion von Quadraturformeln über Rechtecken einfach nach dem Tensorprodukt-Prinzip erfolgt, siehe auch (5.69), ist insbesondere die Konstruktion von Gauß-Typ-Formeln über Dreiecken schwieriger [Mae88].

6.5 Übungsaufgaben

Aufgabe 6.1. Man leite eine einseitige Formel zur Approximation der ersten Ableitung der Ordnung 3 her.

Aufgabe 6.2. Weisen Sie nach, daß die Simpson-Regel sogar Polynome vom Grad drei exakt integriert!

Aufgabe 6.3. Kombinieren Sie $T(h)$ und $T(h/2)$ derart, daß bei der resultierenden Entwicklung entsprechend (6.23) kein Term der Ordnung $\mathcal{O}(h^2)$ entsteht!

Aufgabe 6.4. Man ermittle Näherungswerte für π – ähnlich wie bereits Huygens 1654 – durch Anwendung des Romberg-Verfahrens auf $\int_0^1 \sqrt{1-x^2}\,dx$.

Aufgabe 6.5. Man konstruiere eine Gauß-Formel mit zwei Stützstellen aus der Forderung, daß Polynome vom Grade 3 exakt integriert werden
Hinweis: Man erhält vier Gleichungen für x_0, x_1, q_0, q_1, die nichtlinear in x_0, x_1 sind.

Aufgabe 6.6. Gesucht ist eine Quadraturformel zur Integration über ein gegebenes Dreieck, die als Stützstellen die drei Mittelpunkte der Seiten verwendet. Wie lauten die Gewichte, und für welche Polynome ist die Quadraturformel exakt?

7 Anfangswertaufgaben

Die Modellierung von chemischen Reaktionen, Flugbahnberechnungen, Aids-Epidemiologie und viele andere Probleme aus Wissenschaft und Technik führen auf Anfangswertaufgaben für eine gewöhnliche Differentialgleichung der Form

$$\boxed{u'(x) = f(x, u(x)), \quad u(x_0) = u_0.} \tag{7.1}$$

In den meisten Anwendungen geht es zwar um Systeme von Differentialgleichungen mit den unbekannten Funktionen $u_1, u_2, \ldots, u_m$ gemäß

$$u_i'(x) = f_i(x, u_1(x), \ldots, u_m(x)), \quad u_i(x_0) = u_{i0}, \quad i = 1, 2, \ldots, m;$$

interpretiert man aber $(u_1, u_2, \ldots, u_m)^T = u$ in (7.1) als Vektor, so kann man die nachfolgenden Ausführungen generell auf Systeme von Differentialgleichungen übertragen: deshalb beschränken wir uns auf den skalaren Fall (7.1).

Da die „elementar lösbaren" Differentialgleichungen ihren Namen nur sehr eingeschränkt verdienen – in der Regel kann man selbst in diesen Ausnahmefällen die exakte Lösung nicht *explizit* aufschreiben –, sind numerische Methoden das Hauptwerkzeug zur Lösung von Differentialgleichungsproblemen.

Mathematische Existenzaussagen für Problem (7.1) besagen zunächst, daß es für $|x - x_0| \leq a$, $|u - u_0| \leq b$ und *stetiges* f mindestens eine lokale Lösung im Intervall $[x_0 - \alpha, x_0 + \alpha]$ mit $\alpha := \min(a, b/M)$ und $M = \max|f(x,u)|$ gibt. Schon einfache Beispiele zeigen aber, daß diese Lösung nicht global für alle x mit $x \geq x_0$ existieren muß, vgl. Aufgabe 7.1. Eindeutigkeit der lokalen Lösung verlangt zusätzliche Eigenschaften von f. Nach einem berühmten Satz von Picard-Lindelöf reicht dazu die Lipschitz-Stetigkeit von f bezüglich der zweiten Variable aus. Da diese Art von Stetigkeit auch bei der Analysis von Diskretisierungsverfahren wichtig ist, notieren wir noch einmal, vgl. (3.11):

Eine Funktion g ist Lipschitz-stetig mit der Lipschitz-Konstanten L, wenn für alle x aus dem betrachteten Intervall gilt

$$|g(x_1) - g(x_2)| \leq L|x_1 - x_2|. \tag{7.2}$$

Differenzierbare Funktionen genügen dieser Bedingung, aber z. B. die Funktion g, definiert durch $g(x) = x^{1/3}$, in der Umgebung von 0 *nicht*. Die Anfangswertaufgabe $u'(x) = \frac{3}{2}u^{1/3}$, $u(0) = 0$ besitzt tatsächlich zwei Lösungen: $u_1 \equiv 0$ und $u_2(x) = x^{3/2}$.

Das Standardverfahren zur numerischen Behandlung von Anfangswertaufgaben gibt es nicht. Die in 7.1 bzw. 7.2 behandelten Ein- und Mehrschrittverfahren besitzen gewisse Vor- und Nachteile, je nach Situation und persönlichem Geschmack wird man sich für dieses oder jenes Verfahren entscheiden. Neuerdings werden auch Projektionsmethoden für Randwertaufgaben, vgl. Abschnitt 8.1, erfolgreich für Anfangswertaufgaben eingesetzt – z. B. die diskontinuierliche Galerkin-Methode [Johns90].

7.1 Explizite Einschrittverfahren

Diskretisierung der Anfangswertaufgabe

$$u'(x) = f(x, u(x)), \quad u(x_0) = u_0$$

bedeutet: Man sucht im Intervall $[x_0, b]$ Näherungen u_k für die Werte der unbekannten Funktion u in *Gitterpunkten* $x_k := x_0 + kh$, $k = 0, \ldots, N$, mit der *Schrittweite* $h := (b - x_0)/N$. Die Wahl von h ist von entscheidender Bedeutung für die Genauigkeit der Näherung. Die eben eingeführten *äquidistanten* Gitter vereinfachen die nun folgende Beschreibung und Analysis der Verfahren. Praktisch arbeitet man aber mit variablen Schrittweiten und steuert diese auf der Basis von Informationen über Fehler; darauf gehen wir später noch ein.

Integration der Differentialgleichung über dem Intervall $[x_k, x_{k+1}]$ liefert

$$u(x_{k+1}) - u(x_k) = \int_{x_k}^{x_{k+1}} f(\xi, u(\xi))\, d\xi. \tag{7.3}$$

Approximiert man das Integral grob durch das Produkt aus dem Funktionswert im linken Endpunkt und der Intervallänge bei gleichzeitiger Ersetzung von $u(x_l)$ durch u_l, so ergibt sich das einfachste Einschrittverfahren, das *explizite Euler-Verfahren*

$$\boxed{u_{k+1} = u_k + hf(x_k, u_k).} \tag{7.4}$$

Allgemein besitzt ein *explizites Einschrittverfahren* folgende Struktur:

$$\boxed{u_{k+1} = u_k + hF(x_k, u_k).} \tag{7.5}$$

Die Funktion F – die *Verfahrensfunktion* – hängt dabei von f und neben x_k und u_k gewöhnlich auch von h ab.

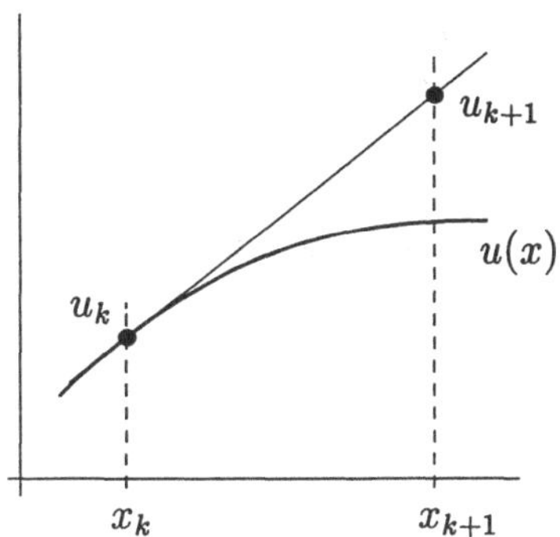

Abbildung 7.1: Euler-Verfahren

7.1.1 Eine Analyse des Euler-Verfahrens

Wir möchten gerne wissen, wie sich der Fehler $u(x_{k+1})-u_{k+1}=e_{k+1}$ im $(k+1)$-ten Gitterpunkt verhält. Dazu notieren wir eine Gleichung für den Fehler: aus (7.3) und (7.4) folgt

$$e_{k+1}=e_k+\int_{x_k}^{x_{k+1}}[f(\xi,u(\xi))-f(x_k,u_k)]\,d\xi.$$

Eine „Nullergänzung" ergibt

$$e_{k+1}=e_k+h[f(x_k,u(x_k))-f(x_k,u_k)]+\int_{x_k}^{x_{k+1}}[f(\xi,u(\xi))-f(x_k,u(x_k)]\,d\xi.$$

Wegen der vorausgesetzten Lipschitz-Stetigkeit von f bezüglich des zweiten Argumentes wird der zweite Summand gemäß (7.2) abgeschätzt. Der dritte Summand entspricht dem Quadraturfehler einer Einpunkt-Quadraturformel, vgl. Kapitel 6. Damit gilt

$$|e_{k+1}|\le(1+hL)|e_k|+ch^2. \qquad (7.6)$$

Diese Ungleichung ist vom Typ $\varepsilon_{k+1}\le A\varepsilon_k+B$ mit $\varepsilon_0=0$, in unserem Fall ist $B=ch^2$, $A=1+L$. Für solche Ungleichungen folgt aber induktiv

$$\varepsilon_k\le B\,\frac{A^k-1}{A-1},\quad \text{also}\quad |e_k|\le\frac{c}{L}h(1+hL)^k.$$

Wegen $1+x\le e^x$ bzw. $1+hL\le e^{hL}$ ergibt sich die Abschätzung

$$\boxed{|u(x_k)-u_k|\le\frac{ce^{L(x_k-x_0)}}{L}\,h} \qquad (7.7)$$

für den *Diskretisierungsfehler*.

Fazit: *Beim Euler-Verfahren ist der Fehler proportional zur Schrittweite h – das Verfahren besitzt die Ordnung 1.*

Praktisch entsteht aber bei der Realisierung der Formel (7.4) auf dem Computer noch ein zusätzlicher Fehler. Der Rundungsfehler ξ_k gemäß

$$\tilde{u}_{k+1} = \tilde{u}_k + hf(x_k, \tilde{u}_k) + \xi_k$$

mit $|\xi_k| \le \xi \le K \cdot eps$ kann analog abgeschätzt werden. Dies ergibt

$$|u_k - \tilde{u}_k| \le \frac{K \cdot eps}{L} e^{L(x_k - x_0)} \frac{1}{h}. \tag{7.8}$$

Dies bedeutet: *Der Gesamtfehler fällt bei Verkleinerung von h bis zu einem Wert h_0 – den man praktisch nicht kennt –, um dann bei weiterer Verkleinerung von h wie $1/h$ anzuwachsen, siehe Abb. 7.2.*

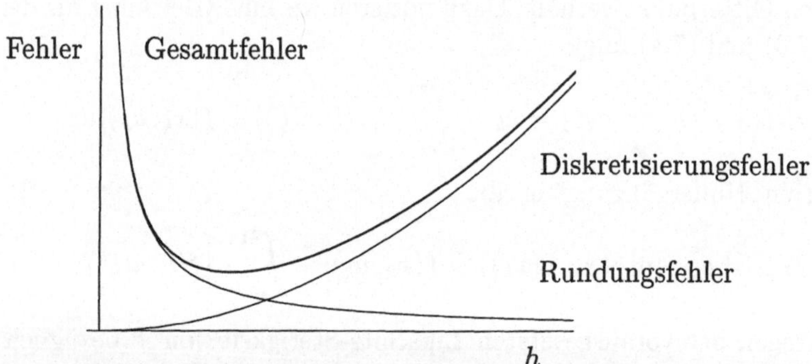

Abbildung 7.2: Typisches Gesamtfehlerverhalten

Um trotzdem eine hohe Genauigkeit zu erreichen, ist es daher erforderlich, Verfahren höherer Ordnung zu verwenden. Dann kann man nämlich extrem kleine Schrittweiten vermeiden, der Diskretisierungsfehler wird ungeachtet dessen ausreichend klein.

Beispiel 7.1. Wir betrachten das Differentialgleichungssystem

$$\begin{aligned} u_1' &= e^x u_2, \quad & u_1(0) = \sin(1) \\ u_2' &= -e^x u_1, \quad & u_2(0) = \cos(1) \end{aligned}$$

mit der exakten Lösung $u_1 = \sin(e^x)$, $u_2 = \cos(e^x)$ und stellen uns die Aufgabe, $u_1(3) = 0.9444710084\ldots$ mit dem Euler-Verfahren zu berechnen. Durch das einsetzende Schwingen der Lösung im Intervall $(2,3)$ und die unweit vor 3 liegende Nullstelle ist die Testaufgabe schon eine gewisse Herausforderung. Die Ergebnisse zeigt die nachfolgende Tabelle.

Test: Euler-Verfahren (Ordnung 1):

h	$u_h(3)$	h	$u_h(3)$
2×10^{-1}	-0.36×10^{3}	$2^{-4} \times 10^{-1}$	1.694 572 87
1×10^{-1}	0.99×10^{-2}	$2^{-5} \times 10^{-1}$	1.273 447 18
$2^{-1} \times 10^{-1}$	-0.38×10^{2}	$2^{-6} \times 10^{-1}$	1.098 198 29
$2^{-2} \times 10^{-1}$	0.48×10^{1}	$2^{-7} \times 10^{-1}$	1.018 756 23
$2^{-3} \times 10^{-1}$	0.28×10^{-1}	$2^{-8} \times 10^{-1}$	0.<u>9</u>80 983 62

In dieser Tabelle und der vom Beispiel 7.2 sind die bereits richtigen Ziffern durch Unterstreichen markiert. Man erkennt deutlich, mit welchen Schwierigkeiten sich das Euler-Verfahren an den exakten Wert herankämpft. □

7.1.2 Runge-Kutta-Verfahren höherer Ordnung

Um eine Vorstellung davon zu bekommen, wie man Verfahren höherer Ordnung konstruiert, nutzen wir zunächst das Extrapolationsprinzip von Abschnitt 6.3 zur Beschleunigung des Euler-Verfahrens. Wir rechnen also einmal mit der Schrittweite h mit dem Resultat $u_{k+1}^{(1)}$, dann mit der Schrittweite $h/2$:

$$u_{k+\frac{1}{2}}^{(1)} = u_k + \frac{h}{2} f(x_k, u_k)$$

$$u_{k+1}^{(2)} = u_{k+\frac{1}{2}}^{(1)} + \frac{h}{2} f\left(x_k + \frac{h}{2}, u_{k+\frac{1}{2}}^{(1)}\right).$$

Die Kombination $2u_{k+1}^{(2)} - u_{k+1}^{(1)}$ (das ist Formel (6.22) für $p = 1$) liefert die neue Vorschrift

$$\boxed{u_{k+1} = u_k + hf\left(x_k + \frac{h}{2}, u_k + \frac{h}{2} f(x_k, u_k)\right).} \tag{7.9}$$

Dies ist das *Mittelpunktsverfahren*, von dem man die Ordnung 2 durch Taylor-Abgleich nachweisen kann.

Damit ist eine mögliche Strategie zur Gewinnung von Verfahren höherer Ordnung klar geworden: man kombiniert geschickt Funktionswertauswertungen von f in gut gewählten Zwischenpunkten des Intervalls $[x_k, x_k + h]$. Wir wenden also auf (7.3) eine Quadraturformel an mit den s Stützstellen $x_k + a_i h$ $(i = 1, 2, \ldots, s)$ und erhalten:

$$u_{k+1}^{*} = u_k^{*} + h \sum_{i=1}^{s} c_i f(x_k + a_i h, u(x_k + a_i h)).$$

Um geeignete Näherungen für $u(x_k + a_i h)$ zu bekommen, nutzen wir das Quadraturprinzip nochmals: die Darstellung

$$u(x_k + a_i h) = u(x_k) + \int_{x_k}^{x_k + a_i h} f(\xi, u(\xi))\, d\xi$$

liefert die Approximation

$$u(x_k + a_i h) \approx u_k + h \sum_{j=1}^{i-1} b_{ij} f(x_k + a_j h, u(x_k + a_j h)).$$

Die Abkürzung $k_i \approx f(x_k + a_i h, u(x_k + a_i h))$ führt dann zu folgender Verfahrensvorschrift:

explizites, s-stufiges RKV:

$$\begin{aligned} k_i &= f\left(x_k + a_i h, u_k + h \sum_{j=1}^{i-1} b_{ij} k_j\right) \quad (i = 1, 2, \ldots, s), \\ u_{k+1} &= u_k + h \sum_{i=1}^{s} c_i k_i. \end{aligned} \tag{7.10}$$

Dies ist die allgemeine Form eines *expliziten, s-stufigen Runge-Kutta-Verfahrens* (RKV). Stets ist $a_1 = 0$. Das Koeffizientenschema ordnet man z. B. für $s = 4$ wie folgt an:

$$\begin{array}{c|cccc} 0 & & & & \\ a_2 & b_{21} & & & \\ a_3 & b_{31} & b_{32} & & \\ a_4 & b_{41} & b_{42} & b_{43} & \\ \hline & c_1 & c_2 & c_3 & c_4 \end{array} \quad =: \quad \begin{array}{c|c} a & B \\ \hline & c^T \end{array} \tag{7.11}$$

Die zentrale Frage, wie man bei gegebener Stufenzahl s die Parameter a, b, c zu bestimmen hat, ist weitestgehend gelöst, aber nicht unkompliziert. Für größere Werte von s kann man da nur F. Kafka zitieren: „Das alles sind recht mühselige Rechnungen, und die Freude des scharfsinnigen Kopfes an sich selbst ist manchmal die alleinige Ursache dessen, daß man weiterrechnet.“

Für Ordnungen bis hin zu 8 findet man heute entsprechende Tableaus in der Literatur [HaNo+93]. Relativ bekannte Formeln der Ordnung p sind:

$$
\begin{array}{c|cc}
0 & & \\
1/2 & 1/2 & \\
\hline
 & 0 & 1
\end{array}
\qquad
\begin{array}{c|ccc}
0 & & & \\
1/3 & 1/3 & & \\
2/3 & 0 & 2/3 & \\
\hline
 & 1/4 & 0 & 3/4
\end{array}
\qquad
\begin{array}{c|cccc}
0 & & & & \\
1/2 & 1/2 & & & \\
1/2 & 0 & 1/2 & & \\
1 & 0 & 0 & 1 & \\
\hline
 & 1/6 & 1/3 & 1/3 & 1/6
\end{array}
$$

Mittelpunktsverf. $p = 2$ Heun $p = 3$ Klassisch Runge-Kutta $p = 4$

Prinzipiell kann man bei expliziten Verfahren mit s Stufen höchstens die Ordnung s erreichen, ab $s = 5$ ist die bestmögliche Ordnung aber etwas kleiner als die Stufenzahl.

Beispiel 7.2. Nun testen wir das verbesserte Euler-Verfahren (7.9) der Ordnung 2 und das klassische Runge-Kutta-Verfahren an der Testaufgabe aus Beispiel 7.1.

Verbessertes Euler-Verfahren (Ordnung 2):

h	$u_h(3)$	h	$u_h(3)$
2×10^{-1}	-0.24×10^3	$2^{-4} \times 10^{-1}$	$0.\underline{9}53$
1×10^{-1}	0.16×10^2	$2^{-5} \times 10^{-1}$	$0.\underline{94}6\,507$
$2^{-1} \times 10^{-1}$	1.765	$2^{-6} \times 10^{-1}$	$0.\underline{944}\,964$
$2^{-2} \times 10^{-1}$	1.111	$2^{-7} \times 10^{-1}$	$0.\underline{944}\,592$
$2^{-3} \times 10^{-1}$	$0.\underline{9}82$	$2^{-8} \times 10^{-1}$	$0.\underline{944}\,501$

Man erkennt schon eine deutliche Verbesserung bei diesem Verfahren der Ordnung 2 gegenüber den numerischen Resultaten von Beispiel 7.1.

Runge-Kutta-Verfahren (Ordnung 4):

h	$u_h(3)$	h	$u_h(3)$
2×10^{-1}	-2.187	$2^{-4} \times 10^{-1}$	$0.\underline{944\,4}68$
1×10^{-1}	0.531	$2^{-5} \times 10^{-1}$	$0.\underline{944\,47}0\,817$
$2^{-1} \times 10^{-1}$	$0.\underline{9}16$	$2^{-6} \times 10^{-1}$	$0.\underline{944\,47}0\,998$
$2^{-2} \times 10^{-1}$	$0.\underline{94}3$	$2^{-7} \times 10^{-1}$	$0.\underline{944\,471\,008}\,2$
$2^{-3} \times 10^{-1}$	$0.\underline{944}\,406$	$2^{-8} \times 10^{-1}$	$0.\underline{944\,471\,008}\,9$

Mit diesem Verfahren der Ordnung 4 sind die Ergebnisse zufriedenstellend. □

7.1.3 Konsistenz und Stabilität

Die obige *direkte* Analyse des Fehlers beim Euler-Verfahren war nicht typisch für die Fehleranalyse anderer Verfahren: im allgemeinen basiert die Fehleranalyse auf der Untersuchung von *Konsistenz* und *Stabilität*. Konsistenz des

Einschrittverfahrens (7.5) besagt, daß die diskrete Gleichung

$$\frac{u_{k+1} - u_k}{h} - F(x_k, u_k) = 0 \tag{7.12}$$

die Ausgangsdifferentialgleichung richtig widerspiegelt. Präzise: Setzt man in (7.12) die Lösung des Ausgangsproblems ein und gilt

$$\boxed{\left|\frac{u(x_{k+1}) - u(x_k)}{h} - F(x_k, u(x_k))\right| = |K(h,u)| \le c_K h^p,} \tag{7.13}$$

so ist das Einschrittverfahren (7.5) *konsistent* und besitzt die *Konsistenzordnung p*. Die Konstante c_K heißt *Konsistenzkonstante*. Der Konsistenzfehler $K(h,u)$ ist nichts anderes als der *Defekt* der diskreten Gleichung (7.12) bezüglich der exakten Lösung u.

Die Standardmethode der Konsistenzuntersuchung ist der Taylor-Abgleich. Wir untersuchen exemplarisch das Mittelpunktsverfahren (7.9). Für dieses Verfahren gilt

$$K(h,u) = \frac{u(x_{k+1}) - u(x_k)}{h} - f\left(x_k + \frac{h}{2}, u(x_k) + \frac{h}{2} f(x_k, u(x_k))\right).$$

Nun entwickeln wir an der Stelle x_k nach Taylor:

$$\begin{aligned} K(h,u) &= u'(x_k) + \frac{h}{2}u''(x_k) + \frac{h^2}{3!}u'''(x_k) + \cdots \\ &\quad - \left[f(x_k, u(x_k)) + (f_x(x_k,u_k) + f_u(x_k,u_k)f(x_k,u_k))\frac{h}{2} + \mathcal{O}(h^2)\right]. \end{aligned}$$

Die Terme u' und f heben sich weg. Aus $u' = f$ folgt aber durch Differentiation

$$u'' = f_x + f_u u' = f_x + f_u f,$$

also verschwindet ein weiterer Term der Entwicklung. Damit besitzt das Verfahren bei glattem f wegen $|K(h,u)| = \mathcal{O}(h^2)$ die Konsistenzordnung 2.

Stabilität ist eine Eigenschaft des diskreten Problems (7.12). Wir erklären den Stabilitätsbegriff gleich auf solch eine Art und Weise, daß wir später bei anderen Verfahren darauf zurückgreifen können. Die Menge der Näherungswerte $u_1, u_2, \ldots, u_N$ wird zu einem Vektor u_h zusammengefaßt und (7.12) umgeschrieben als Gleichungssystem

$$\boxed{\mathcal{F}_h(u_h) = 0.} \tag{7.14}$$

Für explizite Einschrittverfahren ist dieses Gleichungssystem natürlich extrem einfach: man kann ja rekursiv die Unbekannte ermitteln. Nun benötigen wir einen Abstandsbegriff für Vektoren. Ist $v_h = (v_1, \dots, v_N)^T$, so setzen wir wie in (2.26)

$$|v_h| := \max_{i=1,2,\dots,N} |v_i| = \|v_h\|_\infty. \tag{7.15}$$

Da keine Verwechslungen zu befürchten sind, verwenden wir die gleiche Bezeichnung wie im eindimensionalen Fall für den Betrag einer reellen Zahl. Der Abstand zweier Vektoren v_h, w_h ist dann $|v_h - w_h|$.

Das diskrete Problem (7.14) (bzw. (7.12)) heißt nun *stabil*, wenn es für beliebige Vektoren v_h, w_h eine Konstante C_S – die *Stabilitätskonstante* – gibt, so daß

$$\boxed{|v_h - w_h| \le C_S |\mathcal{F}_h(v_h) - \mathcal{F}_h(w_h)|.} \tag{7.16}$$

Ist speziell $v_h = u_h$ und w_h eine kleine Störung, so widerspiegelt die Stabilitätseigenschaft (7.16) den praktisch wichtigen Sachverhalt, daß die Berechnung von u_h einigermaßen unempfindlich gegenüber kleinen Störungen sein muß.

Setzt man in (7.16) aber $v_h = u_h$ und $w_h = u$ – dies ist der Vektor der exakten Werte in den Gitterpunkten –, so liest sich (7.16) als

$$|u_h - u| \le C_S |\mathcal{F}_h(u)| = C_S |K_h(h, u)|.$$

Liegt Konsistenz der Ordnung p vor, so folgt weiter

$$|u_h - u| \le C_K C_S h^p. \tag{7.17}$$

Dies ist ein fundamentales Ergebnis:

Aus Konsistenz der Ordnung p und Stabilität folgt Konvergenz der Ordnung p.

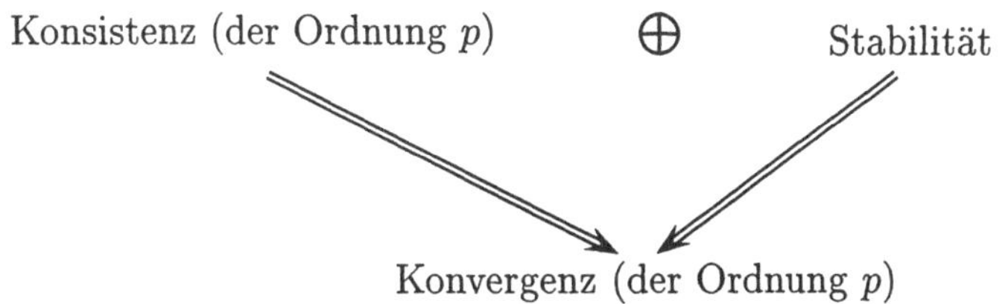

Wie ist das nun bei den expliziten Einschrittverfahren mit der Stabilität? Die Gleichungen

$$\mathcal{F}_h(v_h) = \xi_h, \quad \mathcal{F}_h(w_h) = \eta_h$$

kann man umschreiben zu

$$v_{k+1} = v_k + hF(x_k, v_k) + h\xi_k \quad \text{bzw.} \quad w_{k+1} = w_k + hF(x_k, w_k) + h\eta_k.$$

Differenzbildung liefert

$$|v_{k+1} - w_{k+1}| \leq |v_k - w_k| + h|F(x_k, v_k) - F(x_k, w_k)| + h|\xi_k - \eta_k|.$$

Ist nun die Verfahrensfunktion F Lipschitz-stetig, dann greift die gleiche Abschätzung wie bei der Analyse des Euler-Verfahrens, vgl. (7.6), (7.7). Jetzt ist lediglich $\varepsilon_0 \neq 0$, was einen zusätzlichen Summanden $A^k\varepsilon_0$ impliziert, außerdem $B = h|\xi_h - \eta_h|$. Es ergibt sich

$$|v_h - w_h| \leq C_S|\xi_h - \eta_h|.$$

Wir notieren:

Bei Lipschitz-stetiger Verfahrensfunktion ist jedes explizite Einschrittverfahren stabil.

Zu beachten ist allerdings, daß bei dieser Analyse für die Stabilitätskonstante C_S gilt:

$$C_S \sim e^{L(x_k - x_0)}. \tag{7.18}$$

Das bedeutet nach (7.17), daß die Lipschitz-Konstante L und die Länge des Integrationsintervalls stark die erforderliche Schrittweite h zur Erreichung einer vorgegebenen Genauigkeit beeinflussen.

Später werden wir sehen, daß Mehrschrittverfahren andere Stabilitätseigenschaften besitzen, und spezielle Probleme – die steifen Systeme – kennenlernen, für die diese Art der Stabilitätsanalysis nicht ausreichend ist.

7.1.4 Schrittweitensteuerung

In Bereichen, in denen die Lösung eines Anfangswertproblems sich stark ändert, wird man zweckmäßigerweise kleinere Schrittweiten verwenden als in Bereichen, in denen die Lösung kaum Schwankungen aufweist. Die kritische Frage ist allerdings, wie man dies anhand der diskreten Lösung merkt und dann die Schrittweite steuert.

Eine oft verwendete Strategie bei Runge-Kutta-Verfahren ist die Schätzung des lokalen Fehlers auf der Basis *eingebetteter Runge-Kutta-Verfahren*. Dies sind Verfahren, die zur Gewinnung von Näherungen unterschiedlicher Ordnung im wesentlichen die gleichen k_i-Werte verwenden.

Betrachten wir als Beispiel die Mittelpunktsformel (7.9) der Ordnung $p = 2$ und die Methode dritter Ordnung von Kutta

$$\boxed{\begin{aligned} k_1 &= f(x_k, u_k) \\ k_2 &= f\left(x_k + \frac{h}{2}, u_k + \frac{h}{2}k_1\right) \\ k_3 &= f(x_k + h, u_k - hk_1 + 2hk_2) \\ u_{k+1} &= u_k + \frac{h}{6}(k_1 + 4k_2 + k_3). \end{aligned}} \tag{7.19}$$

Die Größen k_1 und k_2 von (7.9) und (7.19) stimmen überein.

Um den Fehler der Mittelpunktsformel zu schätzen, wird nun im Fehler $u(x_{k+1}) - u_{k+1}$ einfach das unbekannte $u(x_{k+1})$ durch die i. allg. bessere Näherung gemäß (7.19) ersetzt:

$$u(x_{k+1}) - u_{k+1} \approx u_k + \frac{h}{6}(k_1 + 4k_2 + k_3) - (u_k + hk_2).$$

Damit erhält man als Schätzung *est* für den lokalen Fehler der Mittelpunktsformel den *Fehlerschätzer*

$$\boxed{est = \frac{h}{6}(k_1 - 2k_2 + k_3).} \tag{7.20}$$

Diese Schätzung ist billig zu berechnen: k_1, k_2 kennt man ohnehin, man benötigt also nur noch k_3. Auf der Basis der Schätzung des lokalen Fehlers vergrößert oder verkleinert man die aktuelle Schrittweite. Einzelheiten – auch zur Bestimmung einer Anfangsschrittweite h_0 – findet man in [HaNo+93, Kap. II.4].

Weitere eingebettete Formeln höherer Ordnung sind ebenfalls [HaNo+93] zu entnehmen. Ein bekanntes Beispiel ist das 4(5)-Fehlberg-Verfahren mit den Ordnungen 4 bzw. 5, siehe Tabelle 7.1.

Natürlich erreicht man durch Schätzungen des lokalen Fehlers keine *sichere* Fehlerkontrolle. Eine Möglichkeit zur sicheren Fehlerkontrolle sind *einschließende* Diskretisierungsverfahren, die z. B. auf der sogenannten Intervallarithmetik beruhen [Loh88]. In [ErEs+95] wird alternativ eine Technik zur Kontrolle

Tabelle 7.1: 4(5)-Fehlberg-Verfahren

0						
$\frac{1}{4}$	$\frac{1}{4}$					
$\frac{3}{8}$	$\frac{3}{32}$	$\frac{9}{32}$				
$\frac{12}{13}$	$\frac{1932}{2197}$	$-\frac{7200}{2197}$	$\frac{7296}{2197}$			
1	$\frac{439}{216}$	-8	$\frac{3680}{513}$	$-\frac{845}{4104}$		
$\frac{1}{2}$	$-\frac{8}{27}$	2	$-\frac{3544}{2565}$	$\frac{1859}{4104}$	$-\frac{11}{40}$	
y_1	$\frac{25}{216}$	0	$\frac{1408}{2565}$	$\frac{2197}{4104}$	$-\frac{1}{5}$	0
$\hat{y}_1$	$\frac{16}{135}$	0	$\frac{6656}{12825}$	$\frac{28561}{56430}$	$-\frac{9}{50}$	$\frac{2}{55}$

des Fehlers vorgeschlagen, die die Galerkin-Orthogonalität ausnutzt und unmittelbar auch auf Randwertaufgaben angewendet werden kann.

Beispiel 7.3. Wir vergleichen für die Testaufgabe aus Beispiel 7.1/7.2 die Anzahl der verwendeten Schritte bei den klassischen Runge-Kutta-Verfahren auf dem feinsten Gitter – sie ist $3 \times 2^8 \times 10 = 7680$ – mit der Anzahl der Schritte, die bei Verwendung eines Verfahrens *mit* Schrittweitensteuerung, und zwar des RKV 4(5) von Dormand und Prince, siehe [HaWa96], bei einer gewählten Toleranz von 10^{-10} auftritt. Es ergibt sich die Zahl 470. Dies zeigt sehr deutlich die Effektivitätsvorteile von Verfahren mit Schrittweitensteuerung. □

7.2 Mehrschrittverfahren

In den Methoden von Kapitel 7.1 wurde ein Näherungswert im Gitterpunkt $x_{\ell+1}$ zur Lösung der Anfangswertaufgabe

$$u'(x) = f(x, u(x)), \quad u(x_0) = u_0$$

nur aus dem Näherungswert im *vorherigen* Gitterpunkt x_ℓ berechnet, dazu allerdings Funktionswertberechnungen an komplizierten Zwischenstellen eingesetzt. Es ist aber naheliegend, zur Berechnung eines Näherungswertes in $x_{\ell+1}$ *mehrere* vorausgehende Stellen $x_\ell, x_{\ell-1}, \ldots, x_{\ell-k+1}$ zu berücksichtigen. Dies ist die Grundidee von *Mehrschrittverfahren.*

Nehmen wir einmal an, wir würden die erste Ableitung in der gegebenen Differentialgleichung durch den zentralen Differenzenquotienten aus (6.3) approximieren. Je nach Approximation der rechten Seite ergeben sich dann drei verschiedene Zweischrittverfahren:

$$\begin{aligned} \frac{u_{i+2}-u_i}{2h} &= f(x_i, u_i), \\ \frac{u_{i+2}-u_i}{2h} &= f(x_{i+1}, u_{i+1}), \\ \frac{u_{i+2}-u_i}{2h} &= f(x_{i+2}, u_{i+2}). \end{aligned} \tag{7.21}$$

Um im weiteren die Formeln übersichtlicher zu gestalten, schreiben wir zur Abkürzung

$$f_i := f(x_i, u_i). \tag{7.22}$$

Während die erste und dritte Formel aus (7.21) nicht neu sind, sie entsprechen einfach dem Euler-Verfahren mit der Schrittweite $2h$, ist die mittlere Formel die sogenannte *Mittelpunktsregel*

$$\boxed{\frac{u_{i+2}-u_i}{2h} = f_{i+1},} \tag{7.23}$$

nicht zu verwechseln mit der Mittelpunktsformel (7.9).

Ein anderes Zweischrittverfahren erhält man, wenn man die erste Ableitung gemäß (6.9b) approximiert, nämlich

$$\boxed{\frac{3}{2}u_{i+2} - 2u_{i+1} + \frac{1}{2}u_i = hf_{i+2}.} \tag{7.24}$$

Dies ist eine bekannte BDF-Formel – vom englischen Terminus *Backward Differencing Formula* –, basierend auf rückwärtigen Differenzenapproximationen der ersten Ableitung.

Allgemein besitzen *lineare Mehrschrittverfahren* die Struktur

$$\boxed{\frac{1}{h}(\alpha_k u_{i+k} + \alpha_{k-1}u_{i+k-1} + \cdots + \alpha_0 u_i) = \beta_k f_{i+k} + \cdots + \beta_0 f_i.} \tag{7.25}$$

Für $\beta_k = 0$ sind sie *explizit*, für $\beta_k \neq 0$ *implizit*. Im impliziten Fall muß man eine *nichtlineare* Gleichung lösen, um u_{i+k} zu berechnen.

Bekannte Beispiele von Mehrschrittverfahren sind:

BDF-Verfahren:

k	β_k	α_0	α_1	α_2	α_3	α_4
1	1	-1	1			
2	$\frac{2}{3}$	$\frac{1}{3}$	$-\frac{4}{3}$	1		
3	$\frac{6}{11}$	$-\frac{2}{11}$	$\frac{9}{11}$	$-\frac{18}{11}$	1	
4	$\frac{12}{25}$	$\frac{3}{25}$	$-\frac{16}{25}$	$\frac{36}{25}$	$-\frac{48}{25}$	1

Milne-Simpson:

k	α_k	α_{k-2}	β_0	β_1	β_2	β_3	β_4
1	1	-1		2			
2	1	-1	$\frac{1}{3}$	$\frac{4}{3}$	$\frac{1}{3}$		
4	1	-1	$-\frac{1}{90}$	$\frac{4}{90}$	$\frac{24}{90}$	$\frac{124}{90}$	$\frac{29}{90}$

Adams-Bashforth:

k	α_k	α_{k-1}	β_0	β_1	β_2	β_3
1	1	-1	1			
2	1	-1	$-\frac{1}{2}$	$\frac{3}{2}$		
3	1	-1	$\frac{5}{12}$	$-\frac{16}{12}$	$\frac{23}{12}$	
4	1	-1	$-\frac{9}{24}$	$\frac{37}{24}$	$-\frac{59}{24}$	$\frac{55}{24}$

Adams-Moulton:

k	α_k	α_{k-1}	β_0	β_1	β_2	β_3	β_4
1	1	-1	$\frac{1}{2}$	$\frac{1}{2}$			
2	1	-1	$-\frac{1}{12}$	$\frac{8}{12}$	$\frac{5}{12}$		
3	1	-1	$\frac{1}{24}$	$-\frac{5}{24}$	$\frac{19}{24}$	$\frac{9}{24}$	
4	1	-1	$-\frac{19}{720}$	$\frac{106}{720}$	$-\frac{264}{720}$	$\frac{646}{720}$	$\frac{251}{720}$

Die nichtaufgeführten Parameter haben den Wert Null.

Die Ermittlung der Konsistenzordnung von Mehrschrittverfahren basiert wieder auf dem Taylor-Abgleich. So erhält man folgende Bedingung:

Ein Mehrschrittverfahren der Form (7.25) besitzt die Ordnung p, wenn

$$\sum_{i=0}^{k} \alpha_i = 0 \quad \text{und} \quad \sum_{i=0}^{k} \alpha_i i^q = q \sum_{i=0}^{k} \beta_i i^{q-1} \quad \text{für} \quad q = 1, 2, \ldots, p. \tag{7.26}$$

Daraus ergibt sich folgende Übersicht:

Konsistenzordnungen

Mittelpunktsregel:	2	BDF:	k
Adams-Bashforth:	k	Milne-Simpson, $k > 3$:	$k+1$
Adams-Moulton:	$k+1$		

7.2.1 Stabilität von Mehrschrittverfahren

Anders als Einschrittverfahren sind Mehrschrittverfahren nicht immer stabil im Sinne der Definition (7.16). Löst man z. B. das Problem $u'(x) = 0$, $u(0) = 0$ mit dem konsistenten Zweischrittverfahren

$$u_{i+2} - 4u_{i+1} + 3u_i = 0, \tag{7.27}$$

so ergibt sich bei den Startwerten $u_0 = 0, u_1 = \varepsilon \neq 0$ die Lösung

$$u_i = \frac{\varepsilon}{2}(3^i - 1).$$

Das Verfahren konvergiert *nicht*, Ursache ist die fehlende Stabilität.

Wir betrachten nun das Polynom

$$\sigma(\lambda) := \alpha_k \lambda^k + \alpha_{k-1}\lambda^{k-1} + \cdots + \alpha_0, \tag{7.28}$$

gebildet aus den Koeffizienten α_i des MSV (7.25). Man sagt, σ erfülle die *Wurzelbedingung*, wenn alle i. allg. komplexen Wurzeln von σ betragsmäßig nicht größer als Eins sind, mehrfache Wurzeln betragsmäßig echt kleiner als Eins. Ein fundamentaler Sachverhalt besagt nun, daß aus der Wurzelbedingung die Stabilität folgt und umgekehrt:

Mehrschrittverfahren: *Wurzelbedingung* $\Longleftrightarrow$ *Stabilität*

Woher kommt die Wurzelbedingung?

Zunächst eine Vorbemerkung zur Lösung *linearer Differenzengleichungen* mit konstanten Koeffizienten der Form

$$a_k y_{i+k} + a_{k-1} y_{i+k-1} + \cdots + a_0 y_i = 0. \tag{7.29}$$

Ähnlich wie bei der linearen Differentialgleichung mit konstanten Koeffizienten kommt man mit einem Ansatz zum Ziel: hier führt der Ansatz $y_i = \lambda^i$ für λ zur *charakteristischen Gleichung* zu (7.29):

$$a_k \lambda^k + a_{k-1}\lambda^{k-1} + \cdots + a_1\lambda + a_0 = 0. \tag{7.30}$$

Sind alle Wurzeln λ_μ verschieden, so sind die Linearkombinationen von λ_μ^i die allgemeine Lösung von (7.29). Ist λ_μ z. B. Doppelwurzel, so gehören λ_μ^i und $i\lambda_\mu^i$ zum Fundamentalsystem.

Für das obige Beispiel (7.27) etwa führt der Ansatz zur charakteristischen Gleichung $\lambda^2 - 4\lambda + 3 = 0$ mit den Wurzeln $\lambda_1 = 1$, $\lambda_2 = 3$. Deshalb ist $\gamma_1 + \gamma_2 3^i$ die allgemeine Lösung der Differenzengleichung. Berücksichtigt man die Anfangswerte, so erhält man die angegebene spezielle Lösung.

Zurück zur Wurzelbedingung: wendet man auf die Aufgabe

$$u'(x) = 0, \qquad u(0) = 0$$

mit der Lösung $u = 0$ das lineare Mehrschrittverfahren (7.25) an, so erhält man die Differenzengleichung

$$\alpha_k u_{i+k} + \alpha_{k-1} u_{i+k-1} + \cdots + a_0 u_i = 0.$$

Das zugehörige charakteristische Polynom ist gerade σ, definiert in (7.28). Stabilität verlangt nun, daß kleine Störungen der Anfangswerte $u_0, \dots, u_{k-1}$ beschränkt bleiben. Da sich die Lösung der Differenzengleichung aber durch Terme der Form λ_μ^i bei einfacher bzw. $i^\nu \lambda_\mu^i$ bei mehrfacher Wurzel λ_μ auszeichnet, ist die Wurzelbedingung notwendig für Stabilität. Erstaunlich ist nur, daß die Wurzelbedingung auch hinreichend für Stabilität ist, dies kann man aber in [HaWa96] nachlesen.

Bis auf die BDF-Verfahren kann man von den oben angegebenen Mehrschrittverfahren leicht nachprüfen, daß sie stabil sind. Zum Beispiel gilt für die Adams-Verfahren $\sigma(\lambda) = \lambda^k - \lambda^{k-1}$; damit ist 0 mehrfache, 1 einfache Wurzel, die Wurzelbedingung also erfüllt. Bei den BDF-Verfahren ist das Überprüfen der Wurzelbedingung aufwendiger, sie sind aber für $k \le 6$ stabil.

7.2.2 Startwerte und Prädiktor-Korrektor-Verfahren

Ein Nachteil von Mehrschrittverfahren ist, daß man für ein k-Schrittverfahren k Startwerte $u_0, \dots, u_{k-1}$ benötigt. Gewöhnlich verschafft man sich $u_1, \dots, u_{k-1}$ durch ein Einschrittverfahren oder u_1 durch ein Einschrittverfahren, u_2 durch ein Zweischrittverfahren usw. Dabei sollte die Ordnung dieser Verfahren mit der des k-Schrittverfahrens korrespondieren.

Da die Anwendung eines impliziten Mehrschrittverfahrens die Lösung einer nichtlinearen Gleichung erfordert, modifiziert man Mehrschrittverfahren manchmal auf folgende Art und Weise:

S1: *Prädiktor:* Berechnung einer Näherung $u_{i+k}^{(1)}$ mit einem expliziten Mehrschrittverfahren

S2: *Korrektor:* Berechnung einer Korrektur u_{i+k} von $u_{i+k}^{(1)}$, basierend auf einem impliziten Verfahren.

Als Beispiel kombinieren wir das Adams-Bashfort-Verfahren der Ordnung 3 mit dem Adams-Moulton-Verfahren der Ordnung 4:

$$\begin{aligned} u_{k+3}^{(1)} &= u_{k+2} + \frac{h}{12}(23 f_{k+2} - 16 f_{k+1} + 5 f_k), \\ u_{k+3} &= u_{k+2} + \frac{h}{24}(9 f_{k+3}^{(1)} + 19 f_{k+2} - 5 f_{k+1} + f_k) \end{aligned}$$

mit $f_{k+3}^{(1)} := f(x_{k+1}, u_{k+2}^{(1)})$. Das Gesamtverfahren ist nun explizit und besitzt die Ordnung 4. Allgemein gilt nämlich folgender Sachverhalt:

Ist die Ordnung des Prädiktors p-s, des Korrektors p und korrigiert man s-mal, so ist die Ordnung des Gesamtverfahrens p.

7.3 A-Stabilität und steife Systeme

Wendet man das konvergente Euler-Verfahren auf die Testgleichung

$$u'(x) = \lambda u(x), \qquad u(0) = u_0, \quad \operatorname{Re}\lambda \leq 0 \tag{7.31}$$

mit der nicht wachsenden Lösung $e^{\lambda x}u_0$ und zunächst reellem negativem λ an, so erlebt man eine kleine Überraschung. Die Näherungswerte genügen der Gleichung

$$u_k = (1+\lambda h)^k u_0. \tag{7.32}$$

Es liegt zwar Konvergenz vor für $h > 0$, denn für festes k gilt

$$\lim_{h\to 0}(1+\lambda h)^{x_k/h} = e^{\lambda x_k},$$

aber man möchte ja mit *nicht zu kleiner, endlicher Schrittweite* rechnen; jedoch verhält sich $(1+\lambda h)^k$ nur sachgemäß – fallend fürwachsendes k –, wenn die Bedingung $h < -2/\lambda$ erfüllt ist. Daß diese Bedingung paradox ist, sieht man noch deutlicher an dem Beispiel

$$u'(x) = \lambda(u - \cos(x)) - \sin(x), \quad u(0) = 1$$

mit der Lösung $u = \cos(x)$. Die in der Lösung wegen der speziellen Anfangsbedingung verschwundene $e^{\lambda x}$-Komponente, die für betragsmäßig größer werdendes λ zunehmend kleiner wird, diktiert uns die zu verwendende Schrittweite.

7.3.1 A-Stabilität

Natürlich ist man an Verfahren interessiert, für die das eben beschriebene Phänomen nicht auftritt. Dementsprechend wird folgender Begriff eingeführt:

Ein Verfahren heißt A-stabil, wenn für $\operatorname{Re}\lambda \leq 0$ *die durch das Verfahren erzeugte numerische Lösung der Testgleichung* (7.31) *beschränkt ist.*

Zunächst zur A-Stabilität von expliziten Einschrittverfahren. Wir nehmen an, die Anwendung eines solchen Verfahrens auf die Testgleichung (7.31) ergebe zur Berechnung der Näherungswerte die Vorschrift

$$u_{k+1} = R(\lambda h)u_k. \tag{7.33}$$

Dann heißt die Funktion R *Stabilitätsfunktion* des Verfahrens, und A-Stabilität ist äquivalent zur Bedingung

$$|R(z)| \leq 1 \qquad \text{für alle } z \text{ mit } \operatorname{Re} z \leq 0. \tag{7.34}$$

Als Beispiel wenden wir ein allgemeines, explizites Runge-Kutta-Verfahren auf die Testgleichung (7.31) an. Dann gilt ja

$$u_{k+1} = u_k + h \sum_{i=1}^{s} c_i k_i \quad \text{mit} \quad k_i = \lambda u_k + (\lambda h) \sum_{j=1}^{i-1} b_{ij} k_j.$$

Setzt man $h\lambda = z$, so erhält man $hk_1 = zu_k$, weiter

$$\begin{aligned} hk_2 &= (z + b_{21} z^2) u_k, \\ hk_3 &= (z + b_{31} z^2 + b_{32} z(z + b_{21} z^2)) u_k. \end{aligned}$$

Man erkennt: Die Größen hk_i sind polynomial in z vom Grade i, *also ist* $R(z)$ *ein Polynom vom Grade* s.

Stabilitätsfunktionen einiger expliziter RKV sind:

Euler:	$p = 1,$	$R(z) = 1 + z$
Mittelpunkt:	$p = 2,$	$R(z) = 1 + z + \frac{z^2}{2}$
Heun:	$p = 3,$	$R(z) = 1 + z + \frac{z^2}{2} + \frac{z^3}{3!}$
klassisch RK:	$p = 4,$	$R(z) = 1 + z + \frac{z^2}{2} + \frac{z^3}{3!} + \frac{z^4}{4!}$

Dies ist kein Zufall: *Bei einem expliziten Runge-Kutta-Verfahren der Ordnung* p *stimmen die ersten* $p + 1$ *Terme der Stabilitätsfunktion überein mit denen der Taylor-Entwicklung der Exponentialfunktion.*

Da für ein Polynom R nicht $|R(z)| \leq 1$ für alle z mit $\operatorname{Re} z \leq 0$ gelten kann, sind explizite Runge-Kutta-Verfahren grundsätzlich *nicht* A-stabil. Um dennoch die Eignung unterschiedlicher expliziter Verfahren zur Diskretisierung von Differentialgleichungen mit stark abklingender Lösungskomponente bewerten zu können, berechnet man die *A-Stabilitätsgebiete* der Verfahren. Dabei gehört eine komplexe Zahl μ zum A-Stabilitätsgebiet, das wir mit B bezeichnen, wenn $|R(\mu)| \leq 1$ gilt. Abbildung 7.3 zeigt die A-Stabilitätsgebiete von Runge-Kutta-Verfahren. *Da man die Schrittweite* h *des Verfahrens so wählen sollte, daß* $\lambda h \in B$ *gilt, ist ein möglichst großes A-Stabilitätsgebiet wünschenswert.*

Grundsätzlich anderes A-Stabilitäts-Verhalten ist in der Klasse der *impliziten* Runge-Kutta-Verfahren möglich, die wir demnächst diskutieren.

Zunächst zur A-Stabilität von linearen Mehrschrittverfahren. Wendet man das Verfahren (7.25) auf die Testgleichung (7.31) an, so erhält man die Differenzengleichung

$$\alpha_k u_{i+k} + \cdots + \alpha_0 u_i = z(\beta_k u_{i+k} + \cdots + \beta_0 u_i). \tag{7.35}$$

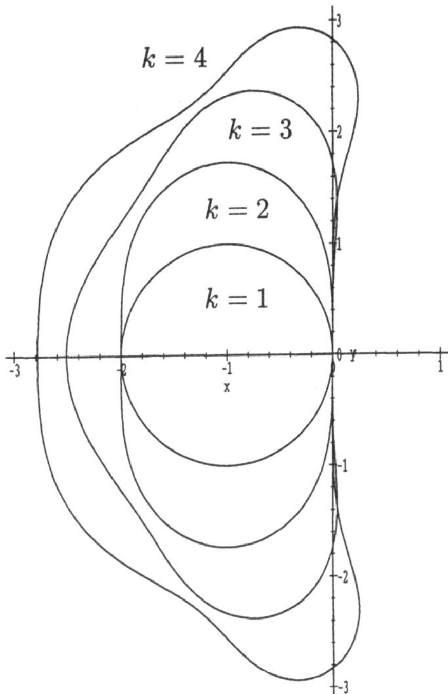

Abbildung 7.3: A-Stabilitätsgebiete von Runge-Kutta-Verfahren

Wieder ist $h\lambda = z$. Die zu (7.35) gehörende charakteristische Gleichung ist

$$\alpha_k\lambda^k + \alpha_{k-1}\lambda^{k-1} + \cdots + \alpha_0 = z(\beta_k\lambda^k + \beta_{k-1}\lambda^{k-1} + \cdots + \beta_0). \qquad (7.36)$$

A-Stabilität eines Mehrschrittverfahrens bedeutet dann, daß *für alle* z mit $\operatorname{Re} z \leq 0$ die Nullstellen von (7.36) der Wurzelbedingung genügen! Man sagt, z gehört zum A-Stabilitätsbereich, falls für dieses z die Wurzelbedingung erfüllt ist.

Schauen wir uns als Beispiel die Verfahren

$$u_{k+1} = u_k + h\frac{f_k + f_{k+1}}{2} \qquad \text{(Trapezregel)} \qquad (7.37)$$

und

$$u_{k+1} = u_{k-1} + 2hf_k \qquad \text{(Mittelpunktsregel)}$$

einmal an, beides implizite Verfahren der Ordnung 2. Die Anwendung der Trapezregel auf die Testgleichung (7.31) liefert $\lambda - 1 = z(\lambda + 1)/2$, die Wurzel

$\lambda = (1+\frac{z}{2})/(1-\frac{z}{2})$ ist für alle z mit $\operatorname{Re} z \leq 0$ betragsmäßig nicht größer als Eins. Denn: der Abstand des Punktes -1 zum Punkt $-z/2$ ist nicht kleiner als zum Punkt $z/2$ für $\operatorname{Re} z \leq 0$. Also ist die Trapezregel A-stabil. Anders die Mittelpunktsregel. Für sie folgt aus $\lambda^2 - 1 = 2z$ die Beziehung $\lambda_1 = z + \sqrt{1+z^2}$, $z_2 = z - \sqrt{1+z^2}$, offenbar ist z_2 für $z < 0$ betragsmäßig größer als Eins. Die Mittelpunktsregel ist nicht A-stabil.

Dahlquist bewies allgemein:

Kein explizites Mehrschrittverfahren ist A-stabil; A-stabile implizite Mehrschrittverfahren besitzen höchsten die Ordnung 2.

Abbildung 7.4 zeigt die A-Stabilitätsgebiete einiger impliziter Adams-Verfahren.

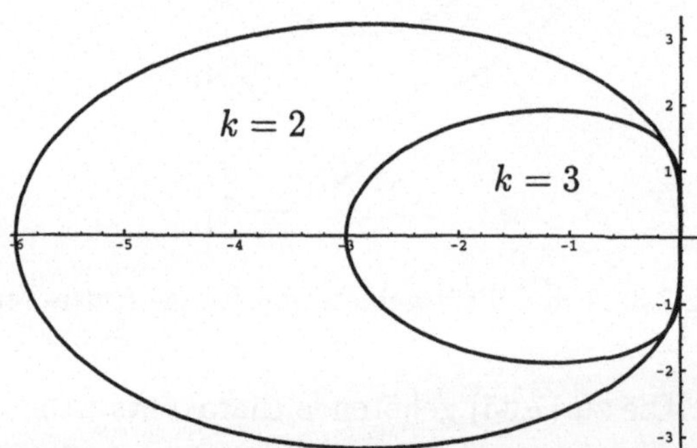

Abbildung 7.4: A-Stabilitätsgebiete impliziter Adams-Verfahren

Ein A-stabiles implizites Verfahren zweiter Ordnung kennen wir bereits: die Trapezregel. Auch das implizite Euler-Verfahren erster Ordnung

$$u_{k+1} = u_k + hf(x_{k+1}, u_{k+1}) \tag{7.38}$$

mit der Stabilitätsfunktion $R(z) := 1/(1+z)$ ist A-stabil.

Wie sehen nun A-stabile Runge-Kutta-Verfahren hoher Ordnung aus? Wir konstruieren als Beispiel ein zweistufiges, implizites Runge-Kutta-Verfahren vierter Ordnung, das sich als A-stabil erweisen wird. Dazu suchen wir im Intervall $[x_k, x_{k+1}]$ nach einem Polynom p zweiten Grades, das die exakte Lösung u approximiert. Dies wird nun dadurch zu erreichen versucht, daß p die Differentialgleichung in zwei Punkten $x_k + a_1 h$, $x_k + a_2 h$ erfüllt:

$$p'(x_k + a_i h) = f(x_k + a_i h, p(x_k + a_i h)), \quad i = 1, 2. \tag{7.39}$$

Dieses *Kollokationsprinzip* wird auch bei Randwertaufgaben angewandt, siehe Abschnitte 8.1, 8.2.

Da p' ein Polynom ersten Grades ist, gilt gemäß linearer Interpolation

$$p'(x_k + th) = p'(x_k + a_1 h)\frac{t/h - a_2}{a_1 - a_2} + p'(x_k + a_2 h)\frac{t/h - a_1}{a_2 - a_1}.$$

Setzt man $k_1 = p'(x_k + a_1 h)$, $k_2 = p'(x_k + a_2 h)$, so erhält man

$$p(x_k + th) = p(x_k) + \int_{x_k}^{x_k+th} p'(\mu)\, d\mu$$

bzw. nach der Substitution $x_k + \tau h = \mu$

$$p(x_k + th) = p(x_k) + h\left(k_1 \int_0^t \frac{\tau - a_2}{a_1 - a_2}\, d\tau + k_2 \int_0^t \frac{\tau - a_1}{a_2 - a_1}\, d\tau\right). \tag{7.40}$$

Zur Abkürzung setzen wir

$$L_1 := \frac{\tau - a_2}{a_1 - a_2}, \qquad L_2 := \frac{\tau - a_1}{a_2 - a_1}.$$

Aus (7.40) folgt nun einerseits

$$\begin{aligned} k_1 = p'(x_k + a_1 h) &= f(x_k + a_1 h, p(x_k + a_1 h)) \\ &= f\left(x_k + a_1 h, p(x_k) + h\left(k_1 \int_0^{a_1} L_1 + k_2 \int_0^{a_1} L_2\right)\right) \end{aligned}$$

und analog

$$k_2 = f\left(x_k + a_2 h, p(x_k) + h\left(k_1 \int_0^{a_2} L_1 + k_2 \int_0^{a_2} L_2\right)\right);$$

andererseits für die gesuchte Näherung im Punkte $x_k + h$

$$p(x_{k+1}) = p(x_k) + h\left(k_1 \int_0^1 L_1 + k_2 \int_0^1 L_2\right).$$

Damit ist ein zweistufiges Runge-Kutta-Verfahren der Form

$$\begin{array}{c|cc} a_1 & b_{11} & b_{12} \\ a_2 & b_{21} & b_{22} \\ \hline & c_1 & c_2 \end{array}$$

konstruiert. Aus a_1, a_2 erhält man die restlichen Verfahrensparameter durch

$$b_{11} = \int_0^{a_1} L_1,\ b_{12} = \int_0^{a_1} L_2,\ b_{21} = \int_0^{a_2} L_1,\ b_{22} = \int_0^{a_2} L_2,\ c_1 = \int_0^{1} L_1,\ c_2 = \int_0^{1} L_2. \tag{7.41}$$

Wie wählt man nun die Kollokationsstellen a_1 und a_2?

Da im Fall $f(x,u) = f(x)$ Integration einer Differentialgleichung ja Integration im eigentlichen Sinne bedeutet, greift man auf die Erfahrungen aus Kapitel 6.4 zurück. Die beste Wahl ist $a_1 = 1/2 - 1/(2\sqrt{3})$, $a_2 = 1/2 + 1/(2\sqrt{3})$ (Gauß-Legendre), dann hat das Verfahren die Ordnung 4. Im Fall $a_1 = 1/3$, $a_2 = 1$ (Gauß-Radau) entsteht ein Verfahren der Ordnung 3.

Gauß-Legendre, $s = 2$, $p = 4$ $(\alpha = 1/(2\sqrt{3}))$

$\frac{1}{2} - \alpha$	$\frac{1}{4}$	$\frac{1}{4} - \alpha$
$\frac{1}{2} + \alpha$	$\frac{1}{4} + \alpha$	$\frac{1}{4}$
	$\frac{1}{2}$	$\frac{1}{2}$

Gauß-Radau, $s = 2$ $p = 3$

$\frac{1}{3}$	$\frac{5}{12}$	$-\frac{1}{12}$
1	$\frac{3}{4}$	$\frac{1}{4}$
	$\frac{3}{4}$	$\frac{1}{4}$

Die Untersuchung der Stabilitätsfunktionen beider Verfahren zeigt A-Stabilität. Wir stellen einige Stabilitätsfunktionen A-stabiler impliziter Runge-Kutta-Verfahren zusammen:

Stabilitätsfunktionen einiger A-stabiler-Verfahren

Euler:	$p = 1,$	$R(z) = \dfrac{1}{1+z}$
Trapez:	$p = 2,$	$R(z) = \dfrac{1+\frac{z}{2}}{1-\frac{z}{2}}$
Gauß-Lobatto:	$p = 3,$	$R(z) = \dfrac{1+\frac{1}{3}z}{1-\frac{2}{3}z+\frac{1}{6}z^2}$
Gauß-Legendre:	$p = 4,$	$R(z) = \dfrac{1+\frac{1}{2}z+\frac{1}{12}z^2}{1-\frac{1}{2}z+\frac{1}{12}z^2}$

Allgemein gilt bei beliebiger Stufenzahl s: *Analog zu $s = 2$ kann man für gegebenes s ein implizites Gauß-Legendre-Verfahren der Ordnung $2s$ konstruieren, das A-stabil ist.*

Ein Nachteil dieser Verfahren mit vollbesetzter Matrix B ist, daß man ein *System von s nichtlinearen Gleichungen* lösen muß, um die Parameter k_i zu ermitteln.

Diagonal-implizite oder *linear-implizite* Runge-Kutta-Verfahren versuchen, diesen Nachteil abzubauen – allerdings ist der Preis dafür, daß Stabilitätsuntersuchungen schwieriger werden. Ein Beispiel eines diagonal-impliziten Verfahrens ist die zweistufige *Norsett-Formel*:

$$\begin{array}{c|cc} \frac{1}{2}+\alpha & \frac{1}{2}+\alpha & 0 \\ \frac{1}{2}-\alpha & -2\alpha & \frac{1}{2}+\alpha \\ \hline & \frac{1}{2} & \frac{1}{2} \end{array} \tag{7.42}$$

Für deren Ordnung p gilt $p = 2$ für beliebiges α, $p = 3$ für $\alpha = \pm 1/(2\sqrt{3})$. Das Verfahren ist A-stabil.

Der Vorteil diagonal impliziter Verfahren ist, daß man $k_1, \dots, k_s$ nacheinander aus jeweils einer nichtlinearen Gleichung für eine Unbekannte ermitteln kann.

Als Beispiel eines linear-impliziten Verfahrens skizzieren wir ein zweistufiges *Rosenbrock-Verfahren*. Wir betrachten speziell die Anfangswertaufgabe

$$u'(x) = f(u), \quad u(x_0) = u_0$$

und benutzen die Jacobi-Matrix $f'(u) := \dfrac{\partial f(u)}{\partial u}$, siehe Abschnitt 3.1. Dann besitzt das Verfahren die folgende Struktur:

$$\begin{aligned} k_1 &= f(u_k) + h\beta_{11}k_1 f'(u_k) \\ k_2 &= f(u_k + h\beta_{21}k_1) + h\beta_{22}k_2 f'(u_k + h\gamma_{21}k_1) \\ u_{k+1} &= u_k + h(\beta_1 k_1 + \beta_2 k_2) \end{aligned} \tag{7.43}$$

Wesentlich ist, daß (7.43) in gewissem Sinne *linear* in k_1 und k_2 ist: kennt man k_1 aus der ersten linearen Gleichung für k_1, kann man k_2 ebenfalls aus einer linearen Gleichung ermitteln. Das Verfahren (7.43) entsteht aus diagonal-impliziten Runge-Kutta-Verfahren durch *Linearisierung*, z. B. die erste Gleichung aus

$$f(u_k + hb_{11}k_1) \approx f(u_k) + h\beta_{11}k_1 f'(u_k).$$

Speziell ist das Verfahren

$$
\begin{aligned}
k_1 &= f(u_k) + \frac{h}{2}\left(1 + \frac{\sqrt{3}}{3}\right) k_1 f'(u_k) \\
k_2 &= f\left(u_k - \frac{2\sqrt{3}}{3} k_1 h\right) + \frac{h}{2}\left(1 + \frac{\sqrt{3}}{3}\right) k_2 f'(u_k) \\
u_{k+1} &= u_k + h\left(\frac{3}{4} k_1 + \frac{1}{4} k_2\right)
\end{aligned}
$$

ein A-stabiles Rosenbrock-Verfahren der Ordnung 3, die *Calahan-Formel.*

7.3.2 Steife Systeme

Ein Differentialgleichungssystem nennt man *steif*, wenn die Lösung abklingende Komponenten mit stark unterschiedlichem Abklingverhalten enthält. In der Reaktionskinetik, bei der Modellierung elektrischer Schaltkreise, aber auch bei der Semidiskretisierung partieller Differentialgleichungen (siehe Kapitel 8) kommen steife Systeme häufig vor.

Als Beispiel betrachten wir eine zweistufige Reaktion der Stoffe u_1, u_2, u_3:

$$u_1 \xrightarrow{\mu_1} u_2 \xrightarrow{\mu_2} u_3$$

mit den Anfangskonzentrationen $u_1(0) = 1$, $u_2(0) = 1$, $u_3(0) = 1$. Die erste Reaktion verlaufe normal – μ_1 sei von moderater Größe –, die zweite schnell, dementsprechend sei μ_2 groß. Das zugehörige System

$$u_1' = -\mu_1 u_1, \quad u_2' = \mu_1 u_1 - \mu_2 u_2, \quad u_3' = \mu_2 u_2 \tag{7.44}$$

der Reaktionsgleichungen besitzt die Lösung

$$
\begin{aligned}
u_1(x) &= e^{-\mu_1 x}, \\
u_2(x) &= \left(1 - \tfrac{1}{\mu_2-\mu_1}\right) e^{-\mu_2 x} + \tfrac{1}{\mu_2-\mu_1} e^{-\mu_1 x}, \\
u_3(x) &= c(\mu_1, \mu_2) - \left(1 - \tfrac{1}{\mu_2-\mu_1}\right) e^{-\mu_2 x} - \tfrac{1}{\mu_2-\mu_1} \tfrac{\mu_2}{\mu_1} e^{-\mu_1 x}.
\end{aligned}
$$

Die Koeffizientenmatrix A des Systems (7.44), die Matrix

$$A = \begin{pmatrix} -\mu_1 & 0 & 0 \\ \mu_1 & -\mu_2 & 0 \\ 0 & \mu_2 & 0 \end{pmatrix},$$

besitzt die Eigenwerte $\lambda_1 = -\mu_1$, $\lambda_2 = -\mu_2$, $\lambda_3 = 0$.

Wendet man nun auf (7.44) das *explizite* Euler-Verfahren an, so erhält man für $u^k = (u_1^k, u_2^k, u_3^k)^T$ die Gleichung

$$u^{k+1} = (1 + hA)u^k, \quad \text{also} \quad u^k = (1 + hA)^k u^0 \quad \text{mit } u^0 = (1, 1, 1)^T.$$

Nun besitzt aber die Matrix $(1 + hA)^k$ die Darstellung

$$(1 + hA)^k = A_1(1 + h\lambda_1)^k + A_2(1 + h\lambda_2)^k + A_3(1 + h\lambda_3)^k$$

mit gewissen Matrizen A_1, A_2, A_3. Damit die diskrete Lösung nicht unsachgemäß mit wachsendem k wächst, muß

$$|1 - h\mu_2| < 1, \quad \text{also} \quad 0 < h < 2/\mu_2$$

gelten. Diese Forderung ist paradox: die relativ unwichtige, schnell abklingende Komponente $e^{-\mu_2 x}$ der Lösung erzwingt die Verwendung extrem kleiner Schrittweiten! Deshalb:

> *Zur Lösung steifer Systeme empfehlen sich A-stabile Verfahren oder zumindest Verfahren mit genügend großem Stabilitätsgebiet.*

Unter gewissen zusätzlichen Voraussetzungen an die Matrix A gilt dann:

Wendet man ein A-stabiles Verfahren auf das lineare System

$$u' = Au, \quad u(0) = u_0$$

an, wobei $\operatorname{Re}\lambda_i \leq 0$ *für die Eigenwerte* λ_i *von* A *gelten möge, so wächst die Folge der erzeugten Näherungsvektoren nicht im Sinne von*

$$\|u^{(k+1)}\|_2 \leq \|u^{(k)}\|_2. \tag{7.45}$$

Wie üblich ist $\|.\|_2$ die Euklidische Norm eines Vektors. Die Eigenschaft (7.45) nennt man auch *Kontraktivität* des Verfahrens. Die angesprochenen zusätzlichen Voraussetzungen an A verlangen z. B. die Normalität der Matrix. Dies ist die Forderung $A^T A = AA^T$, die für symmetrische Matrizen automatisch erfüllt ist.

Für *nichtlineare* Systeme der Form

$$u' = f(x, u), \quad u(x_0) = u_0 \tag{7.46}$$

ist die Charakterisierung der Steifheit schwieriger. Grob gesprochen ist das Problem steif, wenn die Eigenwerte der Jacobi-Matrix von f sehr unterschiedlich große negative Realteile besitzen. Eine genauere Charakterisierung und weitere adäquate Stabilitätsbegriffe findet man in [HaWa96].

7.4 Hinweise auf Software und ein Ausblick: Algebro-Differentialgleichungen

Für nichtsteife und für steife Probleme gibt es ausgefeilte Programme, basierend auf Runge-Kutta-Verfahren (RKV), Mehrschrittverfahren (MSV) oder Extrapolation. Ein „bestes" Verfahren gibt es nicht, dies zeigen ausführliche Vergleiche in [HaWa96].

Hier eine kleine, nicht Vollständigkeit anstrebende Übersicht zu existierenden Codes:

Verfahren	nichtsteife Probleme	steife Probleme
RKV	RKF 45, DOPRI 5, DOP 853	RODAS, RADAU 5
MSV	DEABM, VODE, LSODE	SPRINT, VODE, LSODE
Extrapolation	EULEX, DIFEX 1, ODEX	EULSIM, METAN 1

Diese Programme bekommt man z. T. von Hairer & Wanner (`http://www.unige.ch/math/folks/hairer/software.html`), findet sie in Softwaresammlungen, z. B. unter `http://elib.zib.de/netlib/ode/` bzw. `http://elib.zib.de/netlib/sodepack/` oder in kommerziellen Bibliotheken wie NAG oder IMSL.

Eine kurze Einführung: Algebro-Differentialgleichungen

Falls man das implizite Differentialgleichungssystem

$$F(u', u) = 0 \tag{7.47}$$

nach u' auflösen kann, so daß man zu $u' = f(u)$ kommt, ist die Welt in Ordnung. Falls *nicht*, liegt ein *differentiell-algebraisches System*, engl. *Differential Algebraic Equation*, kurz *DAE*, bzw. eine *Algebro-Differentialgleichung* vor. Zum Beispiel bei der Modellierung elektrischer Schaltkreise oder den Bewegungsgleichungen von Mehrkörpersystemen ist dies in der Regel der Fall.

Ein System der Form

$$\begin{aligned} u' &= f(u, v) \\ \varepsilon v' &= g(u, v) \end{aligned} \tag{7.48}$$

ist im Fall $0 < \varepsilon \ll 1$ i. allg. steif. Denn bei vorausgesetzten negativen Eigenwerten der Jacobi-Matrix ist einer der Eigenwerte von moderater Größe, der andere aber betragsmäßig von der Ordnung $\mathcal{O}(1/\varepsilon)$, also groß. In einem weiten Bereich verhält sich die Lösung von (7.48) wie die Lösung des Grenzproblems

$$\begin{aligned} u' &= f(u, v) \\ 0 &= g(u, v), \end{aligned} \tag{7.49}$$

das sich für $\varepsilon = 0$ ergibt. Das System (7.49) ist ein Beispiel eines differentiell-algebraischen Systems, denn v' kommt ja nicht explizit vor. Damit kann man (7.49) nicht sofort nach u' und v' auflösen. *Steife Probleme und Algebro-Differentialgleichungen sind also verwandt.* Deshalb werden einige Codes für steife Probleme auch erfolgreich für Algebro-Differentialgleichungen eingesetzt.

Ein wichtiges Charakteristikum einer Algebro-Differentialgleichungen ist deren *Index*. Man spricht vom *Differentiationsindex* m, falls m Differentiationen zu einem expliziten System führen. Zum Beispiel besitzt (7.49) i. allg. den Differentiationsindex 1; *eine* Differentiation führt auf das System

$$\begin{aligned} u' &= f(u,v) \\ \frac{\partial g}{\partial v}(u,v)v' &= -\frac{\partial g}{\partial u}(u,v)f(u,v). \end{aligned}$$

Während Computercodes für steife Probleme oft auch Algebro-Differentialgleichungen vom Index 1 erfolgreich bearbeiten, sind Probleme mit höherem Index nicht leicht zu lösen, vgl. Aufgabe 7.11.

Einige bekannte Codes für Algebro-Differentialgleichungen sind:

Verfahren	Code
RKV	RODAS, SDIRK 4, RADAU 5
MSV	DASSL, ODASSL
Extrapolation	SEULEX, SODEX, LIMEX, MEXX

Zu DASSL bzw. ODASSL siehe [BrCa$^+$89] bzw. [Füh88]; ferner wieder `http://elib.zib.de/netlib/ode/`.

7.5 Übungsaufgaben

Aufgabe 7.1. Man überlege sich die Lösung von

$$u' = u^2 + 1, \qquad u(0) = 0$$

und verifiziere, daß das Verhalten der Lösung nicht im Widerspruch zu den Existenzaussagen zu Beginn des Kapitels steht.

Aufgabe 7.2. Konstruieren Sie alle zweistufigen expliziten Runge-Kutta-Verfahren der Ordnung 2 der Form $u_{k+1} = u_k + h(c_1 k_1 + c_2 k_2)$ mit

$$k_1 = f(x_k, u_k), \quad k_2 = f(x_k + ah, u_k + ha_{21}k_1).$$

Aufgabe 7.3. Welche Quadraturformel entsteht, wenn man das klassische Runge-Kutta-Verfahren auf die Aufgabe

$$u'(x) = f(x), \qquad u(x_0) = u_0$$

anwendet?

Aufgabe 7.4. Man konstruiere ein Mehrschrittverfahren, indem man

$$u(x_{k+1}) = u(x_k) + \int_{x_k}^{x_{k+1}} f(x, u(x))\, dx$$

als Ausgangspunkt wählt und den Integranden durch ein quadratisches Interpolationspolynom durch die Punkte $(x_{k-1}, f_{k-1}), (x_k, f_k)$ und (x_{k+1}, f_{k+1}) ersetzt.

Aufgabe 7.5. Untersuchen Sie Konsistenzordnung und Stabilität des Mehrschrittverfahrens von Milne-Simpson

$$u_{k+1} - u_{k-1} = \frac{h}{3}(f_{k-1} + 4f_k + f_{k+1}).$$

Ist das Verfahren A-stabil?

Aufgabe 7.6. Man wende die Mittelpunktsregel (7.23) an zur Diskretisierung der Aufgabe

$$u' = -u + 1, \qquad u(0) = 2.$$

Welches Verhalten besitzt die Folge $\{u_k\}$ bei festem $h > 0$ und $k \to \infty$?

Aufgabe 7.7. Lösen Sie die Differenzengleichung

$$u_{k+2} = \frac{5}{2}u_{k+1} + u_k, \qquad u_0 = u_1 = 0$$

und untersuchen Sie die Folge $\{u_k\}$ für $k \to \infty$.

Aufgabe 7.8. Ermitteln Sie die Stabilitätsfunktion der Norsett-Formel (7.42) und weisen Sie A-Stabilität des Verfahren nach!

Aufgabe 7.9. Die Diskretisierung einer partiellen Differentialgleichung nach der Linienmethode führt auf das Differentialgleichungssystem $u' = Au$ mit der Matrix

$$A = -\frac{1}{H^2}\begin{pmatrix} 2 & -1 & & \\ -1 & 2 & \ddots & \\ & \ddots & \ddots & -1 \\ & & -1 & 2 \end{pmatrix}.$$

H ist die verwendete räumliche Schrittweite, also relativ klein. Ist das System steif?

Aufgabe 7.10. Man wende die Mittelpunktsregel (7.23) an zur Diskretisierung des Prothero-Robinson-Modells

$$u'(t) = \lambda(u - g(t)) + g'(t), \qquad u(0) = u_0$$

mit $\lambda < 0$. Wie verhält sich der Konsistenzfehler für $|\lambda| \to \infty$?

Aufgabe 7.11. Man zeige, daß die direkte Anwendung des impliziten Euler-Verfahrens auf die Algebro-Differentialgleichung vom Index 2

$$u' - \frac{2}{3}xv' + \frac{1}{3}v = g(x), \quad u - \frac{2}{3}xv = f(x)$$

zu einer *divergenten* Folge von Näherungswerten v_k führt.

8 Randwertaufgaben

Fordert man, daß die Lösung einer Differentialgleichung in einem gewissen Gebiet zusätzlich Bedingungen auf dem Rand dieses Gebietes erfüllt, so spricht man von einer *Randwertaufgabe* (RWA). Typische Beispiele sind die eindimensionale Randwertaufgabe

$$\begin{array}{|rl|}\hline -u''(x) + b(x)u'(x) + c(x)u(x) = f(x) & \text{in} \quad (a,b), \\ u(a) = \alpha, \quad u(b) = \beta & \\ \hline \end{array} \tag{8.1}$$

und die n-dimensionale elliptische Randwertaufgabe[1]

$$\begin{array}{|rl|}\hline -\Delta u = f & \text{in} \quad \Omega \subset \mathbb{R}^n, \\ u = g & \text{auf} \quad \partial\Omega. \\ \hline \end{array} \tag{8.2}$$

Beide Aufgaben (8.1) und (8.2) sind *lineare* Randwertaufgaben. Wir beschränken uns auch auf diese Aufgabenklasse und behandeln nichtlineare Aufgaben nicht.

Gibt man die Funktionswerte auf dem Rand vor, so sagt man, die Randwertaufgabe sei von *erster Art* (bzw. die Randbedingung sei eine *Dirichlet-Bedingung*), bei Vorgabe der Normalableitung der gesuchten Funktion auf dem Rand (*Neumann-Bedingung*) nennt man die Aufgabe von *zweiter Art* und schließlich bei einer Linearkombination von Funktionswert und Normalableitung (*Robin-Bedingung*) Randwertaufgabe *dritter Art.* Oft kann man durch eine Transformation der Form $u = h + v$ mit einer geschickt gewählten Funktion h erreichen, daß die neue unbekannte Funktion v homogenen Randbedingungen genügt.

Existenz- und Eindeutigkeitsaussagen für Randwertaufgaben sind schwieriger zu gewinnen als für die Anfangswertaufgaben aus Kapitel 7. Wir gehen nur punktuell auf diese Fragen ein, stellen Diskretisierungsaspekte in den Mittelpunkt.

[1] Δ ist der durch $\Delta u(x) := \sum_{i=1}^{n} \partial^2 u(x)/\partial x_i^2$ definierte *Laplace-Operator*, und $\partial\Omega$ bezeichnet den Rand eines gegebenen Gebietes Ω des $\mathbb{R}^n$.

Wichtige Diskretisierungverfahren für Randwertaufgaben sind: Differenzenverfahren, Kollokation und andere spektrale Verfahren, die Finite-Element-Methode (FEM), die Finite-Volumen-Methode (FVM), Schießverfahren. In Abschnitt 8.1 skizzieren wir alle diese Verfahren am Beispiel von Randwertaufgaben für gewöhnliche Differentialgleichungen.

In den beiden folgenden Abschnitten gehen wir dann genauer auf zwei bewährte und sehr verbreitete Methoden ein: Kollokation mit Splines für eindimensionale RWA – Abschnitt 8.2 – und die Methode der finiten Elemente für zwei- bzw. dreidimensionale elliptische Randwertaufgaben – Abschnitt 8.3.

Hat man ein partielles Differentialgleichungsproblem zu lösen, bei dem Raum und Zeit eine Rolle spielen, so liegt i. allg. ein Anfangs-Randwertproblem vor (Randbedingungen bezüglich der räumlichen Variablen, Anfangsbedingungen bezüglich der Zeit). Grundlegende Aspekte der Diskretisierung in diesem Fall diskutieren wir im Abschnitt 8.4.

8.1 Eine Einführung in die grundlegenden Diskretisierungstechniken

In diesem Abschnitt betrachten wir die lineare Randwertaufgabe

$$Lu := -u'' + b(x)u' + c(x)u = f(x), \quad u(0) = u(1) = 0 \tag{8.3}$$

und diskutieren die verschiedenen, grundlegenden Diskretisierungsmethoden. Grundsätzlich nehmen wir dabei an, daß die gegebenen Funktionen b, c, f ausreichend glatt sind und daß $c(x) \geq 0$ gilt für alle $x \in [0,1]$. Diese Bedingung garantiert für (8.3) die Existenz und Eindeutigkeit einer zweimal differenzierbaren Lösung.

Über das *Differenzenverfahren* schrieb L. COLLATZ (1950): „Das Differenzenverfahren ist ein bei Randwertaufgaben allgemein anwendbares Verfahren. Es ist leicht aufstellbar und liefert bei groben Maschenweiten im allgemeinen bei relativ kurzer Rechnung einen für technische Zwecke oft ausreichenden Überblick über die Lösungsfunktion.“ Und tatsächlich ist die Grundidee einfach: mit dem Ziel, Näherungswerte u_i für die unbekannte Funktion u in Gitterpunkten x_i zu berechnen, notiert man die Differentialgleichung in diesen Gitterpunkten und ersetzt die Ableitungen durch Differenzenformeln gemäß Kapitel 6.1. Konkret sei

$$0 = x_0 < x_1 < \cdots < x_{N-1} < x_N = 1 \tag{8.4}$$

das gegebene Gitter mit den Schrittweiten $h_i := x_i - x_{i-1}$ und $h = \max_i h_i$. Stimmen alle Schrittweiten überein, nennt man das Gitter *äquidistant*. Verwendet man nun die Differenzenformeln (6.14) und (6.15) zur Approximation der ersten bzw. zweiten Ableitung, so erhält man das *gewöhnliche Differenzenverfahren*

$$\boxed{\begin{aligned} L_h u_h := & -\frac{2}{h_i + h_{i+1}} \left[\frac{u_{i+1} - u_i}{h_{i+1}} - \frac{u_i - u_{i-1}}{h_i} \right] \\ & + b_i \left[\frac{h_i}{h_i + h_{i+1}} \frac{u_{i+1} - u_i}{h_{i+1}} + \frac{h_{i+1}}{h_i + h_{i+1}} \frac{u_i - u_{i-1}}{h_i} \right] + c_i u_i = f_i, \\ & u_0 = u_N = 0, \quad i = 1, 2, \dots, N-1. \quad (8.5) \end{aligned}}$$

Mit u_h bezeichnen wir dabei den Vektor der gesuchten Näherungswerte in den Gitterpunkten. Im äquidistanten Fall vereinfacht sich (8.5) zu

$$L_h u_h := -\frac{2}{h^2}(u_{i+1} - 2u_i + u_{i-1}) + \frac{b_i}{2h}(u_{i+1} - u_{i-1}) + c_i u_i = f_i. \tag{8.6}$$

(8.5) ist ein lineares Gleichungssystem von $N-1$ Gleichungen für die $N-1$ Unbekannten $u_1, u_2, \dots, u_{N-1}$.

Das klassische Vorgehen bei der Analyse von Differenzenverfahren beruht wie in Kapitel 7 auf den Begriffen *Konsistenz* und *Stabilität*. Ist $R_h g$ die Einschränkung einer Funktion auf die Werte in den Gitterpunkten – also ein Vektor –, so ist analog zu Kapitel 7.1 *Konsistenz der Ordnung p* definiert durch

$$|L_h R_h u - R_h f| \leq c_k h^p. \tag{8.7}$$

Man setzt also wieder die Lösung der Randwertaufgabe „in das diskrete Problem (8.5) ein". Das diskrete Problem heißt *stabil*, wenn

$$|v_h| \leq c_s |L_h v_h| \tag{8.8}$$

für jede Gitterfunktion v_h gilt. Identifiziert man L_h mit der Koeffizientenmatrix des Gleichungssystems (8.5), so ist die Stabilitätsforderung (8.8) äquivalent zu

$$\|L_h^{-1}\| \leq c_s. \tag{8.9}$$

Der Stabilitätsnachweis ist also erbracht, wenn man die Norm der inversen Matrix zu L_h gemäß (8.9) abschätzen kann, was i. allg. nicht ganz einfach ist.

Wie in Abschnitt 7.1 *implizieren Konsistenz der Ordnung p und Stabilität Konvergenz der Ordnung p*, d. h.

$$\boxed{|u(x_i) - u_i| \leq c h^p.} \tag{8.10}$$

Wie sieht es nun konkret mit Konsistenz und Stabilität für das gewöhnliche Differenzenverfahren aus? Gemäß Abschnitt 6.1 ist die Konsistenzordnung auf einem äquidistanten Gitter 2, auf einem beliebigen Gitter aber nur 1. Komplizierter ist der Nachweis der Stabilitätseigenschaft (8.9). Wir sehen uns einmal den Spezialfall $b \equiv 0, c \equiv 1$ an. Dann gilt für L_h auf einem äquidistanten Gitter:

$$L_h = \begin{pmatrix} 1+\frac{2}{h^2} & -\frac{1}{h^2} & & & \\ -\frac{1}{h^2} & 1+\frac{2}{h^2} & -\frac{1}{h^2} & & \\ & \ddots & \ddots & \ddots & \\ & & -\frac{1}{h^2} & 1+\frac{2}{h^2} & -\frac{1}{h^2} \\ & & & -\frac{1}{h^2} & 1+\frac{2}{h^2} \end{pmatrix}.$$

Ist eine Matrix A streng diagonal dominant, d. h. $|a_{kk}| - \sum_{j\neq k} |a_{kj}| > 0$, so gilt $\|A^{-1}\|_\infty \leq 1/\min_k(|a_{kk}| - \sum_{j\neq k} |a_{kj}|)$, siehe Aufgabe 2.2, Dies impliziert für unsere spezielle Matrix L_h die Relation $\|L_h^{-1}\|_\infty \leq 1$. Mit komplizierten Hilfsmitteln aus der Theorie der Matrizen kann man auch im allgemeinen Fall für (8.5) Stabilität nachweisen. Daraus folgt Konvergenz der Ordnung 2 auf einem äquidistanten Gitter, aber nur Konvergenz der Ordnung 1 auf einem beliebigen Gitter. Tatsächlich liegt aber auch auf einem beliebigen Gitter Konvergenz der Ordnung 2 vor. Dieses Phänomen heißt *Suprakonvergenz*, die Konvergenzordnung ist größer als die Konsistenzordnung. Der Beweis erfordert allerdings ein gegenüber (8.8) verbessertes Stabilitätsresultat. Fassen wir zusammen:

Das gewöhnliche Differenzenverfahren auf einem beliebigen Gitter ist stabil und konvergent von der Ordnung 2 für ausreichend glatte Lösungen.

Beispiel 8.1 (Ein Warnzeichen). Die naive Diskretisierung von nichtlinearen Problemen kann zu unbrauchbaren Näherungswerten führen – dann nützt es absolut nichts, wenn man vielleicht noch auf einem Parallelrechner die erzeugten Gleichungssysteme superschnell löst. Wir betrachten die RWA

$$-(u'')^2 + u' = 0, \quad u(0) = 0, \; u(1) = 1/12.$$

Das gewöhnliche Differenzenverfahren

$$-\left(\frac{u_{i+1} - 2u_i + u_{i-1}}{h^2}\right)^2 + \frac{u_{i+1} - u_{i-1}}{2h} = 0, \quad u_0 = 0, \; u_N = 1/12$$

ist eine konsistente Approximation der Ordnung 2. Für gerades N ist

$$u_{2k} = 2k\frac{h}{12}, \quad u_{2k+1} = (2k+1)\frac{h}{12} + \frac{h^2}{(4\sqrt{3})}$$

die Lösung des Gleichungssystems, die jedoch gegen die durch $u^*(x) = x/12$ definierte Funktion u^* konvergiert, die *keine* Lösung des Differentialgleichungsproblems ist! Die Ursache dieses Verhaltens ist fehlende Stabilität. □

Schon im eindimensionalen Fall besitzen Differenzenverfahren den Nachteil, daß die systematische Erzeugung von stabilen Diskretisierungen höherer Ordnung – insbesondere auf nichtäquidistanten Gittern – schwierig ist. Im zweidimensionalen Fall leben die klassischen Differenzenverfahren von der Orthogonalität der verwendeten Gitter. Bezüglich der Gebietsgeometrie und der Diskretisierung von Randbedingungen sind deshalb Differenzenverfahren nicht so flexibel wie z. B. FVM und FEM.

FVM gehen von einer Integralbilanz über ein Kontrollvolumen aus. Oft sind diese Bilanzgleichungen die natürliche Modellierung eines praktischen Prozesses und die Differentialgleichungsprobleme erst daraus abgeleitet. In einer solchen Situation erscheint es zweckmäßig, die Diskretisierung unmittelbar an der Bilanzgleichung vorzunehmen.

Wir nehmen an, das Differentialgleichungssystem zweiter Ordnung liege in *Divergenzform* vor, d. h.

$$\operatorname{div} J = f$$

mit einem Differentialausdruck erster Ordnung J in der gesuchten Funktion u. Dann liefert Integration über ein Kontrollvolumen V und Anwendung des Gaußschen Integralsatzes

$$\int_{\partial V} (J \cdot n)\, d\partial V = \int_V f\, dV. \tag{8.11}$$

Dies ist die angesprochene *Bilanzgleichung*. Die FVM ist nun dadurch charakterisiert, daß in der Bilanzgleichung Ableitungen der unbekannten Funktion durch Differenzenformeln approximiert werden.

Als Beispiel betrachten wir die Randwertaufgabe in Divergenzform

$$-(u' + d(x)u)' = f(x), \quad u(0) = u(1) = 0. \tag{8.12}$$

Als „Kontrollvolumen" wählen wir die Intervalle $(x_{i-\frac{1}{2}}, x_{i+\frac{1}{2}})$, wobei $x_{i+\frac{1}{2}} := (x_{i+1} + x_i)/2$. Dann ergibt sich die Bilanzgleichung

$$-(u' + d(x)u)\Big|_{x_{i-\frac{1}{2}}}^{x_{i+\frac{1}{2}}} = \int_{x_{i-\frac{1}{2}}}^{x_{i+\frac{1}{2}}} f. \tag{8.13}$$

Die Approximationen

$$u'(x_{i+\frac{1}{2}}) \approx \frac{1}{h_{i+1}}(u_{i+1} - u_i), \quad u(x_{i+\frac{1}{2}}) \approx \frac{u_{i+1} + u_i}{2}, \quad \int_{x_{i-\frac{1}{2}}}^{x_{i+\frac{1}{2}}} f \approx \frac{h_i + h_{i+1}}{2} f_i$$

führen dann zu

$$-\frac{2}{h_i+h_{i+1}}\left[\frac{u_{i+1}-u_i}{h_{i+1}}-\frac{u_i-u_{i-1}}{h_i}\right]$$
$$+\frac{2}{h_i+h_{i+1}}\left[d_{i+\frac{1}{2}}\frac{u_{i+1}+u_i}{2}+d_{i-\frac{1}{2}}\frac{u_i+u_{i-1}}{2}\right]=f_i. \quad (8.14)$$

Das diskrete Problem (8.14) kann man natürlich als Differenzenverfahren interpretieren. Man sieht, daß die Diskretisierung von $-u''$ in (8.5) und (8.14) übereinstimmt.

Finite-Volumen-Methoden sind deshalb populär, weil sie die *direkte* Diskretisierung von Bilanzgleichungen gestatten. Dies führt in natürlicher Weise zur korrekten Widerspiegelung von Bilanzen im diskreten Problem, was oft praktisch wichtig ist. Diskretisierungsmethoden mit dieser Eigenschaft nennt man *konservativ*. Im Gegensatz zu Differenzenverfahren kann man FVM im zwei- bzw. dreidimensionalen Fall auch auf allgemeineren – nicht notwendig orthogonalen – Gittern realisieren, z. B. auf den flexiblen Dreiecksgittern im Zweidimensionalen.

Andererseits ist ein gewisser Nachteil von FVM, daß es keine typische FVM-Analysis gibt: man interpretiert i. allg. eine Finite-Volumen-Methode als Differenzenverfahren oder als Finite-Elemente-Verfahren und nutzt dann die Werkzeuge der Konvergenzanalysis, die für diese Methoden bereitstehen. Im Abschnitt 8.3, Bemerkung 8.9 werden wir noch darauf eingehen, wie nahe sich manche FVM und FEM sind.

Kollokation und andere spektrale Verfahren sowie die Methode der finiten Elemente gehören zur Klasse der *Ansatzverfahren*. Bei einem Ansatzverfahren wählt man N *Ansatzfunktionen* ϕ_i $(i=1,2,\dots,N)$ und sucht eine Näherung u^N der Lösung u eines gegebenen Problems in der Form

$$\boxed{u^N(x)=\sum_{i=1}^{N}u_i\phi_i(x)} \quad (8.15)$$

mit noch zu bestimmenden Parametern u_i. Verschiedene Ansatzfunktionen unterscheiden sich durch die Wahl der Ansatzfunktionen und/oder die Art und Weise, *wie* man die freien Parameter u_i bestimmt.

Um letzteres ausreichend klar erläutern zu können, müssen wir zunächst den Zusammenhang zwischen einem Randwertproblem, einer Variationsgleichung und einem Variationsprinzip aufdecken. Wir realisieren dies am Beispiel der Randwertaufgabe (8.3).

Multipliziert man (8.3) mit einer beliebigen Funktion v und integriert über das Intervall $(0,1)$, so erhält man nach partieller Integration von $\int u''v$ die Gleichung

$$-u'v\Big|_0^1 + \int_0^1 (u'v' + bu'v + cuv) = \int_0^1 fv.$$

Falls nun v die homogenen Dirichlet-Bedingungen erfüllt, so erhält man die *Variationsgleichung*

$$\int_0^1 (u'v' + bu'v + cuv) = \int_0^1 fv \quad \text{für alle } v \text{ mit } v(0) = v(1) = 0. \tag{8.16}$$

Ist u zweimal differenzierbar, so gelangt man umgekehrt von (8.16) zur Randwertaufgabe (8.3) zurück.

Im Spezialfall $b \equiv 0$ ist die Variationsgleichung (8.16) äquivalent zu der Variationsaufgabe bzw. dem Variationsprinzip: Man ermittle die Funktion u mit $u(0) = u(1) = 0$, die das Funktional

$$J(v) := \frac{1}{2}\int_0^1 \left[(v')^2 + cv^2\right] - \int_0^1 fv \quad \text{mit } v(0) = v(1) = 0 \tag{8.17}$$

minimiert. Denn: Ist u die Minimallösung, so ist folglich

$$\frac{d}{dt}J(u+tv)\Big|_{t=0} = 0, \qquad \text{(notwendige Optimalitätsbedingung)}$$

also

$$\frac{d}{dt}\left\{\frac{1}{2}\int_0^1 [u'^2 + 2u'v't + t^2v'^2 + c(u^2 + 2uvt + v^2t^2)] - \int_0^1 f(u+tv)\right\}\Bigg|_{t=0} = 0,$$

demnach in der Tat

$$\int_0^1 [u'v' + cuv] = \int_0^1 fv.$$

Andererseits gilt

$$J(u+tv) = J(u) + t\left[\int_0^1 [u'v' + cuv] - \int_0^1 fv\right] + t^2\frac{1}{2}\int_0^1 \left[v'^2 + cv^2\right].$$

Dies bedeutet: Löst u die Variationsaufgabe nicht, so kann es nicht die Optimallösung des Variationsprinzips sein, weil $J(u+tv) < J(u)$ für eine gewisse Zahl t gilt. Folglich sind Variationsprinzip und Variationsgleichung äquivalent. Schematisch kann man die gerade diskutierten Zusammenhänge wie in Abbildung 8.1 darstellen.

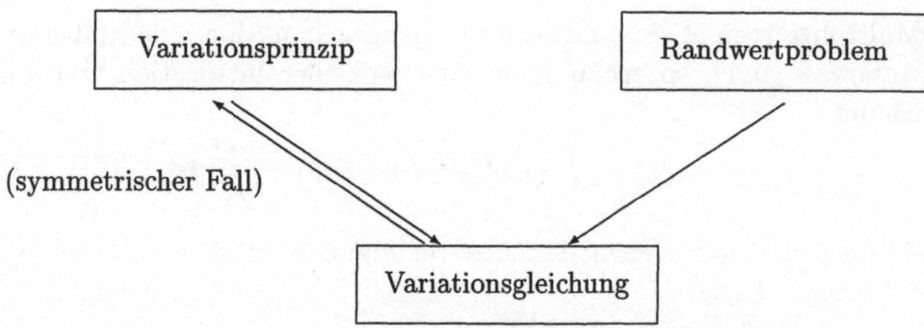

Abbildung 8.1: Variationsprinzip – Randwertaufgabe – Variationsgleichung

Bemerkungen 8.2. (i) Zu einer Variationsgleichung gibt es nur dann ein äquivalentes Variationsprinzip, wenn die *Bilinearform*, die die Variationsgleichung erzeugt, symmetrisch in u und v ist. In unserem Beispiel ist die durch

$$a(u,v) := \int_0^1 u'v' + bu'v + cuv$$

definierte Bilinearform genau dann symmetrisch, wenn $b \equiv 0$ gilt.

(ii) Zur Rolle der Randbedingungen: Beim Übergang von der Randwertaufgabe zur Variationsgleichung entsteht bei partieller Integration der Term $-u'v|_0^1$. Hat man keine Dirichletschen Randbedingungen, sondern homogene Randbedingungen 2. oder 3. Art, so muß v diese Bedingungen *nicht* erfüllen – bei homogenen Bedingungen 2. Art verschwindet der Term automatisch, bei Bedingungen 3. Art geht er in die Bilinearform ein. □

Mit Ansatzverfahren kann man nun die Randwertaufgabe direkt angehen oder die zugeordnete Variationsgleichung, im symmetrischen Fall auch die Variationsaufgabe. Der große Vorteil bei der Umformulierung zur Variationsgleichung ist, daß die Variationsgleichung nur erste Ableitungen, die Randwertaufgabe aber zweite Ableitungen enthält. Dies ermöglicht die Verwendung *weniger glatter* Ansatzfunktionen bei der Arbeit mit Variationsgleichungen.

Zur Bestimmung der freien Parameter u_i im Ansatz (8.15) gibt es nun zwei grundlegende Vorgehensweisen: das fundamentale *Galerkin-Prinzip* und das *Kollokationsprinzip*.

Wir bezeichnen mit V^N die Menge aller Funktionen, die sich als Linearkombination der gewählten Basisfunktionen darstellen lassen. Dann fordert das Galerkin-Prinzip: Man finde $u^N \in V^N$ mit

$$\boxed{a(u^N, v^N) = f(v^N) \qquad \text{für alle} \quad v^N \in V^N.} \tag{8.18}$$

Das Galerkin-Prinzip bedeutet also, daß man in der Variationsgleichung (8.16) u und v durch Repräsentanten der endlichdimensionalen Räume V^N ersetzt.

Bemerkung 8.3. Subtrahiert man (8.16) (mit $v := v^N$) und (8.18) voneinander, so ergibt sich die Beziehung

$$\boxed{a(u - u^N, v^N) = 0 \qquad \text{für alle} \quad v^N \in V^N.} \tag{8.19}$$

Man sagt, „der Fehler $u - u^N$ steht orthogonal zum Ansatzraum bzw. zu den Ansatzfunktionen", und spricht von der *Fehlerorthogonalität* des Galerkin-Verfahrens. Diese Fehlerorthogonalität ist der Schlüssel für Fehlerabschätzungen, siehe Abschnitt 8.3.

In manchen Büchern wird die *Methode des gewichteten Residuums* beschrieben. Dabei setzt man u^N in die Differentialgleichung ein und fordert

$$\int_0^1 (Lu^N - f)v^N = 0 \qquad \text{für alle} \quad v^N \in V^N. \tag{8.20}$$

Integriert man einmal partiell, so erkennt man, daß aus (8.20) die Galerkin-Gleichung (8.18) folgt. (8.18) verlangt aber weniger Glätte von den Ansatzfunktionen als (8.20), deshalb ist das auf der Variationsgleichung beruhende Galerkin-Prinzip der Methode (8.20) überlegen. □

Ist die Bilinearform symmetrisch, so ist die Variationsgleichung (8.18) wie oben beschrieben äquivalent zu: Suche in V^N das Minimum von

$$\boxed{J(v^N) := \tfrac{1}{2}a(v^N, v^N) - f(v_N).} \tag{8.21}$$

Der direkte Übergang von (8.17) zu (8.21) heißt *Ritz-Verfahren.* Schematisch ergibt sich die Übersicht in Abbildung 8.2.

Da die erzeugten diskreten Probleme identisch sind, kann man Ritz-Verfahren und Methode der gewichteten Residuen wieder vergessen: Eine sowohl theoretisch als auch praktisch günstige Variante ist, grundsätzlich von der Variationsgleichung auszugehen, um dann das Galerkin-Prinzip zur Diskretisierung zu nutzen.

Was steckt nun eigentlich konkret hinter dem diskreten Problem (8.18)? Setzt man für u^N den Ansatz (8.15) ein und wählt für v^N nacheinander die verschiedenen Ansatzfunktionen, so folgt

$$a\left(\sum_{i=1}^{N} u_i\varphi_i, \varphi_j\right) = (f, \varphi_j), \qquad j = 1, \dots, N$$

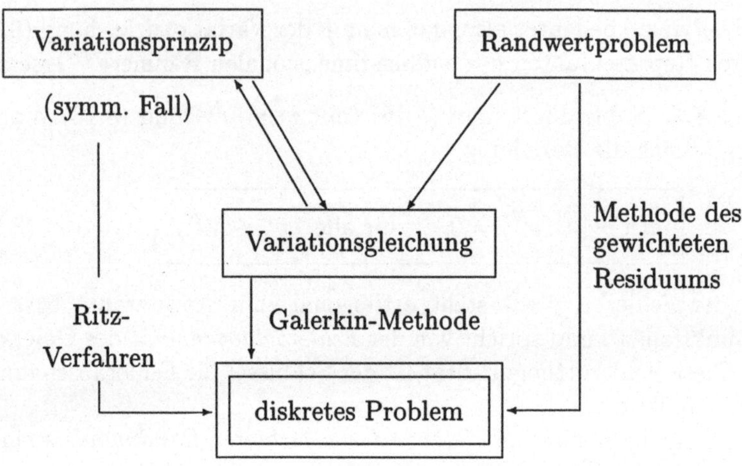

Abbildung 8.2: Möglichkeiten der Erzeugung des diskreten Problems

bzw.

$$\sum_{i=1}^{N} a(\varphi_i, \varphi_j)u_i = f_j \quad \text{mit} \quad f_j = (f, \varphi_j), \quad j = 1, \ldots, N. \tag{8.22}$$

(8.22) ist nichts anderes als ein *lineares Gleichungssystem* für die N Unbekannten u_i $(i = 1, \ldots, N)$. Dieses Gleichungssystem löst man je nach Größe von N mit geeigneten Verfahren aus den Kapiteln 2 und 3.

Kollokation scheint zunächst völlig verschieden zu sein vom Galerkin-Verfahren. Bei der Kollokation wählt man N Kollokationsstellen ξ_i $(i = 1, \ldots, N)$ und fordert

$$\boxed{(Lu^N)(\xi_i) = f(\xi_i), \quad i = 1, \ldots, N,} \tag{8.23}$$

also die Erfülltheit der Differentialgleichung, angewandt auf die Näherungslösung, in den Kollokationsstellen. (8.23) ist wieder ein lineares Gleichungssystem für die unbekannten Parameter des Ansatzes.

Formal erhält man die Kollokationsgleichungen (8.23), indem man in den Gleichungen des gewichteten Residuuns (8.20) die v^N durch sogenannte δ-Distributionen, lokalisiert bei den Kollokationsstellen ξ_i, ersetzt. Tatsächlich gelingt es in manchen Situationen streng mathematisch zu zeigen, daß Kollokation durch Kombination eines Galerkin-Verfahrens mit einer geeigneten Quadraturformel zur Auswertung der Integrale entsteht [QuVa94].

Die üblicherweise verwendeten Ansatzfunktionen sind orthogonale Polynome (Legendre, Tschebyscheff), trigonometrische Polynome oder Splines. Die resultierenden Verfahren zeigt folgende

Übersicht: Ansatzmethoden

Methode	Diskretisierungsprinzip	Ansatzfunktionen
Methode der finiten Elemente	Galerkin	Splines
spektrale Methoden	Galerkin	orthogon. Polynome
Fourier-Spektralmethoden	Galerkin/Kollokation	trigonom. Polynome
Pseudospektralmethoden	Kollokation	orthogon. Polynome
Spline-Kollokation	Kollokation	Splines

Wir diskutieren in Abschnitt 8.2 ausführlicher Kollokation mit Splines, dann in 8.3 die Methode der finiten Elemente. Spektrale Methoden sind der Gegenstand der Bücher [GoOr77], [CaHu⁺88], [QuVa94].

Alle bisher in Kapitel 8 behandelten Verfahren kann man prinzipiell auch zur numerischen Behandlung von Randwertaufgaben für partielle Differentialgleichungen einsetzen. Das *Schießverfahren* jedoch ist ein typisches Verfahren für eindimensionale Randwertaufgaben. Zur Behandlung der Randwertaufgabe

$$u''(x) = g(x, u, u'), \quad u(a) = \alpha, \; u(b) = \beta$$

ersetzt man einfach die Randwertaufgabe durch das Anfangswertproblem

$$u''(x) = g(x, u, u'), \quad u(a) = \alpha, \; u'(a) = s$$

mit variablem s, dem Tangens des „Schießwinkels". Damit die Lösungen von RWA und AWA übereinstimmen, muß der Parameter s der Bedingung $u(b, s) = \beta$ genügen. Dies ist eine *nichtlineare* Gleichung für den Parameter s, die allerdings den Nachteil hat, daß man $u(b, s)$ ja nicht explizit kennt, sondern als Lösung einer Anfangswertaufgabe numerisch berechnen muß. Trotzdem liefert die Kopplung von Verfahren aus den Kapiteln 3 und 7 in manchen Situationen zufriedenstellende numerische Resultate zur Lösung des gegebenen Randwertproblems.

Wir empfehlen Schießverfahren aber nur bedingt, denn selbst dann, wenn man sie hinsichtlich der sogenannten Mehrzielmethode noch verbessert, haben Schießverfahren mit Instabilitäten, die den Anfangswertproblemen innewohnen, zu kämpfen. Das einfache Beispiel $-u'' + 100u = 0$, $u(0) = 1$, $u(1) = 0$, ausführlich diskutiert in Abschnitt 5.1 von [GoOr95], zeigt bereits, daß $u(1, s)$ extrem empfindlich auf Änderungen von s reagiert. Dagegen ist z. B. das gewöhnliche Differenzenverfahren, angewendet auf dieses Beispiel, stabil und liefert zufriedenstellende numerische Ergebnisse.

8.2 Spline-Kollokation

Wir gehen jetzt genauer darauf ein, wie man eine Randwertaufgabe vom Typ (8.1) näherungsweise durch ein Ansatzverfahren mit Splines löst, wenn man sich dafür entschieden hat, die unbestimmten Parameter des Ansatzes durch Kollokation zu ermitteln.

Da der Ansatz (8.15) in eine Differentialgleichung zweiter Ordnung eingesetzt wird, glaubte man Anfang der 70er Jahre bei Entwicklung der Spline-Kollokation, daß die Ansatzfunktionen C^2-Splines sein müssen. Es stellt sich aber heraus, daß die etwas einfacheren C^1-Splines ausreichen. Um Schreibarbeit zu sparen, diskutieren wir zunächst die spezielle Randwertaufgabe

$$-u''(x) + c(x)u(x) = f(x), \quad u(0) = u(1) = 0. \tag{8.24}$$

Gegeben sei ein äquidistantes Gitter, $x_i = ih$, $i = 0, 1, \ldots, N$. Der Punkt $x_{i-\frac{1}{2}}$ sei der Mittelpunkt von (x_{i-1}, x_i), ferner ξ_i ein beliebiger Punkt aus diesem Teilintervall. Wir definieren nun die stückweise konstante Funktion

$$d(x, u) := f(\xi_i) - c(\xi_i)u(\xi_i) \quad \text{für alle} \quad x \in (x_{i-1}, x_i);$$

ferner u_h als Lösung der Randwertaufgabe

$$-u_h'' = d(x, u_h), \qquad u_h(0) = u_h(1) = 0.$$

Durch zweimalige Integration erhält man: u_h' ist stückweise linear und stetig, u_h ist stückweise quadratisch und einmal stetig differenzierbar. Folglich ist u_h ein quadratischer C^1-Spline. Laut Definition gilt aber gerade

$$(-u_h'' + c(.)u_h)(\xi_i) = f(\xi_i).$$

u_h erfüllt damit Kollokationsbedingungen an den Stellen ξ_i. Man zählt leicht nach, daß ein quadratischer C^1-Spline auf unserem Gitter tatsächlich N Freiheitsgrade hat, wenn die Randbedingungen schon berücksichtigt sind.

Im skizzierten Sinne ist also eine C^1-Kollokationsmethode zu verstehen: im Inneren der Teilintervalle (x_{i-1}, x_i) kann man die Kollokationsbedingungen problemlos stellen, und für den Übergang von Teilintervall zu Teilintervall ist eine C^1-Forderung sachgemäß.

Zur Realisierung der Kollokation mit quadratischen C^1-Splines verwendet man B-Splines, vgl. Abschnitt 5.1.2:

$$B_2^i(x) = \begin{cases} \frac{1}{2}\left[\frac{3}{2} + \frac{1}{h}(x - x_{i-\frac{1}{2}})\right]^2 & \text{für} \quad x \in [x_{i-2}, x_{i-1}] \\ \frac{3}{4} - \left[\frac{1}{h}(x - x_{i-\frac{1}{2}})\right]^2 & \text{für} \quad x \in [x_{i-1}, x_i] \\ \frac{1}{2}\left[\frac{3}{2} - \frac{1}{h}(x - x_{i-\frac{1}{2}})\right]^2 & \text{für} \quad x \in [x_i, x_{i+1}], \end{cases}$$

B_2^i ist der dortige Spline $B_{i-2,2}$. Wegen der homogenen Randbedingungen muß man am Rand etwas aufpassen, wir setzen

$$\varphi_i(x) = \begin{cases} B_2^1(x) - B_2^0(x) & \text{für } i = 1, \\ B_2^i(x) & \text{für } i = 2, \dots, N-1, \\ B_2^N(x) - B_2^{N+1}(x) & \text{für } i = N. \end{cases}$$

Es erscheint naheliegend, als Kollokationsstelle die Mittelpunkte $x_{i-\frac{1}{2}}$ zu wählen. Diese Wahl ergibt das tridiagonale Gleichungssystem

$$\frac{1}{h^2}\Big(-u_{i-1} + 2u_i - u_{i+1}\Big) + c_{i-\frac{1}{2}}\Big(\frac{1}{8}u_{i-1} + \frac{3}{4}u_i + \frac{1}{8}u_{i+1}\Big) = f_{i-\frac{1}{2}}.$$

Die Lösung dieses Gleichungssystems liefert die gesuchte Näherungslösung $u_h = \sum_{i=1}^N u_i\varphi_i(x)$.

Bei kubischen C^1-Splines ist a priori weniger klar, wie man zwei Kollokationsstellen pro Teilintervall wählen sollte, deshalb diskutieren wir diese Frage jetzt im Detail. Als technisches Hilfsmittel benötigen wir die *Greensche Funktion* zu einem gegebenen Differentialoperator. Besitzt eine lineare Differentialgleichung $Lu = f$ mit homogenen Randbedingungen die Lösungsdarstellung

$$u(x) = \int_0^1 G(x,t)f(t)\,dt,$$

so heißt G die zugehörige Greensche Funktion. Zum Beispiel hat man für

$$-u''(x) = f(x), \quad u(0) = u(1) = 0$$

die Darstellung

$$G(x,t) = \begin{cases} x(1-t) & \text{für } 0 \le x \le t \le 1 \\ t(1-x) & \text{für } 0 \le t \le x \le 1. \end{cases}$$

Für komplizierte Probleme kann man die Greensche Funktion i. allg. nicht explizit aufschreiben. Man weiß aber, daß G als Funktion von x für $x \neq t$ der homogenen Differentialgleichung und den Randbedingungen genügt, ferner stetig ist, aber $\partial G/\partial x$ für $x = t$ eine Unstetigkeit 1. Art (Sprung) besitzt.

Zurück zur Kollokation mit kubischen C^1-Splines und den Kollokationsstellen $\xi_{i,1}, \xi_{i,2}$ pro Teilintervall. Für den Kollokationsfehler kann man mit Hilfe der Greenschen Funktion schreiben

$$(u - u_h)(x) = \int_0^1 G(x,t)(L(u-u_h))(t)\,dt = \sum_{i=1}^N \int_{x_{i-1}}^{x_i} G(x,t)(L(u-u_h))(t)\,dt.$$

Da $L(u - u_h)$ in den Stellen $\xi_{i,1}, \xi_{i,2}$ verschwindet, kann man mit einer Hilfsfunktion D_i notieren:

$$(L(u - u_h))(t) = (t - \xi_{i,1})(t - \xi_{i,2})(D_i(u - u_h))(t) \quad \text{für} \quad t \in [x_{i-1}, x_i].$$

Also folgt

$$(u - u_h)(x) = \sum_{i=1}^{N} \int_{x_{i-1}}^{x_i} G(x,t)(D_i(u - u_h))(t)(t - \xi_{i,1})(t - \xi_{i,2})\, dt.$$

Die Linearisierung auf der Basis der Taylorschen Formel liefert

$$G(x,t)(D_i(u - u_h))(t) = p_1(t) + R_2(t),$$

p_1 ist ein lineares Polynom in t, im Rest R_2 wird über die Ableitung der zu entwickelnden Funktion integriert. Dies ist möglich, da die erste Ableitung der Greenschen Funktion zwar unstetig, aber beschränkt ist. Damit ergeben sich zwei Fehleranteile, nämlich

$$\sum_{i=1}^{N} \int_{x_{i-1}}^{x_i} p_1(t)(t - \xi_{i,1})(t - \xi_{i,2})\, dt \quad \text{sowie} \quad \sum_{i=1}^{N} \int_{x_{i-1}}^{x_i} R_2(t)(t - \xi_{i,1})(t - \xi_{i,2})\, dt.$$

Der zweite Fehleranteil besitzt die Größenordnung $\mathcal{O}(h^4)$. Ist nun

$$\int_{x_{i-1}}^{x_i} p_1(t)(t - \xi_{i,1})(t - \xi_{i,2})\, dt = 0$$

für alle linearen Polynome p_1, so besitzt der Gesamtfehler die Größenordnung $\mathcal{O}(h^4)$. Dies tritt ein, wenn die Kollokationsstellen $\xi_{i,1}$, $\xi_{i,2}$ die Gauß-Punkte des Intervalls (x_{i-1}, x_i) sind, vgl. Kapitel 6. Bei beliebigen Kollokationsstellen reduziert sich der Fehler zu $\mathcal{O}(h^2)$, er besitzt die Größenordnung $\mathcal{O}(h^3)$, wenn wenigstens die Beziehung $\int_{x_{i-1}}^{x_i} (t - \xi_{i,1})(t - \xi_{i,2})\, dt = 0$ gilt. Fazit:

Die kubische C^1-Kollokation mit den Gauß-Punkten als Kollokationsstellen führt zu einem Verfahren der Ordnung 4.

Welche Ansatzfunktionen kann man im kubischen C^1-Fall konkret benutzen? Setzt man

$$\phi_i(x) = \begin{cases} ((x - x_i)/h + 1)^2 \, (1 - 2(x - x_i)/h) & \text{für } x \in [x_{i-1}, x_i] \\ ((x - x_i)/h - 1)^2 \, (1 + 2(x - x_i)/h) & \text{für } x \in [x_i, x_{i+1}] \\ 0 & \text{sonst,} \end{cases}$$

so ist ϕ_i stetig differenzierbar, außerdem gilt $\phi_i(x_j) = \delta_{ij}$, $\phi_i'(x_j) = 0$. Andererseits ist auch

$$\widetilde{\phi}_i(x) = \begin{cases} ((x-x_i)/h+1)^2\,(x-x_i) & \text{für } x \in [x_{i-1}, x_i] \\ ((x-x_i)/h-1)^2\,(x-x_i) & \text{für } x \in [x_i, x_{i+1}] \\ 0 & \text{sonst,} \end{cases}$$

stetig differenzierbar, es gilt zudem $\widetilde{\phi}_i(x_j) = 0$ und $\widetilde{\phi}_i'(x_j) = \delta_{ij}$. Deshalb kann man einen kubischen C^1-Spline u_h (mit $u_h(0) = u_h(1) = 0$) darstellen als

$$u_h(x) = \sum_{i=1}^{N-1} u_i \phi_i(x) + \sum_{i=0}^{N} \widetilde{u}_i \widetilde{\phi}_i(x). \tag{8.25}$$

Die $2N$ Parameter ermittelt man aus den Kollokationsgleichungen. Der Vorteil der Darstellung (8.25) ist, daß u_i und $\widetilde{u}_i$ im Gegensatz zu der B-Spline-Darstellung der quadratischen C^1-Splines jetzt unmittelbar interpretiert werden können als die Näherungswerte in den Knoten $u_i = u_h(x_i)$ bzw. Näherungswerte der ersten Ableitung in den Knoten $\widetilde{u}_i = u_h'(x_i)$.

Praktisch wird die Kollokationsmethode nicht auf einem äquidistanten Gitter realisiert, sondern das Gitter sukzessiv auf der Basis der erhaltenen Näherungslösung verbessert. Diese *adaptive Strategie* verläuft bei der kubischen C^1-Kollokation beispielsweise folgendermaßen. Man geht aus von dem heuristischen Prinzip, daß die *Monitorfunktion*

$$|u^{(4)}(x)|^{1/4} \qquad \text{für} \quad x \in (x_{i-1}, x_i)$$

Informationen darüber liefern sollte, ob das aktuelle Intervall (x_{i-1}, x_i) schon ausreichend klein ist oder verfeinert werden muß. Die vierte Ableitung unseres kubischen Splines u_h auf (x_{i-1}, x_i) ist aber identisch Null. Deshalb benutzt man eine Hilfsfunktion χ, nämlich die lineare Interpolierende von $u_h'''(x_{i-\frac{1}{2}})$. Praktisch beobachtet man also die Monitorfunktion

$$\int_{x_{i-1}}^{x_i} |\chi'(x)|^{1/4}\, dx$$

und versucht das Gitter so zu steuern, daß der Beitrag jedes Teilintervalls zur Monitorfunktion gleich groß ist, siehe [AsMa$^+$88].

Natürlich kann man Spline-Kollokation auch auf nichtlineare Randwertaufgaben anwenden. Wir skizzieren ein recht allgemeines Resultat aus [deB78]. Betrachtet wird die Randwertaufgabe

$$u'' = f(x, u, u'), \qquad u(0) = u(1) = 0.$$

Die Näherung u_h sei stückweise polynomial vom Grad r und C^1-Spline, also $r \geq 2$. Pro Teilintervall wählen wir die $r-1$ Kollokationsstellen

$$\xi_{i,\nu} = \frac{x_i + x_{i-1}}{2} + \rho_\nu \frac{x_i - x_{i-1}}{2}, \qquad \nu = 1, 2, \ldots, r-1, \quad i = 1, 2, \ldots, N$$

mit $-1 < \rho_1 < \cdots < \rho_{r-1} < 1$. Die Näherungslösung genügt dann

$$u_h''(\xi_{i,\nu}) = f(\cdot, u_h, u_h')(\xi_{i,\nu}).$$

Für dieses Kollokationsverfahren gilt:

Die Kollokationsstellen seien so gewählt, daß die ρ_i die Gauß-Punkte des Intervalls $[-1,1]$ sind. Ist dann die Randwertaufgabe lösbar, so gibt es auch für hinreichend kleine h eine Näherungslösung für die Kollokationsmethode, und für den Fehler gilt

$$\max_{x \in [0,1]} |u^{(j)}(x) - u_h^{(j)}(x)| \leq C h^{r+1-j} \quad (j = 0, 1, 2). \tag{8.26}$$

Für $r > 3$ kann man zusätzlich *Superkonvergenz* in den Knoten beobachten:

$$|u(x_i) - u_h(x_i)| \leq C h^{2(r-1)}.$$

C^1-Spline-Kollokation wurde 1981 im Programm COLSYS realisiert und seither mehrfach verbessert (COLNEW). Eine kurze Beschreibung findet man im Anhang von [AsMa⁺88].

Kollokationsverfahren im *mehrdimensionalen* Fall werden wir nicht behandeln. Durch Tensorproduktbildung kann man zwar auf Rechtecknetzen prinzipiell arbeiten, die Flexibilität von Finite-Element-Verfahren erscheint aber so nicht erreichbar. Im Programm ELLPACK [RiBo84] ist u.a. Kollokation mit bikubischen C^1-Splines realisiert.

8.3 Die Methode der finiten Elemente

Die Methode der finiten Elemente (FEM) ist eines der praktisch wichtigsten Näherungsverfahren. Deshalb spielt die FEM auch eine zentrale Rolle in diesem Kapitel. Die FEM besitzt den Vorteil, daß einerseits stabile numerische Schemata systematisch erzeugt werden können und es relativ einfach ist, komplizierte zwei- und dreidimensionale Geometrien zu berücksichtigen, andererseits es zudem einen gut entwickelten Apparat zur theoretischen Analyse des Verfahrens gibt.

In diesem Kapitel erläutern wir die Methode vorwiegend für elliptische Randwertprobleme zweiter Ordnung bzw. die zugeordneten Variationsprobleme erster Ordnung. Dabei konzentrieren wir uns auf den räumlich zweidimensionalen Fall. Instationäre bzw. zeitabhängige Probleme werden in Abschnitt 8.4 behandelt.

8.3.1 Der Ausgangspunkt der Methode

Wir kommen noch einmal auf die in Abschnitt 8.1 dargestellten Zusammenhänge von Randwertaufgabe, Variationsprinzip und Variationsgleichung zurück und erklären für elliptische Randwertaufgaben zweiter Ordnung die Grundbegriffe genauer als in Abschnitt 8.1.

Zunächst zum Begriff *Variationsgleichung*. Es sei V eine gegebene Menge von Funktionen mit der Eigenschaft, daß aus $v_1, v_2 \in V$ folgt $\beta_1 v_1 + \beta_2 v_2 \in V$ für alle reellen Zahlen β_1, β_2. Dann ist V ein *linearer Raum* von Funktionen. $f(v)$ mit $v \in V$ heißt *Linearform auf* V, wenn $f(v)$ reell ist sowie

$$f(\alpha_1 v_1 + \alpha_2 v_2) = \alpha_1 f(v_1) + \alpha_2 f(v_2) \qquad \text{für reelle } \alpha_1, \alpha_2$$

gilt. Ein Beispiel einer Linearform ist

$$f(v) := \int_\Omega g v \, d\Omega,$$

wenn g eine gegebene Funktion ist. Wird jeweils zwei Funktionen v, w eine reelle Zahl $a(v, w)$ zugeordnet, so heißt diese Abbildung *Bilinearform auf* V, wenn sie für jedes feste v und für jedes feste w eine Linearform in der jeweils anderen Variablen ist. Es sei Ω ein zweidimensionales Gebiet. Sind dann g_1, g_2 zwei gegebene Funktionen, so ist

$$a(v, w) := \int_\Omega \left(g_1 v w + g_2 v \frac{\partial w}{\partial x} \right) d\Omega$$

ein Beispiel einer Bilinearform.

In einer *symmetrischen* Bilinearform kann man die Argumente vertauschen, sie ist also gekennzeichnet durch $a(v, w) = a(w, v)$.

Ein Problem der Form: Gesucht ist ein $u \in V$, so, daß für alle $v \in V$

$$a(u, v) = f(v) \tag{8.27}$$

gilt, heißt *Variationsgleichung*. Im symmetrischen Fall ist solch eine Variationsgleichung äquivalent zu: gesucht ist $u \in V$ als Lösung von

$$J(v) := \tfrac{1}{2} a(v, v) - f(v) \to \min_{v \in V}! \tag{8.28}$$

Wie sieht nun die Variationsgleichung zu einer elliptischen Randwertaufgabe zweiter Ordnung aus?

Ω sei ein beschränktes, zweidimensionales Gebiet mit dem Rand Γ, und n sei der äußere Normaleneinheitsvektor bezüglich Γ, $\partial v/\partial n$ also die Normalableitung einer gegebenen Funktion v. Wir betrachten nun die elliptische Randwertaufgabe zweiter Ordnung

$$\begin{gathered} -\Delta u + b_1 \frac{\partial u}{\partial x} + b_2 \frac{\partial u}{\partial y} + cu = f \quad \text{in } \Omega, \\ u = 0 \quad \text{auf } \Gamma_1, \quad \frac{\partial u}{\partial n} = 0 \quad \text{auf } \Gamma_2, \quad \frac{\partial u}{\partial n} + \sigma u = 0 \quad \text{auf } \Gamma_3 \end{gathered} \tag{8.29}$$

mit $\Gamma_1 \cup \Gamma_2 \cup \Gamma_3 = \Gamma$. Multipliziert man die Differentialgleichung mit einer Funktion v und integriert über Ω, so liefert die Greensche Formel

$$\int_\Omega (\Delta u)v = \int_\Gamma \frac{\partial u}{\partial n} v - \int_\Omega (\nabla u)(\nabla v)$$

die zu (8.29) gehörende Variationsgleichung, wenn man die Randbedingungen entsprechend der Bemerkungen 8.2 berücksichtigt.

Das heißt konkret: Die Randbedingung erster Art $u|_{\Gamma_1} = 0$ beeinflußt die Festlegung von V; man fordert, daß alle Funktionen aus V diese Randbedingungen erfüllen. Solch eine Randbedingung heißt deshalb auch *wesentliche Randbedingung*. Die Bedingung zweiter Art fällt unter den Tisch, weil $\int_{\Gamma_2} v\partial u/\partial n$ entsprechend der Randbedingung verschwindet. Und die Randbedingung dritter Art wird eingebaut gemäß $\int_{\Gamma_3} v\partial u/\partial n = -\int_{\Gamma_3} \sigma uv$. Randbedingungen, welche die Festlegung von V nicht beeinflussen, nennt man *natürliche Randbedingungen*.

Als Ergebnis der Umformulierung der Randwertaufgabe (8.29) erhält man: Es sei V eine Menge von Funktionen mit $v|_{\Gamma_1} = 0$. Gesucht ist ein $u \in V$, welches (8.27) genügt, wobei konkret gilt: $f(v) = \int_\Omega fv$ und

$$a(u, v) = \int_\Omega (\nabla u)(\nabla v) + \int_\Omega \left(b_1 \frac{\partial u}{\partial x} + b_2 \frac{\partial u}{\partial y} \right) v + \int_\Omega cuv + \int_\Gamma \sigma uv. \tag{8.30}$$

Wie schon in Abschnitt 8.1 ausgeführt, liegt der entscheidende Vorteil der Formulierung (8.30) gegenüber (8.29) darin, daß in der Formulierung (8.30) nur erste Ableitungen vorkommen, in (8.29) dagegen auch zweite Ableitungen.

Was verbirgt sich konkret hinter der Funktionenmenge V? Es ist sinnvoll, die Funktionenmenge V so zu wählen, daß die in (8.30) vorkommenden Integrale definiert sind.

Betrachtet man zunächst $\int_\Omega uv$, so ist die Forderung nach der *quadratischen Integrierbarkeit* der beteiligten Funktionen sachgemäß. Man sagt, g sei quadratisch integrierbar über Ω oder gehöre zum Raum $L^2(\Omega)$, wenn das Integral $\int_\Omega g^2\, d\Omega$ existiert und endlich ist. Die *Schwarzsche Ungleichung*

$$\left|\int fg\, d\Omega\right| \le \left(\int_\Omega f^2\, d\Omega\right)^{1/2} \left(\int_\Omega g^2\, d\Omega\right)^{1/2} \tag{8.31}$$

impliziert, daß aus $u \in L^2$ und $v \in L^2$ folgt $uv \in L^2$. Nun kommen aber in (8.30) auch erste Ableitungen vor. Demzufolge ist folgende Forderung sachgemäß: Die beteiligten Funktionen mögen die Eigenschaft besitzen, daß Funktionen und erste Ableitungen quadratisch integrierbar sind. Die Menge dieser Funktionen heißt *Sobolev-Raum* $H^1(\Omega)$.

Bemerkung 8.4. Die mathematisch präzise Definition der Räume $L^2(\Omega)$ und $H^1(\Omega)$ verlangt Kenntnisse über Lebesgue-Integrale und verallgemeinerte Ableitungen. Den interessierten Leser verweisen wir auf [GrRo94, Kapitel 3]. □

Für die praktische Arbeit mit finiten Elementen ist wichtig zu wissen, daß stetige, stückweise glatte Funktionen zum Raum H^1 gehören!

Die finiten Elemente, die zur Lösung elliptischer Randwertaufgaben zweiter Ordnung eingesetzt werden, besitzen diese Eigenschaft, sind aber *nicht* stetig differenzierbar und schon gar nicht zweimal differenzierbar. Als Ansatzfunktionen zur direkten Diskretisierung der Randwertaufgabe (8.29) eignen sich diese finiten Elemente nicht, wohl aber zur Galerkin-Diskretisierung der zugeordneten Variationsgleichung (8.30).

Der Funktionenraum $H_0^1(\Omega)$ ist die Menge aller Funktionen $g \in H^1$ mit $g|_\Gamma = 0$. Wieder ist allerdings der mathematisch präzise Hintergrund dieser Aussage nicht so einfach.

Die konkrete Wahl von V, abhängig von den Randbedingungen, sieht nun für elliptische Randwertaufgaben zweiter Ordnung folgendermaßen aus:

Randbedingung	Funktionenraum
$\frac{\partial u}{\partial n} = 0$ auf Γ	$V = H^1(\Omega)$
$u = 0$ auf Γ	$V = H_0^1(\Omega)$
wie in (8.29)	$V = \{v \in H^1(\Omega) \text{ mit } v\|_{\Gamma_1} = 0\}$

Damit können wir die der Randwertaufgabe (8.29) zugeordnete Variationsgleichung ganz präzise beschreiben. V ist gemäß obiger Übersicht festgelegt, und gesucht wird ein $u \in V$ mit

$$a(u, v) = f(v) \qquad \text{für} \quad v \in V \tag{8.32}$$

(Bilinearform und Linearform waren schon mit (8.30) klar). (8.32) heißt auch *schwache Formulierung der Randwertaufgabe* (8.29), die Lösung von (8.32) *schwache* oder *verallgemeinerte* Lösung der gegebenen Randwertaufgabe.

Die Formulierung (8.32) ist ein guter Ausgangspunkt zur Diskretisierung mit dem Galerkin-Prinzip, wie bereits in Abschnitt 8.1 beschrieben. Wählt man als Ansatzfunktion geeignete Splines, so ist man bei der Methode der finiten Elemente. Wie man diese Splines im zweidimensionalen Fall konstruiert, ist der Gegenstand des nächsten Abschnittes.

8.3.2 Beispiele von finiten Elementen und die Generierung des diskreten Problems

Die Funktionen φ_i seien die Basisfunktionen eines *endlichdimensionalen* Teilraumes V_h von V. Dann wird durch das Galerkin-Prinzip

$$a(u_h, v_h) = f(v_h) \qquad \text{für alle} \quad v_h \in V_h \tag{8.33}$$

ein $u_h \in V_h$ – eine Näherung für $u \in V$ – konstruiert. Wie in 8.1 ausgeführt, sind die Parameter u_i des Ansatzes $u_h = \sum u_i \varphi_i$ Lösungen des Gleichungssystems

$$\sum_i a_{ij} u_i = f_j \qquad \text{mit} \quad a_{ij} = a(\varphi_i, \varphi_j), \; f_i = f(\varphi_i). \tag{8.34}$$

Praktisch ist die Dimension des Gleichungssystems (8.34) oft sehr groß. Deshalb ist es günstig, wenn die Koeffizientenmatrix nur eine schwache Besetztheit ausweist; Splines als Ansatzfunktionen leisten dies.

Im eindimensionalen Fall sind die einfachsten in Frage kommenden Splines die stetigen, stückweise linearen auf dem gegebenen Gitter (8.4). Eine *nodale* Basis dieser Splines, charakterisiert durch $\varphi_i(x_j) = \delta_{ij}$, ist

$$\varphi_i(x) = \begin{cases} (x - x_{i-1})/h_i & \text{für } x \in [x_{i-1}, x_i], \\ (x_{i+1} - x)/h_{i+1} & \text{für } x \in [x_i, x_{i+1}], \\ 0 & \text{sonst,} \end{cases}$$

siehe Abbildung 8.3.

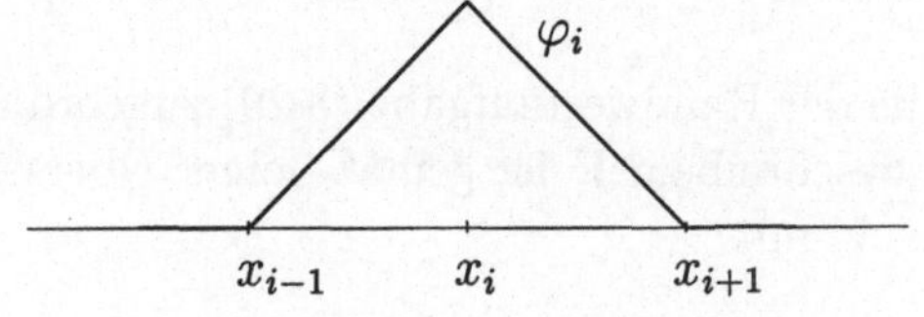

Abbildung 8.3: Lineare Splines

Diskretisiert man nun die Randwertaufgabe (8.3) nach dem Galerkin-Prinzip mit linearen finiten Elementen, so muß man die Koeffizienten a_{ij} und f_i konkret berechnen. Dabei ist

$$a_{ij} = \int_0^1 [\varphi_i'\varphi_j' + b(x)\varphi_j'\varphi_i + c(x)\varphi_i\varphi_j]\,dx, \quad f_i = \int_0^1 f(x)\varphi_i\,dx.$$

Weil eine Basisfunktion φ_i nur auf zwei benachbarten Intervallen „lebt", ist das entstehende Gleichungssystem *tridiagonal*. Approximiert man b, c, f jeweils auf dem Intervall $[x_{i-1}, x_i]$ stückweise konstant durch ihren Wert im Mittelpunkt dieses Intervalls, so entsteht nach nunmehr exakter Berechnung der Integrale das Gleichungssystem

$$\begin{aligned} -\left[\frac{u_{i+1}-u_i}{h_{i+1}} - \frac{u_i - u_{i-1}}{h_i}\right] + \frac{1}{2}\left(b_{i+\frac{1}{2}}u_{i+1} - b_{i-\frac{1}{2}}u_{i-1}\right) - \frac{1}{3}\left(b_{i+\frac{1}{2}} - b_{i-\frac{1}{2}}\right)u_i \\ + \frac{1}{3}\left(c_{i+\frac{1}{2}}h_{i+1} + c_{i-\frac{1}{2}}h_i\right)u_i + \frac{1}{6}\,c_{i-\frac{1}{2}}h_i u_{i-1} \\ = \frac{1}{2}\left(f_{i+\frac{1}{2}}h_{i+1} + f_{i-\frac{1}{2}}h_i\right). \quad (8.35) \end{aligned}$$

Ein Vergleich von (8.35) mit dem gewöhnlichen Differenzenverfahren (8.5) zeigt die nahe Verwandschaft beider Methoden.

Wenn man nun zur Erhöhung der Genauigkeit der Approximation zu quadratischen Splines übergeht, kann man entweder *hierarchisch* vorgehen und die linearen Ansatzfunktionen durch quadratische *Blasenfunktionen* ergänzen, oder man konstruiert wieder eine nodale quadratische Basis als Vereinigung der Blasenfunktionen mit den quadratischen Splines φ_i^{qu}, siehe Abbildung 8.4.

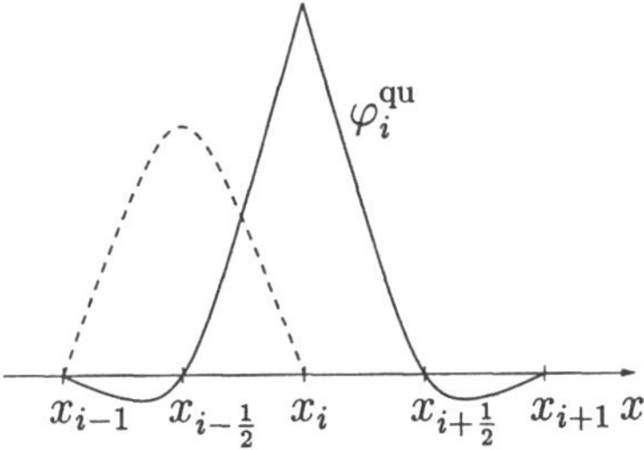

Abbildung 8.4: Nodale quadratische Basisfunktionen

Wir kommen nun zum mehrdimensionalen Fall, konzentrieren uns auf zweidimensionale Probleme. Über Rechtecknetzen kann man einfach das Tensorproduktprinzip anwenden, um aus eindimensionalen Ansatzfunktionen zweidimensionale zu konstruieren. Flexibler hinsichtlich der Anpassung an eine komplizierte Gebietsgeometrie sind Dreiecksnetze, denen wenden wir uns jetzt zu.

Das gegebene Gebiet Ω sei polygonal (Erweiterungen des Grundkonzepts werden in 8.3.4 diskutiert). Eine *Zerlegung* oder *Triangulierung* von Ω heißt *zulässig*, wenn aus der Tatsache, daß zwei Dreiecke K_i und K_j der Zerlegung zwei gemeinsame Eckpunkte P_ℓ und P_m besitzen, folgt, daß alle Punkte der Kante $P_\ell P_m$ zu beiden Dreiecken gehören.

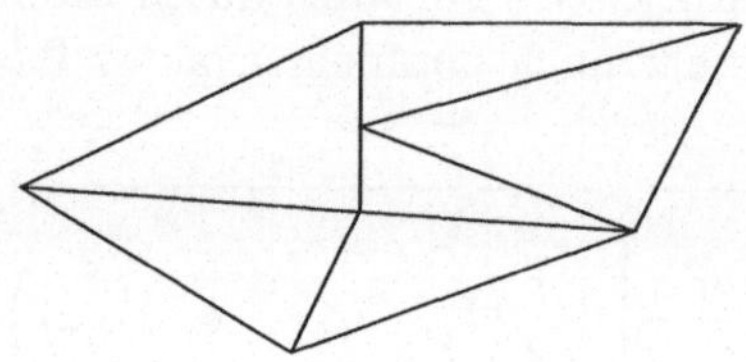

Abbildung 8.5: Nicht zulässige Zerlegung

Bei der lokalen Verfeinerung von Dreiecken innerhalb einer adaptiven Strategie spielt die Zulässigkeit eine wichtige Rolle, siehe Abschnitt 8.3.5.

Bei der Konstruktion von Finite-Elemente-Räumen V_h gibt man sich nun auf jedem Element K der Zerlegung gewisse Funktionenräume P_K so vor, daß global eine stetige Funktion entsteht. *K heißt zusammen mit dem auf dem Element definierten Raum P_K finites Element.*

Ansatzfunktionen über Dreiecken kann man schlecht in den üblichen x-y-Koordinaten beschreiben. Deshalb werden oft *Dreieckskoordinaten* bzw. *baryzentrische Koordinaten* benutzt, siehe [GoRo+93]. Wie wir gleich sehen werden, reicht es aus, die Ansatzfunktionen über einem *Referenzelement* zu beschreiben, und über dem Referenzelement ist die Beschreibung der Standard-Elemente so einfach, daß wir explizit auf baryzentrische Koordinaten verzichten können. Es sei K_μ das μ-te Element bzw. Dreieck der zulässigen Zerlegung des

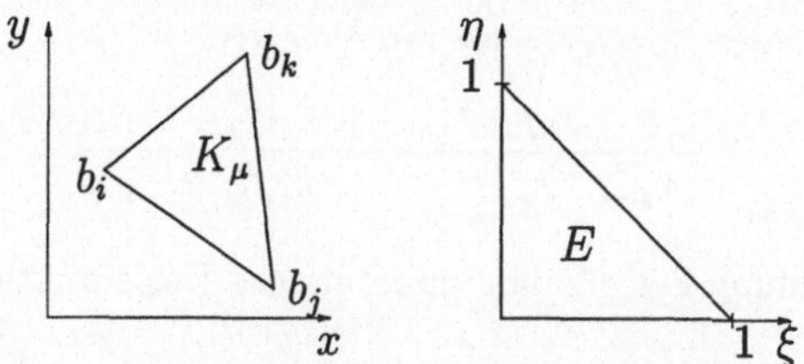

Abbildung 8.6: Transformation auf ein Referenzdreieck

Grundgebietes mit den Ecken b_i, b_j, b_k, ferner besitze die Ecke b_m die Koordinaten (x_m, y_m). Dann wird durch die lineare Abbildung

$$\boxed{\begin{pmatrix} x \\ y \end{pmatrix} = \begin{pmatrix} x_i \\ y_i \end{pmatrix} + \begin{pmatrix} x_j - x_i & x_k - x_i \\ y_j - y_i & y_k - y_i \end{pmatrix} \begin{pmatrix} \xi \\ \eta \end{pmatrix}} \tag{8.36}$$

K_μ eineindeutig auf das Referenzelement E abgebildet, siehe Abbildung 8.6. Löst man (8.36) nach ξ, η auf, so hat man $\xi = g_{1,K_\mu}(x, y)$, $\eta = g_{2,K_\mu}(x, y)$ mit jetzt linearen Funktionen in x, y.

Gemäß dem *isoparametrischen Prinzip* legt man nun fest:

Ist $p_E(\xi, \eta)$ eine lokale Basisfunktion auf E, so ist $p_E(g_{1,K_\mu}, g_{2,K_\mu})$ eine lokale Basisfunktion auf K_μ.

Im einfachsten Fall wählt man *lineare* Ansatzfunktionen über jedem Dreieck. Beliebig gewählte lineare Funktionen über zwei benachbarten Dreiecken passen aber nicht notwendig stetig zusammen. Deshalb fixiert man sogenannte *Freiheitsgrade*, durch die eine Funktion aus P_K auf K eindeutig bestimmt ist, auf solch eine Art und Weise, daß automatisch Stetigkeit über Elementgrenzen gesichert ist. Bei linearen Ansatzfunktionen leisten dies die drei Funktionswerte in den Ecken; die drei Funktionswerte in den Seitenmittelpunkten dagegen nicht.

Ist nun b_ℓ ein Eckpunkt der Zerlegung, so gibt es eine zugeordnete nodale Basisfunktion φ_ℓ linearer finiter Elemente mit

$$\varphi_\ell(b_k) = \delta_{\ell k} = \begin{cases} 1 & k = \ell, \\ 0 & k \neq \ell, \end{cases}$$

siehe Abbildung 8.7. Über dem Referenzelement sind die drei lokalen Basis-

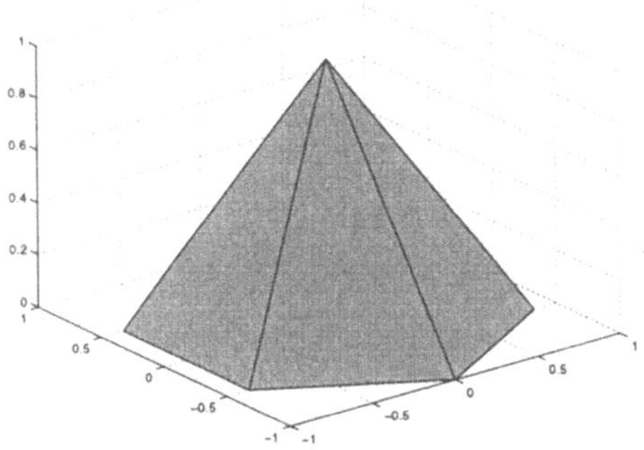

Abbildung 8.7: Nodale Basisfunktionen linearer FE

funktionen einfach ξ, η, $1 - \xi - \eta$.

Neben den eben beschriebenen linearen finiten Elementen spielen auch die quadratischen eine praktisch wichtige Rolle. Die 6 Freiheitsgrade sind jetzt die Funktionswerte in den Ecken und in den Seitenmitten. Die nodalen Basisfunktionen auf dem Referenzelement sind $\xi(2\xi-1)$, $\eta(2\eta-1)$, $(1-\xi-\eta)(1-2\xi-2\eta)$, $4\xi\eta$, $4\xi(1-\xi-\eta)$, $4\eta(1-\xi-\eta)$.

Vergleicht man das Differenzenverfahren mit der Methode der finiten Elemente, so erscheint es zunächst bei der Methode der finiten Elemente unendlich schwieriger, das diskrete Problem – das Gleichungssystem (8.34) – zu erzeugen. Entscheidend für die praktische Realisierbarkeit der Methode der finiten Elemente ist, daß das diskrete Problem *elementweise* algorithmisch einfach aufgebaut werden kann.

Wir erläutern das prinzipielle Vorgehen am Beispiel der Generierung der Koeffizientenmatrix. Es sei $a_\mu(\varphi_j, \varphi_i)$ die Einschränkung des $a(\varphi_j, \varphi_i)$ definierenden Integrals auf das Element K_μ. Definiert man dann

$$a_{ij}^\mu = a_\mu(\varphi_j, \varphi_i) \quad \text{und} \quad A_h^\mu = [a_{ij}^\mu],$$

so gilt für die Koeffizientenmatrix A_h des Gleichungssystems (8.34)

$$A_h = \sum_\mu A_h^\mu.$$

Die Matrix A_h^μ heißt *Elementmatrix*. Da die Basisfunktionen nur auf wenigen K_ν von Null verschieden sind, gilt $a_{ij}^\mu \neq 0$ nur für einige i und j. Die durch Streichen der Nullzeilen und Nullspalten entstehende Matrix bezeichnet man ebenfalls als Elementmatrix.

Für lineare finite Elemente sind die Elementmatrizen vom Format 3×3, für quadratische finite Elemente vom Format 6×6 entsprechend der Anzahl der Freiheitsgrade der Ansatzfunktionen über einem Element.

Als Beispiel betrachten wir lineare Elemente und die dem Laplace-Operator entsprechende Bilinearform

$$a(v, w) := \int_\Omega \left(\frac{\partial v}{\partial x}\frac{\partial w}{\partial x} + \frac{\partial v}{\partial y}\frac{\partial w}{\partial y} \right) d\Omega.$$

Welche Elementmatrix erzeugt das Dreieck K_μ aus Abbildung 8.6? Zu berechnen sind die neun Integrale

$$a_{\ell m}^\mu = \int_{K_\mu} \left(\frac{\partial \varphi_\ell}{\partial x}\frac{\partial \varphi_m}{\partial x} + \frac{\partial \varphi_\ell}{\partial y}\frac{\partial \varphi_m}{\partial y} \right) dK_\mu \qquad \text{für } \ell, m \in \{i, j, k\}.$$

Dazu transformiert man die Integrale mittels (8.36) auf Integrale über das Referenzelement E. Dort stehen die Basisfunktionen bereit; das transformierte

Integral kann berechnet werden. Eine längliche, aber elementare Rechnung (im Detail ausgeführt in [GoRo+93]) liefert:

$$A_h^\mu = \frac{1}{4|K_\mu|} E_\mu E_\mu^T \qquad \text{mit} \qquad E_\mu = \begin{pmatrix} y_j - y_k & x_k - x_j \\ y_k - y_i & x_i - x_k \\ y_i - y_j & x_j - x_i \end{pmatrix}. \tag{8.37}$$

$|K_\mu|$ ist hierbei der Flächeninhalt des Dreiecks K_μ. Die Abspeicherung jeder der Elementmatrizen an der richtigen Stelle der Gesamtmatrix und Summation über alle Elemente generiert die Gesamtmatrix.

Für den von uns gerade untersuchten Fall linearer Elemente ist eine geometrische Interpretation der Größen in der Elementmatrix möglich, siehe Abbildung 8.8.

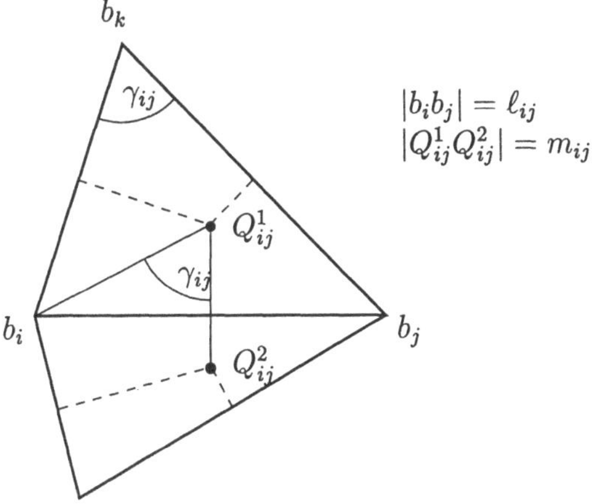

Abbildung 8.8: Lineare FE: Geometrische Interpretation

Es gilt nämlich

$$-\frac{1}{4|K_\mu|}[(y_j - y_k)(y_i - y_k) + (x_j - x_k)(x_i - x_k)] = -\frac{1}{2}\cot\gamma_{ij},$$

andererseits ist $\cot\gamma_{ij} = m_{ij}/\ell_{ij}$. Daraus folgt: Bezeichnet man mit Λ_i die Indexmenge der zum Eckpunkt b_i benachbarten Ecken, so liefert die Diskretisierung von $-\Delta u$ mit linearen finiten Elementen die Differenzenapproximation

$$\boxed{\sum_{j\in\Lambda_i} \frac{m_{ij}}{\ell_{ij}}(u_i - u_j) = (f, \varphi_i).} \tag{8.38}$$

Bemerkungen 8.5. (i) Betrachtet man die Poisson-Gleichung

$$\begin{aligned} -\Delta u &= f \qquad \text{im Rechteck } (0,a)\times(0,b)=\Omega, \\ u\big|_{\partial\Omega} &= 0 \end{aligned}$$

und verwendet ein Standardnetz vom Friedrichs-Keller-Typ (siehe Abb. 8.9), so folgt aus (8.38), daß die Diskretisierung mit linearen finiten Elementen dem bekannten Fünf-Punkte-Differenzenstern entspricht. Genauer: Es sei $x_i = ih$, $y_j = jk$ mit $h = a/M$, $k = b/N$, $i = 0, \ldots, M$; $j = 0, \ldots, N$. Bei dieser Doppelindizierung der Knoten entsteht gemäß (8.38) für jeden inneren Gitterpunkt die Gleichung

$$-(\Delta_h u)(x_i, y_j) := \frac{-u_{i-1,j} + 2u_{ij} - u_{i+1,j}}{h^2} + \frac{-u_{i,j-1} + 2u_{ij} - u_{i,j+1}}{k^2} = f_{ij}.$$

Offenbar ist dies nichts anderes als die Anwendung des gewöhnlichen Differenzenverfahrens in x- und y-Richtung: der Fünf-Punkte-Differenzenstern zur Diskretisierung der Poissongleichung, siehe auch [GrRo94, Kapitel 2].

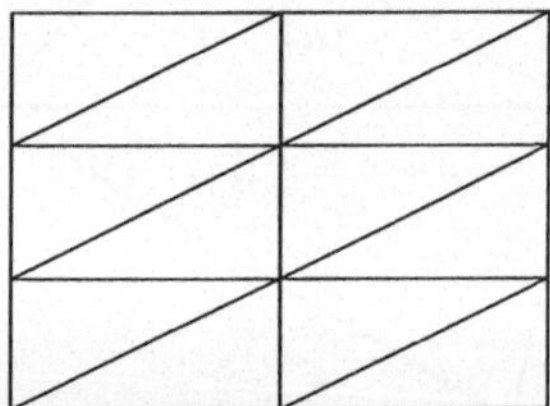

Abbildung 8.9: Friedrichs-Keller-Typ-Triangulierung

(ii) Während auf regelmäßigen Vernetzungen (8.38) bekannte Differenzensterne erzeugt, ist die Differenzenapproximation (8.38) auf einem beliebigen Netz *nicht* konsistent im Sinne der Theorie der Differenzenverfahren. Da man trotzdem die Konvergenz der Methode der finiten Elemente zeigen kann (siehe Abschnitt 8.3.3), ist damit klar, daß die bei Differenzenverfahren übliche klassische Konsistenz- und Stabilitätsanalyse für elliptische Aufgaben nur beschränkt sinnvoll ist. □

8.3.3 Grundwissen zum Konvergenzverhalten

Den Abstand zweier Funktionen v, w mißt man ähnlich wie den von Vektoren (vgl. Kapitel 2) mit Hilfe einer *Norm* $\|\cdot\|$ durch $\|v - w\|$. Die Eigenschaften einer Norm von Funktionen sind analog zu (2.24)

$$
\begin{aligned}
&(\mathrm{N}_1) \qquad \|v\| \geq 0, \quad \|v\| = 0 \text{ genau für } v = 0 \\
&(\mathrm{N}_2) \qquad \|\lambda v\| = |\lambda|\,\|v\| \\
&(\mathrm{N}_3) \qquad \|v + w\| \leq \|v\| + \|w\|.
\end{aligned} \tag{8.39}
$$

Welche Normen benutzt man nun üblicherweise? Dies hängt von den Eigenschaften der Klasse von Funktionen ab, die man sinnvollerweise betrachtet. Eine wichtige Rolle spielen folgende Normen:

$$
\begin{aligned}
&v \in L^2(\Omega): && \|v\|_0 := \left(\textstyle\int_\Omega v^2\right)^{1/2} \\
&v \in H^1(\Omega): && \|v\|_1 := \left(\textstyle\int_\Omega v^2 + \int_\Omega (\nabla v)^2\right)^{1/2} \\
&v \text{ stetig auf } \bar{\Omega}: && \|v\|_\infty := \sup_{x \in \bar{\Omega}} |v(x)|
\end{aligned}
$$

Den Fehler der Methode der finiten Elemente mißt man nun gemäß $\|u - u_h\|$ mit einer geeignet gewählten Norm. Für elliptische Aufgaben zweiter Ordnung wird oft die H^1-Norm verwendet, weil es aus mathematischer Sicht am einfachsten ist, in dieser Norm den Fehler abzuschätzen, andererseits in Anwendungen die H^1-Norm oft als „energetische" Norm interpretiert werden kann oder zu einer solchen Norm äquivalent ist.

Es sei h der maximale Durchmesser der Elemente der Zerlegung von Ω. Man bezeichnet das Verfahren als *von der Ordnung ℓ konvergent* in der Norm $\|\cdot\|$, wenn eine Abschätzung des Fehlers der Form

$$
\boxed{\|u - u_h\| \leq Ch^\ell}
$$

möglich ist. Für die Größe der Konstanten C und der Ordnung ℓ spielen folgende Faktoren eine wesentliche Rolle:

1. die Glattheitseigenschaften der exakten Lösung des Problems,
2. die Wahl der Ansatzfunktionen,
3. die Art der Zerlegung des Gebietes,
4. die Art und Weise der Approximation des krummlinigen Randes des Gebietes,
5. die verwendeten Quadraturformeln zur Berechnung der auftretenden Integrale.

In diesem Abschnitt beschäftigen wir uns mit den Punkten 1, 2, 3; auf die Punkte 4 und 5 kommen wir im Abschnitt 8.3.4 zurück.

Die üblichen Fehlerabschätzungen für die FEM beruhen auf folgenden drei Voraussetzungen für das Ausgangsproblem (8.32): Es sei $\|\cdot\|$ eine Norm auf V und es mögen Konstanten α, β, F (mit $\alpha > 0$) existieren mit:

$$\begin{aligned} a(v,v) &\geq \alpha\|v\|^2 && \text{für alle } v \in V \\ |a(v,w)| &\leq \beta\|v\|\,\|w\| && \text{für alle } v, w \in V \\ |f(v)| &\leq F\|v\|^2 && \text{für alle } v \in V. \end{aligned} \tag{8.40}$$

Während die zweite und die dritte Eigenschaft als *Stetigkeit* der Bilinearform bzw. Linearform bezeichnet werden, gibt es mehrere Bezeichnungen für den wichtigen ersten Punkt: *V-Elliptizität* der Bilinearform, aber auch „Positivität" oder „Koerzitivität".

Aus (8.40) folgt nun zunächst

$$\alpha\|u - u_h\|^2 \leq a(u - u_h, u - u_h).$$

Nun kommt die Fehlerorthogonalität der Galerkin-Methode ins Spiel (vgl. Bemerkung 8.3): für ein beliebiges $v_h \in V_h$ gilt $a(u - u_h, v_h) = 0$. Dies ermöglicht mit (8.40) die Ungleichungskette

$$\alpha\|u - u_h\|^2 \leq a(u - u_h, u - v_h) \leq \beta\|u - u_h\|\,\|u - v_h\|,$$

also ergibt sich nach Kürzen eines Faktors

$$\boxed{\|u - u_h\| \leq \frac{\beta}{\alpha} \inf_{v_h \in V_h} \|u - v_h\| \qquad \text{(Cea-Lemma).}} \tag{8.41}$$

Dies ist das erste wichtige Zwischenergebnis der Fehlerabschätzung:

Der Fehler der FEM ist proportional zum Approximationsfehler, der aussagt, wie gut man die exakte Lösung u in dem Finite-Elemente-Raum V_h approximieren kann.

Bemerkung 8.6. Die Basis der FEM-Analysis, die Eigenschaften V-Elliptizität und Approximierbarkeit, ist völlig verschieden von den Grundbegriffen der Analysis von Differenzenverfahren, nämlich Konsistenz und Stabilität (siehe auch Bemerkung 8.5). Es gibt allerdings einen Zusammenhang zwischen V-Elliptizität und Stabilität, den wir dem an tieferen Einsichten interessierten Leser nicht vorenthalten wollen. Aus der V-Elliptizität auf V folgt zunächst auch die V_h-Elliptizität auf V_h wegen $V_h \subset V$:

$$a(v_h, v_h) \geq \alpha\|v_h\|^2 \quad \text{für alle} \quad v_h \in V_h.$$

In einigen Büchern wird diese Eigenschaft auch als „Stabilität“ des diskreten Problems bezeichnet. Präzise ist es folgendermaßen: Es sei V_h^* der Dualraum zu V_h, d. h., die Menge aller stetigen Linearformen auf V_h, und $< w_h^*, v_h >$ bezeichne die Anwendung einer Linearform w_h^* auf ein Element $v_h \in V_h$. Definiert man dann eine lineare Abbildung $A_h : V_h \to V_h^*$ durch

$$< A_h v_h, w_h > := a(v_h, w_h)$$

sowie eine Norm

$$\|w_h^*\|_* := \sup_{v_h \in V_h} \frac{< w_h^*, v_h >}{\|v_h\|},$$

so ist A_h im üblichen Sinn stabil. Denn aus

$$\alpha \|v_h\| \le \frac{a(v_h, v_h)}{\|v_h\|} \le \sup_{w_h \in V_h} \frac{a(v_h, w_h)}{\|w_h\|} = \|A_h v_h\|_*$$

folgt die Stabilitätsungleichung

$$\|v_h\| \le \frac{1}{\alpha} \|A_h v_h\|_* . \qquad \square$$

Zurück zum Approximationsfehler. Schon vom eindimensionalen Fall ist bekannt, daß die Approximationsgüte von Splines sehr stark von der Glattheit der zu approximierenden Funktion abhängt, vgl. Kapitel 5. Bei der Approximation durch mehrdimensionale Splines ist es nun sinnvoll, die Glätte in Skalen weiterer Sobolev-Räume zu messen. In Verallgemeinerung der H^1-Definition sagen wir, daß Funktionen zum Sobolev-Raum $H^k(\Omega)$ gehören, wenn alle Ableitungen bis hin zur Ordnung k quadratisch integrierbar sind. Die entsprechende Norm bezeichnen wir mit $\|\cdot\|_k$.

Wir betrachten nun konkret ein zweidimensionales, polygonales Gebiet Ω und die Approximation bzw. Interpolation mit linearen finiten Elementen. Zu einer Funktion u, für die Funktionswerte in Punkten definiert sein mögen, betrachten wir die *lineare Interpolierende* u^I aus dem Finite-Elemente-Raum V_h, definiert durch

$$u^I = \sum_i u(b_i) \varphi_i$$

mit den nodalen Basisfunktionen φ_i aus Abbildung 8.7; summiert wird über alle Ecken der Zerlegung.

Wir fragen uns: wie groß ist der Interpolationsfehler in der H^1-Norm? Ist h_K der Durchmesser eines Dreiecks K und ρ_K der Radius des Inkreises dieses Dreiecks, so ist das Ergebnis einer entsprechenden Analyse [Cia78]

$$\|u - u^I\|_{1,K} \le C \frac{h_K^2}{\rho_K} \|u\|_{2,K}.$$

Um durch Summation über alle Dreiecke ein zweckmäßiges Ergebnis zu erhalten, fordert man nun oft eine geometrische Bedingung für die betrachtete Familie von Zerlegungen, die *Quasi-Uniformität.*

Eine Familie von Zerlegungen heißt quasi-uniform, wenn eine Konstante κ *existiert, so daß für alle Zerlegungen und alle Dreiecke jeder Zerlegung gilt:*

$$\frac{h_K}{\rho_K} \le \kappa. \tag{8.42}$$

Bei Quasi-Uniformität erhält man dann $\|u - u^I\|_1 \le Ch\|u\|_2$, die Kombination mit (8.41) liefert die endgültige Fehlerabschätzung $\|u - u_h\|_1 \le C^* h\|u\|_2$.

Wir notieren etwas allgemeiner:

Gilt $u \in H^{k+1}(\Omega)$ *und ist die betrachtete Familie von Zerlegungen quasi-uniform, so gilt für die Methode der finiten Elemente, angewendet auf ein elliptisches Problem zweiter Ordnung mit* (8.40), *bei Verwendung von Dreieckselementen mit Polynomen vom Grad k die Fehlerabschätzung*

$$\|u - u_h\|_1 \le Ch^k \|u\|_{k+1}. \tag{8.43}$$

Enorm wichtig ist dabei das Zusammenspiel von Polynomgrad und Glätte der exakten Lösung. Gilt nur $u \in H^2$, so kann man z. B. *nicht* damit rechnen, daß quadratische finite Elemente bessere Ergebnisse liefern als lineare Elemente.

Bemerkung 8.7. Die Bedingung (8.42) heißt auch *Minimalwinkelbedingung*, weil sie im zweidimensionalen Fall bei Dreieckszerlegungen äquivalent dazu ist, daß der minimale Innenwinkel aller Dreiecke der Familie von Zerlegungen nicht zu klein wird. Eine subtilere Analyse zeigt allerdings, daß man diese Bedingung durch die *Maximalwinkelbedingung* ersetzen kann [KrNe97]: Man muß nur Winkel nahe 180 Grad vermeiden! □

Fehlerabschätzungen in der L^2-Norm basieren auf dem berühmten *Nitsche-Trick*. Dabei geht man von der Voraussetzung aus, daß das duale Problem

$$a(v, z) = (f, v) = \int_\Omega fv \qquad \text{für alle} \quad v \in V$$

für $f \in L^2$ eine Lösung z besitzt mit $\|z\|_2 \leq C_D\|f\|_0$. Man beachte, daß hier die Unbekannte z im zweiten Argument der Bilinearform steht. Ist dies der Fall, so konstruiert man ein Hilfsproblem

$$a(v, Z) = (u - u_h, v)$$

mit dem Fehler $u - u_h$ als „rechte Seite". Dann folgt

$$\begin{aligned} \|u - u_h\|_0^2 &= a(u - u_h, Z) \\ &= a(u - u_h, Z - Z^I) \qquad \text{(Fehlerorthogonalität!)} \\ &\leq \beta\|u - u_h\|_1\|Z - Z^I\|_1 \leq \beta\|u - u_h\|_1 Ch\|Z\|_2 \\ &\leq \beta C C_D\|u - u_h\|_1 h\|u - u_h\|_0 \end{aligned}$$

und schließlich

$$\|u - u_h\|_0 \leq \widetilde{C}h\|u - u_h\|_1.$$

Dies bedeutet:

Genügt das duale Problem der obigen Voraussetzung, so ist die Konvergenzordnung einer FEM in der L^2-Norm um Eins größer als in der H^1-Norm.

Viel schwieriger sind *punktweise* Fehlerabschätzungen zu gewinnen [Cia78], [GrRo94].

8.3.4 Erweiterungen des Grundkonzeptes

Bisher sind wir davon ausgegangen, daß das Grundgebiet polygonal ist und alle auftretenden Integrale exakt berechnet werden. Neben diesen beiden Punkten gibt es aber weitere Gründe, das Grundkonzept der Methode der finiten Elemente zu erweitern, wir listen neben den genannten einige weitere auf:

1. Berücksichtigung gekrümmter Ränder
2. Numerische Berechnung der auftretenden Integrale
3. Modifikation der Bilinearform zur Stabilisierung der Methode und/oder Monotonieerhaltung
4. Verwendung von Finite-Elemente-Räumen, die die Bedingung $V_h \subset V$ nicht erfüllen (solche Methoden heißen *nichtkonform* und sind z. B. bei elliptischen Randwertaufgaben vierter Ordnung vorteilhaft)
5. Berücksichtigung von Nebenbedingungen, wie z. B. der Nebenbedingung der Divergenzfreiheit des Geschwindigkeitsfeldes beim Stokes-Problem (*gemischte* FEM)

Wir diskutieren einige Grundfragen der Punkte 1, 2, 3 und verweisen für nichtkonforme und gemischte FEM auf die Spezialliteratur [Cia78], [BrFo91].

Ersetzt man die Randkurve zwischen je zwei benachbarten Eckpunkten durch eine Strecke, so erhält man eine polygonale Approximation Ω_h von Ω.

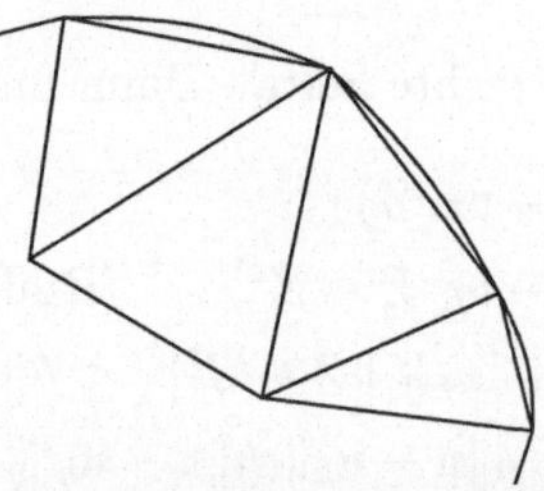

Abbildung 8.10: Polygonale Approximation in Ω

Bei linearen Elementen ändert sich dann bei glattem Rand die Ordnung des Fehlers in der H^1-Norm nicht. Bei quadratischen Elementen gilt jedoch bei dieser Art der Randapproximation

$$\|u - u_h\|_1 \leq Ch^{3/2},$$

also führt die lineare Randapproximation hier zu einem Verlust in der Konvergenzordnung.

Ein Ausweg aus dieser Situation sind *isoparametrische Elemente*. Der Witz dabei ist, daß man für die Abbildung vom Referenzelement auf ein Element Funktionen genau aus der Funktionenklasse der Ansatzfunktionen über dem Referenzelement zuläßt. Sind f_1, f_2 Funktionen aus P_E, und wird durch

$$x = f_1(\xi, \eta), \quad y = f_2(\xi, \eta)$$

E eindeutig auf ein Element K abgebildet, so definiert man die Ansatzfunktionen auf K wieder als die Bilder der Ansatzfunktionen auf E.

Im Fall quadratischer Elemente setzen wir etwa konkret

$$\begin{aligned} x &= x_3 + (x_1 - x_3)\xi + (x_2 - x_3)\eta + [x_6 - (x_1 + x_2)/2]4\xi\eta \\ y &= y_3 + (y_1 - y_3)\xi + (y_2 - y_3)\eta + [y_6 - (y_1 + y_2)/2]4\xi\eta. \end{aligned}$$

Durch diese Abbildung entsteht aus dem Referenzelement ein „Dreieck“, bei dem ein Teil des Randes eine Parabel ist, siehe Abb. 8.11.

Die 6 Basisfunktionen auf E werden durch die obige Transformation (nach ξ, η aufgelöst) in 6 Basisfunktionen auf K abgebildet, deren explizite Gestalt aber nicht benötigt wird.

Sind (x_1, y_1) und (x_2, y_2) Randpunkte von Ω, so kann man natürlich bei geschickt gewähltem Punkt (x_6, y_6) den Rand durch eine Parabel besser approximieren als durch eine Gerade. Dies führt letztlich zu

$$\|u - u_h\|_1 \leq Ch^2,$$

also zur optimalen Ordnung quadratischer Elemente bei isoparametrischer Randapproximation.

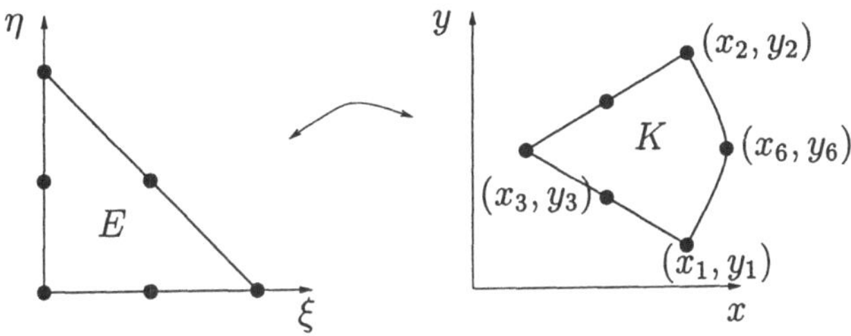

Abbildung 8.11: Isoparametrisches Element

Nun zu Punkt 2 der obigen Liste, der numerischen Berechnung der auftretenden Integrale. Wählt man Polynome vom Grad k als Ansatzfunktionen über Dreiecken, so gibt es eine einfache Regel, wie genau die Quadraturformel zur näherungsweisen Berechnung der Integrale sein sollte:

Verwendet man Dreieckselemente mit Polynomen vom Grad k und integriert die verwendete Quadraturformel Polynome vom Grad $2k-2$ exakt, so gilt

$$\|u - u_h\|_1 \leq Ch^k.$$

Damit kann man z. B. für quadratische finite Elemente folgende Quadraturformel, formuliert für das Referenzelement, verwenden:

$$\int_E \varphi(\xi, \eta)\, dE \approx \frac{1}{6}\left[\varphi\left(\frac{1}{2}, 0\right) + \varphi\left(0, \frac{1}{2}\right) + \varphi\left(\frac{1}{2}, \frac{1}{2}\right)\right].$$

Diese Quadraturformel integriert quadratische Polynome exakt.

Die theoretische Analyse der Verwendung von Quadraturformeln führt auf ähnliche Probleme wie die Modifikation des diskreten Problems zur Stabilisierung oder Monotonieerhaltung. In beiden Fällen ersetzt man das diskrete Problem (8.33) durch

$$a_h(u_h, v_h) = f_h(v_h) \qquad \text{für alle} \quad v_h \in V_h \tag{8.44}$$

mit einer neuen Bilinearform $a_h(\cdot, \cdot)$ und einer modifizierten Linearform $f_h(\cdot)$.

Bemerkung 8.8. Diskretisiert man das Konvektions-Diffusions-Problem

$$-\Delta u + b \cdot \nabla u + cu = f$$

insbesondere im Fall dominanter Konvektion (der Term $b \cdot \nabla u$ überwiegt) mit einer Standard-FEM, so bekommt man Stabilitätsprobleme. Auswege aus dieser Situation sind *monotonieerhaltende* Methoden oder etwa die Methode der *Stromliniendiffusion*. Beide Verfahrensklassen kann man abstrakt in der Form (8.44) schreiben, siehe [RoSt+96]. □

Die Analyse eines Verfahrens der Form (8.44) beruht dann auf dem ersten Lemma von Strang, das das Cea-Lemma (8.41) verallgemeinert:

Ist die Bilinearform $a_h(\cdot,\cdot)$ V_h-elliptisch, so gilt

$$\|u - u_h\| \leq C \left\{ \inf_{v_h \in V_h} \|u - v_h\| + \right.$$
$$\left. + \sup_{w_h \in V_h} \frac{|a(v_h, w_h) - a_h(v_h, w_h)|}{\|w_h\|} + \sup_{w_h \in V_h} \frac{|f(w_h) - f_h(w_h)|}{\|w_h\|} \right\}.$$

In jeder konkreten Situation muß man dann zusätzlich den zweiten und den dritten Fehleranteil analysieren.

Bemerkung 8.9 (Zur Finite-Volumen-Methode). In Verallgemeinerung des Vorgehens von Abschnitt 8.1 diskretisieren wir die Randwertaufgabe

$$-\mathrm{div}\,(k\nabla u) = f \quad \text{in } \Omega \subset \mathbb{R}^2, \quad u = 0 \quad \text{auf } \partial\Omega$$

mit einer Variante der Finiten-Volumen-Methode. Ω sei polygonal und werde zulässig in Dreiecke mit den Eckpunkten P_i zerlegt. Neben dieser Primärzerlegung führen wir eine Sekundärzerlegung mit Gebieten D_i ein, definiert durch

$$D_i = \{P = (x,y) : d\,(P, P_i) < d\,(P, P_j) \quad \text{für alle Knoten } P_j\},$$

siehe Abb. 8.12. Die D_i heißen auch *Voronoi-Box* zum Knoten P_i. Wir benutzen ansonsten die gleichen Bezeichnungen wie in Abbildung 8.8.

Man wählt nun die D_i als Kontrollvolumen und geht zur Diskretisierung aus von der Bilanzgleichung

$$-\int_{D_i} \mathrm{div}\,(k\nabla u)\, dD_i = \int_{D_i} f\, dD_i.$$

Anwendung des Gaußschen Integralsatzes liefert

$$\int_{\partial D_i} k \frac{\partial u}{\partial n}\, d\gamma = \int_{D_i} f\, dD_i.$$

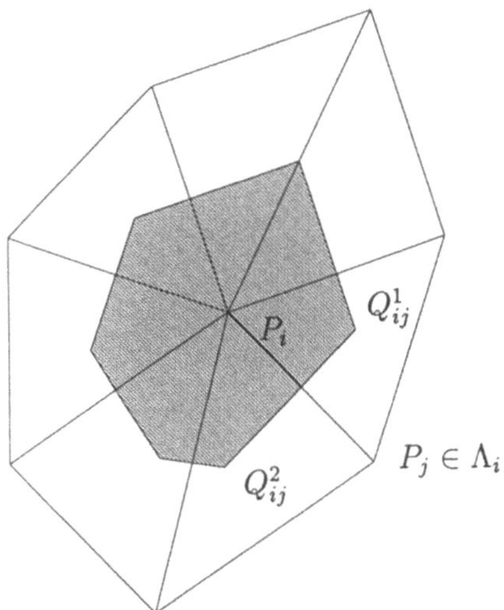

Abbildung 8.12: Sekundärzerlegung

Bezeichnet man die Strecke $Q_{ij}^1 Q_{ij}^2$ mit Γ_{ij}, so ist folgende Differenzenapproximation naheliegend:

$$\int_{\Gamma_{ij}} k \frac{\partial u}{\partial n} \, d\gamma \approx k\left(\frac{P_i + P_j}{2}\right) \frac{u(P_j) - u(P_i)}{\ell_{ij}} m_{ij}.$$

Verwendet man[2] ferner $\int_{D_i} f \, dD_i \approx f(D_i) \operatorname{meas} D_i$, so ergibt sich insgesamt die Finite-Volumen-Diskretisierung

$$\boxed{\sum_{j \in \Lambda_i} \frac{m_{ij}}{\ell_{ij}} k\left(\frac{P_i + P_j}{2}\right)(u_i - u_j) = f(P_i) \operatorname{meas} D_i.} \tag{8.45}$$

Ein Vergleich mit (8.38) zeigt, wie nahe sich diese FVM-Variante und lineare finite Elemente sind!

Mit der Abkürzung $v_{hi} := v_h(P_i)$ kann man nun eine Bilinearform $a_h(\cdot, \cdot)$ und eine Linearform $f_h(\cdot)$ folgendermaßen definieren:

$$\begin{aligned} a_h(u_h, v_h) &:= \sum_i v_{hi} \left\{ \sum_{j \in \Lambda_i} \frac{m_{ij}}{\ell_{ij}} k\left(\frac{P_i + P_j}{2}\right)(u_{hi} - u_{hj}) \right\}, \\ f_h(v_h) &:= \sum_i f(P_i) v_{hi} \operatorname{meas} D_i \,. \end{aligned}$$

[2] $\operatorname{meas}(D_i)$ bezeichnet den Inhalt von D_i.

Dann ist (8.45) äquivalent zu $a_h(u_h, v_h) = f_h(v_h)$ für alle v_h aus dem Raum V_h, dem linearen Finite-Elemente-Raum der Primärzerlegung. Diese Formulierung gestattet nun eine Fehleranalyse für die Finite-Volumen-Methode. □

8.3.5 Adaptive FEM

Die Fehlerabschätzungen aus 8.3.3 liefern zwar einen Anhaltspunkt, wie sich der Fehler bei globaler Verfeinerung des Netzes – also etwa bei $h := h/2$ – verhält; praktisch ist aber eine solche globale Verfeinerung nicht sinnvoll. Denn im zweidimensionalen und erst recht im dreidimensionalen Fall wächst die Dimension der erzeugten Gleichungssysteme bei globaler Verfeinerung sehr schnell an.

Wir nehmen einmal an, für jedes Element K der Zerlegung stehe ein *Schätzer* η_K des Fehlers auf K zur Verfügung. Dann bietet sich folgende Strategie zur Gittersteuerung an:

Algorithmus 8.10 (Gittersteuerung).
Wähle ein γ mit $0 < \gamma < 1$ (z. B. $\gamma = 0.9$) und eine Toleranz *tol*.
Berechne $\eta^* := \max_K \eta_K$ für alle Elemente der Zerlegung
while $\eta^* > tol$ **do**
    Zerlege alle Elemente mit $\eta_K \geq \gamma\eta^*$
    Berechne die Lösung auf der neuen Zerlegung
    Berechne den neuen Schätzer η^*
end

Für die Realisierung solch einer *adaptiven Strategie* benötigt man ein geeignetes Ausgangsgitter, Regeln zur Verfeinerung eines aktuell gegebenen Gitters und einen einfach berechenbaren, zuverlässigen Schätzer. Eine noch wirkungsvollere, in [Dör96] vorgeschlagene Strategie besteht darin, die kleinste Menge $\{K_i\}$ von Elementen zu bestimmen, deren Summe der lokalen geschätzten Fehler ein gewisser Teil des geschätzten globalen Fehlers ist.

Bei den nachfolgenden Überlegungen konzentrieren wir uns wieder auf Dreieckselemente.

Schon seit einiger Zeit stehen *Gittergeneratoren*zur automatischen Erzeugung eines Ausgangsgitters zur Verfügung, siehe z. B. [Bas96]. Mathematisch fundierte Bewertungskriterien für Dreiecksgitter gibt es aber nur wenige. Bekannt ist z. B., daß die *Delaunay-Triangulation* einer gegebenen Punktmenge den minimalen Winkel maximiert. Dieser Fakt erklärt die Popularität von Delaunay-Triangulationen. Sie sind dadurch gekennzeichnet, daß jeder Kreis, auf dessen Rand drei Gitterpunkte liegen, keine weiteren Gitterpunkte enthält. Für einen schnellen Algorithmus zur Delaunay-Triangulation siehe [Slo87].

Eine der verbreiteten Strategien zur Verfeinerung von Triangulationen orientiert sich am Programmsystem PLTMG [Ban98]. Dreiecke werden dabei auf zwei unterschiedliche Weisen weiter unterteilt:

1. In der Regel wird ein zu zerlegendes Dreieck in 4 kongruente Dreiecke zerlegt. Solche Dreiecke werden „rote“ Dreiecke genannt.
2. Zur Sicherung der Zulässigkeit bei lokaler Zerlegung werden Dreiecke durch Halbierung einer Seite in zwei „grüne“ Dreiecke bzw. „grüne Zwillinge“ zerlegt.

Eine weitere Zerlegung der erzeugten grünen Zwillinge wird nicht direkt erlaubt. Ist eine weitere Zerlegung notwendig, so werden die beiden Teile zunächst wieder vereinigt und dann „rot“ zerlegt, siehe Abb. 8.13.

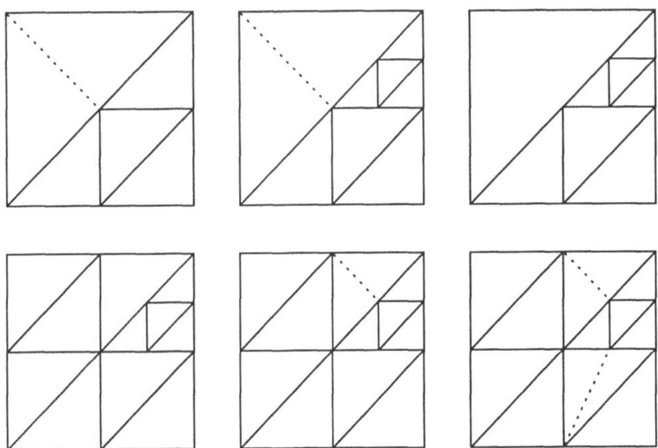

Abbildung 8.13: Rot-grüne Verfeinerung

In Verbindung mit der Diskretisierung stark anisotroper Probleme, d. h. von Aufgaben, bei denen dominante Richtungen existieren, wurde in [GrRo94] zusätzlich eine „blaue“ Zerlegungsstrategie vorgeschlagen. Wesentlich dabei ist, die langen Elementseiten an die dominante Richtung anzupassen.

Ein Schätzer η heißt *Fehlerschätzer*, wenn es Konstanten c_1, c_2 gibt mit

$$\boxed{c_1\eta \leq \|u - u_h\| \leq c_2\eta.} \tag{8.46}$$

Oft gilt in natürlicher Weise

$$\eta^2 = \sum_K \eta_K^2,$$

wobei die η_K, die *lokalen Fehlerschätzer*, über einem Element K definiert sind.

Vorschläge für Fehlerschätzer gibt es eine ganze Reihe, eine erste Zusammenstellung der mathematischen Theorie findet man in [Ver96]. Wir diskutieren exemplarisch einen *residualen* Schätzer für die H^1-Norm des Fehlers am Beispiel von

$$\begin{aligned} -\Delta u &= f \quad && \text{in } \Omega, \\ u &= 0 \quad && \text{auf } \partial\Omega. \end{aligned}$$

Wie kommt man zu diesem residualen Schätzer? Es sei u_h die Finite-Elemente-Lösung der gegebenen Randwertaufgabe mit linearen finiten Elementen. Ausgangspunkt für unsere Überlegungen ist die Beziehung

$$\|u - u_h\|_1 \leq c \sup_{\|w\|_1 = 1} \int_\Omega \nabla(u - u_h)\nabla w. \tag{8.47}$$

Nun gilt aber bei elementweiser Anwendung eines Integralsatzes

$$\int_\Omega \nabla(u - u_h)\nabla w = \sum_K \int_K (f + \Delta u_h)w - \sum_K \int_{\partial K} (n_T \cdot \nabla u_h)w.$$

Nutzt man jetzt das dreiecksbezogene Residuum (für lineare Elemente ist natürlich $\Delta u_h = 0$, das ändert aber am Grundprinzip nichts für andere Elemente oder Differentialgleichungen)

$$R_K := R_K(u_h) := \Delta u_h + f$$

und die kantenbezogenen Sprünge – eine Kante wird mit E bezeichnet –

$$R_E := \left[\frac{\partial u_h}{\partial n}\right]_E,$$

so kann man schreiben

$$\int_\Omega \nabla(u - u_h)\nabla w = \sum_K \int_K R_K w + \sum_E \int_E R_E w. \tag{8.48}$$

Nun kommt die Fehlerorthogonalität ins Spiel: ersetzt man w durch $w - I_h w$ mit $I_h w \in V_h$, so bleibt alles richtig. Das besondere ist nur, daß man für $I_h w$ die sogenannte Clément-Interpolierende nutzt, siehe [Bra97]. Für diese gilt

$$\|w - I_h w\|_{0,K} \leq C h_K \|\nabla w\|_{0,\omega_K} \quad \text{bzw.} \quad \|w - I_h w\|_{0,E} \leq C h_E^{1/2} \|\nabla w\|_{0,\omega_K}.$$

Dabei ist h_E die Länge der Kante E, ω_K die Menge aller Dreiecke, die zu K benachbart sind, K selbst gehört auch zu ω_K.

Dann folgt aus der Schwarzschen Ungleichung

$$\int_\Omega \nabla(u-u_h)\nabla w \leq C \left[\sum_K h_K \|R_K\|_{0,K} + \sum_E h_E^{1/2} \|R_E\|_{0,E}\right] \|w\|_1,$$

wenn man voraussetzt, daß in der Familie der Triangulation ω_K nur aus endlich vielen Dreiecken besteht. Kombination mit (8.47) liefert die fundamentale Abschätzung

$$\|u-u_h\|_1 \leq C \left[\sum_K h_K \|R_K\|_{0,K} + \sum_E h_E^{1/2} \|R_E\|_{0,E}\right]. \tag{8.49}$$

Damit kann man einen lokalen residualen Schätzer definieren durch

$$\boxed{\eta_K := h_K \|R_K\|_{0,K} + \frac{1}{2} \sum_{E \subset \partial K} h_E^{1/2} \|R_E\|_{0,E}.} \tag{8.50}$$

Dieser Schätzer genügt also der oberen Abschätzung aus (8.46), man kann aber auch eine untere Abschätzung vom Typ

$$\eta_K \leq C \|u-u_h\|_{1,\omega_K}$$

nachweisen, siehe [Ver96].

Beispiel 8.11. Für die Tatsache, daß adaptive FEM-Verfahren mit globaler Verfeinerung des Netzes hoch überlegen sind, finden sich in der Literatur zahlreiche Beispiele, etwa in [Ver96] oder [ErEs+95]. Wir skizzieren hier ein Testergebnis aus [John97]. Betrachtet wird die singulär gestörte Randwertaufgabe

$$\begin{aligned} -\epsilon\Delta u + 2u_x + 3u_y + u &= f \qquad \text{in } (0,1)^2 = \Omega, \\ u &= g \qquad \text{auf } \partial\Omega \end{aligned}$$

mit $\epsilon = 10^{-6}$. Die Funktionen f, g werden aus der vorgegebenen Lösung

$$u(x,y,\epsilon) = xy^2 - y^2 e^{\frac{2(x-1)}{\epsilon}} - x e^{\frac{3(y-1)}{\epsilon}} + e^{\frac{2(x-1)+3(y-1)}{\epsilon}}$$

berechnet. Die Randwertaufgabe wird mit einer nichtkonformen FEM diskretisiert, für die der Schätzer (8.50) leicht zu modifizieren ist. Dann ergibt sich für eine bestimmte Parameterkonstellation der adaptiven Methode folgendes Bild für den L_2-Fehler der Lösung:

Schritt	Anzahl der Unbekannten	L_2-Fehler
6	2 798	5.036 – 02
9	11 521	1.725 – 02
12	51 544	5.008 – 03
13	88 310	3.272 – 03

Bei gleichmäßiger globaler Verfeinerung des Ausgangsgitters hat man dagegen bei 196 096 Unbekannten (des siebenten Verfeinerungsschrittes) einen L_2-Fehler von 1.254 – 02. Um ein ähnlich genaues Ergebnis zu erzielen wie in Schritt 13 der adaptiven Strategie, braucht man bei gleichmäßiger Verfeinerung mehrere Millionen Unbekannte! □

8.3.6 Das Mehrgitterprinzip

Wie in Kapitel 3 bereits festgestellt wurde, ist die Lösung der mittels einer FEM erzeugten linearen Gleichungssysteme nicht trivial. So ist z. B. die Konvergenz von stationären Einschrittverfahren zur Lösung derartiger Gleichungssysteme durch $\rho(M) = 1 - \mathcal{O}(h^p)$ gekennzeichnet: sie konvergieren also für kleiner werdende Schrittweiten immer langsamer.

Mehrgitterverfahren nutzen zusätzlich die Information der Diskretisierung auf unterschiedlich feinen Gittern aus. Dadurch ist ein asymptotisch optimaler Aufwand möglich mit Fehlerreduktionsfaktoren, die unabhängig von der Schrittweite h kleiner sind als Eins.

Zur Vereinfachung der Darstellung erläutern wir die Grundideen am eindimensionalen Beispiel

$$-u'' = f \qquad \text{in } (0,1), \quad u(0) = u(1) = 0.$$

Eine lineare FEM auf einem äquidistanten Gitter erzeugt das lineare Gleichungssystem

$$-u_{i-1} + 2u_i - u_{i+1} = \frac{1}{h}\int_0^1 f\varphi\, dt.$$

Wendet man auf dieses System etwa das Jacobi-Verfahren (3.5) an, so genügen die Komponenten des Fehlervektors e^{k+1} im $(k+1)$-ten Iterationsschritt der Beziehung

$$e_i^{k+1} = \frac{e_{i-1}^k + e_{i+1}^k}{2}.$$

Während kurzwellige Fehleranteile in jedem Iterationsschritt um die Hälfte reduziert werden, gelingt dies für die langwelligen Fehleranteile nicht, wie man Abbildung 8.14 entnimmt.

Abbildung 8.14: Reduktion kurzwelliger (l) und langwelliger (r) Fehleranteile

Die Grundidee des *Zweigitterverfahrens* besteht darin, durch ein Standarditerationsverfahren als Glätter die kurzwelligen Fehleranteile zu reduzieren und dann durch die Berechnung einer Korrektur auf einem gröberen Gitter den langwelligen Fehleranteil zu approximieren. Dies erscheint vielversprechend, weil sich die langwelligen Anteile bereits gut auf groben Gittern darstellen lassen. Im mehrdimensionalen Fall wird so der Aufwand beträchtlich reduziert, da die Anzahl der Gitterpunkte bei gleichmäßiger Vergröberung eines Netzes auf ein Viertel (2D) bzw. ein Achtel (3D) sinkt.

Zur Kennzeichnung von Größen des feinen bzw. groben Gitters verwenden wir die Indizes h bzw. H. Es sei u_h^0 ein Startwert zur Lösung des Gleichungssystems

$$A_h u_h = b_h$$

auf dem feinen Gitter. Zunächst realisieren wir ν_1 Glättungsschritte mit einem Standard-Verfahren $u_h \mapsto S u_h$ und erhalten $\bar{u}_h = S^{\nu_1} u_h^0$. In der Praxis benutzt man zur Glättung das Jacobi- oder SOR-Verfahren und die unvollständige Cholesky-Faktorisierung. Das Gleichungssystem

$$A_h w_h = d_h \quad \text{mit dem Defekt } d_h := u_h - \bar{u}_h$$

wird nun durch das Grobgittersystem

$$A_H w_H = d_H$$

niedrigerer Dimension ersetzt. Dazu wird der Feingitterdefekt d_h auf das grobe Gitter *restringiert*: $d_H := R d_h$. Die neue Näherung auf dem feinen Gitter ergibt sich aus der der Lösung w_H des Grobgittersystems mit Hilfe einer *Prolongation* P vom groben auf das feine Gitter:

$$\hat{u}_h = \bar{u}_h + P w_H.$$

Die Prolongations- und Restriktionsmatrizen werden meist mittels Interpolation ermittelt. Z. B. gilt im Eindimensionalen mit linearen Elementen

$$(d_H)_{2i} = \tfrac{1}{2}(d_h)_{2i-1} + (d_h)_{2i} + \tfrac{1}{2}(d_h)_{2i+1}.$$

Algorithmus 8.12 (Zweigitterverfahren). $u_h^k \mapsto u_h^{k+1}$

S1: Vorglättung: Führe ν_1 Glättungsschritte aus, das Ergebnis sei $\bar{u}_h^k$
S2: Grobgitterkorrektur:

Restringiere den Defekt $d_h = b_h - A_h \bar{u}_h^k$ auf das grobe Gitter
Löse $A_H w_H^k = d_H$
Prolongiere w_H^k auf das feine Gitter und setze $\hat{u}_h^k = \bar{u}_h^k + P w_H^k$

S3: Nachglättung: Führe ν_2 Glättungsschritte aus

Aus dem Zweigitterverfahren erhält man ein Mehrgitterverfahren, indem man statt der exakten Lösung der Grobgitterkorrekturgleichung das Verfahren rekursiv anwendet. Es charakterisiere ℓ das Verfeinerungslevel, k sei der Zähler der Mehrgitteriteration.

Algorithmus 8.13 (Mehrgitterverfahren MGM(ℓ)). $u_\ell^k \mapsto u_\ell^{k+1}$
Es sei u_ℓ^k eine Näherung auf dem Level $\ell \geq 0$.

S1: Vorglättung: ν_1 Glättungsschritte mit dem Ergebnis $\bar{u}_\ell^k = S^{\nu_1} u_\ell^k$
S2: Grobgitterkorrektur:
if $\ell = 0$
then Berechne Lösung des Grobgitterproblems exakt
else Bestimme Näherung w^ℓ durch γ Schritte des
Mehrgitterverfahrens MGM($\ell - 1$) mit Startwert $w_{\ell-1}^0 = 0$
Setze $\hat{u}_\ell^k = \bar{u}_\ell^k + P w_\ell$
end
S3: Nachglättung: ν_2 Glättungsschritte mit dem Ergebnis u_ℓ^{k+1}

Für den Parameter γ, der den Aufwand bei der Grobgitterlösung steuert, wird $\gamma = 1$ oder $\gamma = 2$ gewählt. Man spricht dann vom *V-Zyklus* bzw. *W-Zyklus*, siehe Abbildung 8.15.

Konvergenzaussagen zum Mehrgitterverfahren findet man z. B. in [Bra97]. Fundamental ist, daß unter gewissen Vorausetzungen der Fehler in jedem Iterationszyklus um einen Faktor $\rho < 1$ *unabhängig* von der Gitterkonstanten h reduziert wird und der Gesamtaufwand asymptotisch optimal ist.

Für gutartige Probleme kann man statt des Mehrgitterverfahrens einen *kaskadischen* Algorithmus eimsetzen. Hierbei geht man sukzessiv von dem gröbsten Gitter zum feinsten, ohne je zurückzugehen. Das vereinfacht die Programmstruktur natürlich wesentlich. Als Beispiel notieren wir den kaskadischen

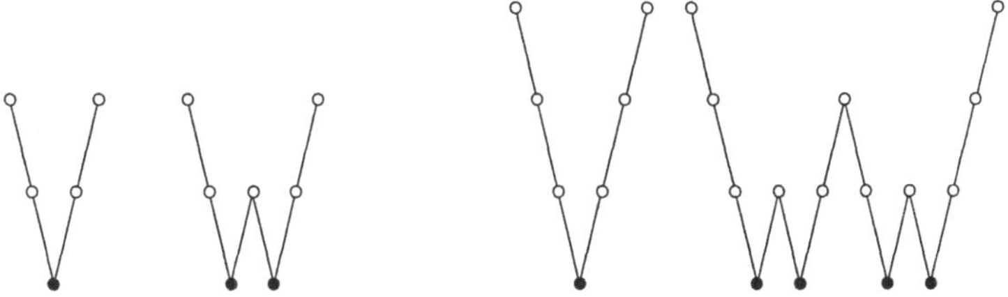

Abbildung 8.15: V-Zyklus und W-Zyklus auf 3 bzw. 4 Gittern

CG-Algorithmus für n ineinander geschachtelte Gitter:

Algorithmus 8.14 (Kaskadisches CG-Verfahren).

S1: Führe μ_1 Schritte des CG-Verfahrens auf dem gröbsten Gitter aus, das Ergebnis sei u_h^1

S2: **for** $k = 1 : n-1$ **do**

Prolongiere u_h^k auf das $(k+1)$-te Gitter,
führe μ_{k+1} CG-Schritte aus.

end

Wählt man die Iterationszahlen μ_k abgestimmt, so erhält man in einer energetischen Norm ein ähnliches Konvergenzverhalten wie beim klassischen Mehrgitterverfahren bei auch asymptotisch optimalem Aufwand, siehe [Sha96].

8.4 Raum und Zeit

Wichtige Vertreter zeitabhängiger partieller Differentialgleichungen sind

die *Wärmeleitungsgleichung*	$\dfrac{\partial u}{\partial t} - c\,\Delta u = f,$
die *Wellengleichung*	$\dfrac{\partial^2 u}{\partial t^2} - c\,\Delta u = f,$
die *Transportgleichung*	$\dfrac{\partial u}{\partial t} + \dfrac{\partial g(u)}{\partial x} = f.$

Zu Randbedingungen im Raum kommen dazu sachgemäß so viele Anfangsbedingungen in der Zeit, wie die Ordnung der Zeitableitung beträgt.

Im Rahmen dieses einführenden Textes beschränken wir uns darauf, einige Grundprobleme der Diskretisierung der *parabolischen* Wärmeleitungsgleichung zu beschreiben. Gewisse Ideen sind dabei zwar auf die beiden anderen *hyperbolischen* Probleme übertragbar, der grundsätzlich unterschiedliche Charakter der Charakteristiken von hyperbolischen Problemen gegenüber parabolischen führt aber dazu, daß man bei der Diskretisierung hyperbolischer Probleme dem Charakteristikenverlauf größere Beachtung schenken muß (für die lineare Transportgleichung $u_t + au_x = 0$ sind das die Geraden $x - at = \text{const.}$), siehe z. B. [Krö97] für die ausführliche Behandlung von Transportgleichungen.

8.4.1 Eindimensionale Wärmeleitung

Wir betrachten die Anfangs-Randwertaufgabe

$$\begin{aligned} \frac{\partial u}{\partial t} - \frac{\partial^2 u}{\partial x^2} &= f(x,t) \qquad \text{in } (0,1)\times(0,T), \\ u(x,0) &= u_0(x), \\ u(0,t) &= u(1,t) = 0, \end{aligned} \tag{8.51}$$

wobei wir exemplarisch homogene Dirichlet-Bedingungen als Randbedingungen wählen.

Das einfachste Diskretisierungsverfahren für (8.51) ist das Differenzenverfahren. Der Einfachheit halber verwenden wir äquidistante Gitter in x- und t-Richtung. Es seien $x_i = ih$, $i = 0, 1, \ldots, N$, mit $x_0 = 0$, $x_N = 1$, ferner $t^j = j\tau$, $j = 0, 1, \ldots, M$, mit $t^0 = 0$, $t^M = T$, und u_i^k sei der gesuchte Näherungswert für die exakte Lösung im Gitterpunkt (x_i, t^k), also $u(x_i, t^k)$. Zur Abkürzung bezeichnen wir für gegebenes g den Wert $g(x_i, t^k)$ mit g_i^k.

Wie bei Differenzenverfahren üblich, ersetzt man nun die Ableitungen in der Differentialgleichung in den Gitterpunkten durch Differenzenapproximationen. Benutzt man dabei zwei Punkte in t-Richtung und drei in x-Richtung, so kommt man zu folgendem *Sechs-Punkt-Schema* :

$$\frac{u_i^{k+1} - u_i^k}{\tau} - \left\{ \sigma \frac{u_{i+1}^{k+1} - 2u_i^{k+1} + u_{i-1}^{k+1}}{h^2} + (1-\sigma) \frac{u_{i+1}^k - 2u_i^k + u_{i-1}^k}{h^2} \right\} = \tilde{f}_i^k. \tag{8.52}$$

Hier ist σ ein Parameter mit $0 \le \sigma \le 1$, ferner behalten wir uns noch vor, auf der „rechten“ Seite nicht notwendig f_i^k zu verwenden. Wir führen nun die Abkürzung $\gamma := \tau/h^2$ ein und schreiben (8.52) in der Form

$$\begin{aligned} &-\gamma\sigma u_{i-1}^{k+1} + (2\gamma\sigma + 1) u_i^{k+1} - \sigma\gamma u_{i+1}^{k+1} \\ &\quad = F_i^k := (1-\sigma)\gamma u_{i-1}^k + (1 - 2(1-\sigma)\gamma) u_i^k + (1-\sigma)\gamma u_{i+1}^k + \tau \tilde{f}_i^k. \end{aligned} \tag{8.53}$$

Man erkennt: Ist $\sigma = 0$, so kann man u_i^{k+1} direkt berechnen, das Verfahren heißt *explizit*. Für jedes $\sigma > 0$ hat man jedoch ein tridiagonales Gleichungssystem zu lösen, die Verfahren sind *implizit*. Das Verfahren mit $\sigma = \frac{1}{2}$ und $\tilde{f}_i^k := f(x_i, t^k + \frac{\tau}{2})$ heißt *Crank-Nicolson-Verfahren*, das Verfahren mit $\sigma = 1$ *rein implizit*. Diesen Verfahren entsprechen die Differenzensterne in Abbildung 8.16.

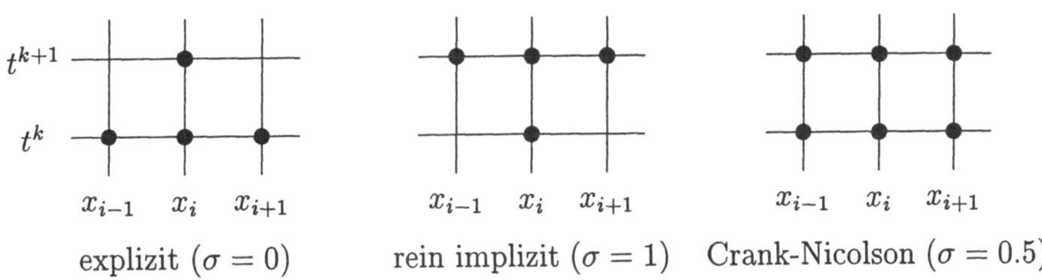

Abbildung 8.16: Differenzenverfahren: explizit, rein implizit, Crank-Nicolson

Eine Taylor-Analyse des Konsistenzfehlers liefert:

Der Konsistenzfehler ist für glatte Lösungen für $\sigma \neq \frac{1}{2}$ und $\tilde{f}_i^k = f_i^k$ proportional zu $\tau + h^2$, im Fall des Crank-Nicolson-Verfahrens sogar zu $\tau^2 + h^2$.

Problematischer ist es mit der *Stabilität*. Faßt man die u_i^k für festes k zu einem Vektor U^k zusammen, so kann man (8.53) mit einer Matrix C formal schreiben als

$$U^{k+1} = CU^k + \tau F^k.$$

Nun möchte man mit einer Vektornorm $\|\,.\,\|$ abschätzen können:

$$\|U^{k+1}\| \leq \|U^k\| + \tau\|F^k\|,$$

denn dann folgt induktiv die Stabilitätsungleichung

$$\|U^{k+1}\| \leq \|U^0\| + \tau \sum_{j=0}^{k} \|F^j\|.$$

Im Mittelpunkt des Interesses stehen die *diskrete Maximumnorm* und die *diskrete Euklidische Norm*. Oft wird die Methodik der Stabilitätsuntersuchung im ersten Fall *Matrixmethode*, im zweiten Fall auch *Fouriermethode* genannt. Während die Matrixmethode generell anwendbar ist, ist die Fourier-Stabilitätstechnik mehr oder weniger beschränkt auf Probleme mit konstanten Koeffizienten und vernachlässigt oft die Randbedingungen.

Konkret erhalten wir für (8.53) nach längerer Rechnung folgende Stabilitätsbedingungen:

Stabilität in der Maximumnorm:	$(1-\sigma)\frac{\tau}{h^2} \leq \frac{1}{2}$	(8.54)
Stabilität in der Euklidischen Norm:	$(1-2\sigma)\frac{\tau}{h^2} \leq \frac{1}{2}$	(8.55)

Während für das explizite Verfahren mit $\sigma = 0$ die Stabilitätsbedingung $\tau/h^2 \leq 1/2$ in beiden Normen identisch und das rein implizite Verfahren ohne jede Einschränkung stabil ist, ist das Crank-Nicolson-Verfahren gemäß (8.55) ohne Einschränkung stabil, im Sinne der strengeren Maximumnorm aber nur für $\tau/h^2 \leq 1$.

Aus Konsistenz und Stabilität folgt wieder Konvergenz.

8.4.2 Die Linienmethode

Bei räumlich mehrdimensionalen zeitabhängigen Problemen ist es im allgemeinen wenig sinnvoll, gleichzeitig in Raum und Zeit zu diskretisieren. Übersichtlicher ist es, dies nacheinander zu tun. Also gibt es zwei grundsätzliche Möglichkeiten: erst Raum, dann Zeit, oder erst Zeit, dann Raum. Eigentlich sind beide Varianten Linienmethoden, in der Literatur wird aber meistens die erste Variante *Linienmethode*, die zweite *Rothe-Methode* genannt. Da die erste Variante auf Anfangswertaufgaben für Systeme gewöhnlicher Differentialgleichungen führt – wie wir gleich sehen werden – und für diese schon lange Softwarepakete bereitstehen, favorisierte man lange diese Linienmethode. Wir werden uns auch auf diese Linienmethode beschränken, weisen aber darauf hin, daß aktuell auch die Rothe-Version populär ist (siehe auch 8.5).

Betrachtet werde die parabolische Anfangs-Randwertaufgabe

$$\begin{aligned} \frac{\partial u}{\partial t} + Lu = f \qquad & \text{in } \Omega \times (0,T), \\ u = u_0(x) \qquad & \text{für } t = 0, \\ u = 0 \qquad & \text{auf } \partial\Omega. \end{aligned} \tag{8.56}$$

Hierbei ist L ein elliptischer Differentialausdruck zweiter Ordnung. Nach der obigen Philosophie wird nun *zuerst im Raum* diskretisiert. Dazu kann man prinzipiell jede der in Abschnitt 8.1 beschriebenen Methode einsetzen, wir favorisieren für mehrdimensionale elliptische Differentialausdrücke die Methode der finiten Elemente.

Ausgangspunkt ist wieder eine Umformulierung von (8.56) unter Verwendung von $(g,h) = \int_\Omega gh\,d\Omega$ als Variationsgleichung:

$$\begin{aligned} \left(\frac{\partial u}{\partial t}, v\right) + a(u,v) &= (f,v) \quad \text{für alle } v \in V, \\ u &= u_0 \qquad \text{für } t = 0. \end{aligned} \tag{8.57}$$

Man sucht nun eine Näherungslösung $u_h(t)$ mit dem Ansatz

$$u_h(t) = \sum_{i=1}^{N} u_i(t) w_i$$

mit Funktionen $w_i \in V_h \subset V$. Nach dem Galerkin-Prinzip fordert man

$$\begin{aligned} \left(\frac{\partial u_h}{\partial t}, w_j\right) + a(u_h, w_j) &= (f, w_j), \\ (u_h|_{t=0}, w_j) &= (u_0, w_j), \quad j = 1, \ldots, N. \end{aligned} \tag{8.58}$$

Setzt man für u_h den obigen Ansatz ein, so entsteht

$$\begin{aligned} \sum_{i=1}^{N} (w_i, w_j) u_i'(t) + \sum_{i=1}^{N} a(w_i, w_j) u_i(t) &= (f, w_j), \\ \sum_{i=1}^{N} (w_i, w_j) u_i(0) &= (u_0, w_j). \end{aligned}$$

Wir führen nun folgende Abkürzungen ein:

$$A = [a_{ij}],\ a_{ij} = a(w_j, w_i),\ D = [d_{ij}],\ d_{ij} = (w_j, w_i),$$
$$f_j(t) = (f, w_j),\ g_j = (u_0, w_j),\ U(t) = [u_i(t)],\ F(t) = [f_i(t)],\ G = [g_i].$$

Dann ist (8.58) äquivalent zu der folgenden Anfangswertaufgabe für ein lineares Differentialgleichungssystem:

$$\boxed{\begin{aligned} DU'(t) + AU(t) &= F(t), \\ DU(0) &= G. \end{aligned}} \tag{8.59}$$

Im räumlich eindimensionalen Fall mit $Lu = -d^2u/dx^2$ ergibt sich speziell für lineare finite Elemente auf einem äquidistanten Gitter

$$D = \frac{h}{6}\begin{pmatrix} 4 & 1 & & & \\ 1 & 4 & 1 & & \\ & \ddots & \ddots & \ddots & \\ & & 1 & 4 & 1 \\ & & & 1 & 4 \end{pmatrix}, \quad A = \frac{1}{h}\begin{pmatrix} 2 & -1 & & & \\ -1 & 2 & -1 & & \\ & \ddots & \ddots & \ddots & \\ & & -1 & 2 & -1 \\ & & & -1 & 2 \end{pmatrix}. \tag{8.60}$$

Bemerkung 8.15 (Lumping). An dem Differentialgleichungssystem (8.59) stört ein wenig, daß D im allgemeinen keine Diagonalmatrix ist. Für *lineare* Elemente gibt es einen theoretisch abgesicherten Ausweg aus dieser Situation. Man ersetzt einfach D durch eine Diagonalmatrix D^*, wobei man für die Diagonalelemente d^*_{jj} von D^* die Zeilensummen von D wählt:

$$d^*_{jj} = \sum_k d_{jk}.$$

Ein Ausgangspunkt für die Analyse dieses Vorgehens ist die Beobachtung, daß der Übergang von D zu D^* nichts anderes bedeutet, als daß man im Term (w_i, w_j) das Integral nicht exakt auswertet, sondern gemäß der Quadraturformel

$$\int_K w_i w_j \, dK \approx \frac{1}{3} \operatorname{meas} K \sum_{j=1}^{3} (w_i w_j)(P_{Kj}). \qquad \square$$

Da die Anwendung der Linienmethode auf eine Anfangswertaufgabe führt, könnte man meinen, nun *irgendeinen* Anfangswertaufgabenlöser einsetzen zu können. Praktisch ist aber Vorsicht geboten, denn die durch Anwendung der Linienmethode entstehenden Systeme sind im allgemeinen steif!

Schauen wir uns einmal die Matrix A aus (8.60) als Beispiel an. Für diese Matrix kann man die Eigenwerte explizit angeben:

$$\lambda_k = \frac{4}{h} \sin^2 \frac{k\pi h}{2}, \quad k = 1, \ldots, N-1.$$

Für kleine h gilt deshalb für den kleinsten Eigenwert $\lambda_1 \approx \pi^2 h$, für den größten $\lambda_{N-1} \approx 4/h$. Die Eigenwerte von A sind also für kleine h von der Größenordnung her sehr verschieden, das entsprechende System (8.59) ist steif.

Die gerade getroffene Aussage trifft nicht nur für das Beispiel gemäß (8.60) zu. Allgemein gilt:

Ist die Bilinearform symmetrisch und die Zerlegung des Gebietes quasiuniform, ferner 2m die Ordnung des elliptischen Differentialausdrucks, so gilt für die Kondition $\operatorname{cond}_2(A)$ *der Matrix A – also den Quotienten aus größtem und kleinstem Eigenwert – unabhängig von der Raumdimension die Abschätzung*

$$\operatorname{cond}_2(A) \le \frac{c}{h^{2m}}. \tag{8.61}$$

Dies belegt die obige Aussage, daß die Anwendung der Linienmethode zu i. allg. steifen Systemen führt. Deshalb sollte man zur Lösung dieser Systeme – wie in Abschnitt 7.3 vorn diskutiert – Verfahren mit geeigneten A-Stabilitätsgebieten einsetzen. Auf der sicheren Seite ist man mit einem A-stabilen Verfahren.

8.5 Hinweise auf Software

Zunächst zu Randwertaufgaben gewöhnlicher Differentialgleichungen:

Methode	Code
Spline-Kollokation	COLSYS bzw. COLNEW
Schießverfahren	MUSL, BVPSOL, BVPSOG, BVPLSQ

COLSYS bzw. COLNEW und MUSL findet man im Anhang von [AsMa+88], die anderen Codes über die eLiB beim Konrad-Zuse-Zentrum Berlin unter `http://elib.zib.de/`.

Zu elliptischen Randwertaufgaben:

Methode	Code
FDM, Spline-Kollokation	ELLPACK, PARALLEL ELLPACK
FEM	PLTMG (2D), KASKADE, UG

Zu ELLPACK siehe [RiBo84] und [HoRi92]. Die Pakete PLTMG [Ban98], KASKADE und UG [BasB+97] sind adaptive FEM-Codes mit Anwendung des Mehrgitterprinzips. Sie sind unter `http://elib.zib.de/netlib/pltmg/`, `http://elib.zib.de/pub/elib/codelib/kaskade/` und `http://dom.ica3.uni-stuttgart.de/~ug/` zu finden. Ein interaktiver FEM-Code ist FEMLAB, siehe `http;//www.math.chalmers.se/Math/Research/Femlab/`.

Zu instationären Randwertaufgaben:

Methode	Code
Linienmethode/FEM	KARDOS (1D), KASTIO (2D, 3D)

Beide Codes wurden am Konrad-Zuse-Zentrum entwickelt.

Natürlich gibt es noch weitere Codes, z. B. PDESOL, siehe `http://www.pdesol.com`, oder die Codes der NAG, siehe dazu [Köc90].

8.6 Übungsaufgaben

Aufgabe 8.1. Man entwickle eine Differenzenapproximation für den Differentialausdruck $-(p(x)u'(x))'$ durch zweimalige Anwendung von

$$u'(x) \approx \frac{1}{h}\left[u(x+h/2) - u(x-h/2)\right].$$

Aufgabe 8.2. Diskretisieren Sie die Randwertaufgabe

$$-\epsilon u'' + u' = 0, \quad u(0) = 1, \quad u(1) = 0$$

mit dem Differenzenverfahren. Dabei wende man einmal das gewöhnliche Differenzenverfahren an und zum anderen die *upwind*-Variante, bei der u' durch einen einseitigen (welchen?) Differenzenquotienten approximiert wird. Was geschieht für kleine Werte des Parameters ϵ?

Aufgabe 8.3. Welche Differenzenapproximation erhält man, wenn man

$$-(p(x)u'(x))' = f(x)$$

mit einer Finite-Volumen-Technik diskretisiert? Vergleichen Sie mit der Differenzenapproximation, die man erhält, wenn man erst ausdifferenziert und dann durch finite Differenzen approximiert!

Aufgabe 8.4. Wählt man für die Diskretisierung von

$$-u'' + (b(x)u)' = f(x)$$

als Kontrollvolumen die Intervalle (x_{i-1}, x_i) – diese Version heißt *cell-vertex-FVM* –, so erhält man bei der üblichen Approximation $u'(x_i) \approx (u_{i+1} - u_{i-1})/2h$ eine Vier-Punkte-Differenzenapproximation. Welche?

Aufgabe 8.5. Gegeben sei die Randwertaufgabe

$$-u'' - u = x, \quad u(0) = u(1) = 0.$$

Als Ansatz für eine Näherungslösung wird $u^* = a_1x(1-x) + a_2x^2(1-x)$ gewählt. Welche konkrete Näherungslösung erhält man

a) nach dem Galerkin-Prinzip,

b) bei Kollokation mit den Kollokationsstellen $\xi_1 = 1/3$, $\xi_2 = 2/3$?

Aufgabe 8.6. Man löse die Randwertaufgabe

$$-u'' - u = x, \quad u(0) = u(1) = 0$$

näherungsweise mit dem Kollokationsverfahren unter Verwendung quadratischer C^1-Splines und Mittelpunktskollokation.

Aufgabe 8.7. Welche Variationsgleichung gehört zur Randwertaufgabe

$$-\Delta u = g, \quad u\Big|_{\Gamma_1} = 0, \quad \frac{\partial u}{\partial n}\Big|_{\Gamma_2} = h_2, \quad \frac{\partial u}{\partial n} + \sigma u\Big|_{\Gamma_3} = h_3?$$

Gibt es ein äquivalentes Variationsprinzip?

Aufgabe 8.8. Gegeben sei die Randwertaufgabe

$$-(a(x)u')' = 0, \quad u(-1) = 3, \; u(1) = 0$$

mit

$$a(x) = \begin{cases} 1 & \text{für } -1 \leq x < 0 \\ 0.5 & \text{für } \;\; 0 \leq x < 1. \end{cases}$$

Wie lautet die schwache Lösung dieser Randwertaufgabe?

Aufgabe 8.9. Die Randwertaufgabe

$$-u'' + bu' + cu = f, \quad u(0) = u(1) = 0$$

mit *konstanten* Koeffizienten b, c und *konstanter* rechter Seite f wird auf einem äquidistanten Gitter mit quadratischen finiten Elementen diskretisiert. Was für ein Gleichungssystem wird erzeugt?

Aufgabe 8.10. Das Gebiet $\Omega = (0,1) \times (0,1)$ werde gleichmäßig in achsenparallele Quadrate zerlegt und $-\Delta u$ mit Hilfe bilinearer finiter Elemente diskretisiert. Basisfunktionen sind dann einfach Tensorprodukte der eindimensionalen Basisfunktionen linearer Elemente in x- und y-Richtung. Man weise nach, daß dadurch die Differenzenapproximation

$$\frac{-u_{i-1,j-1} - u_{i-1,j} - u_{i-1,j+1} - u_{i,j-1} + 8u_{i,j} - u_{i,j+1} - u_{i+1,j-1} - u_{i+1,j} - u_{i+1,j+1}}{3h^2}$$

erzeugt wird.

Aufgabe 8.11. Welche Differenzenapproximationen entstehen, wenn man den Laplace-Operator mit linearen finiten Elementen

a) auf einem criss-cross-Gitter,

b) auf einem gleichseitigen Dreiecksgitter (siehe Abb. 8.17)

diskretisiert?

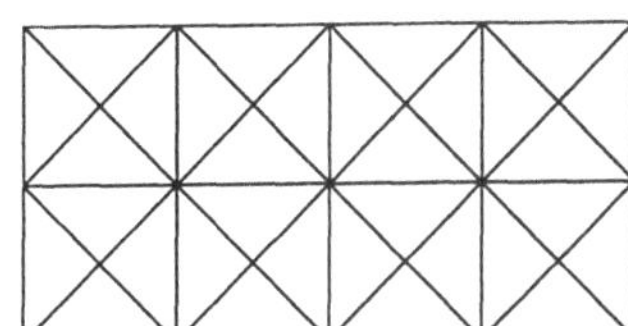
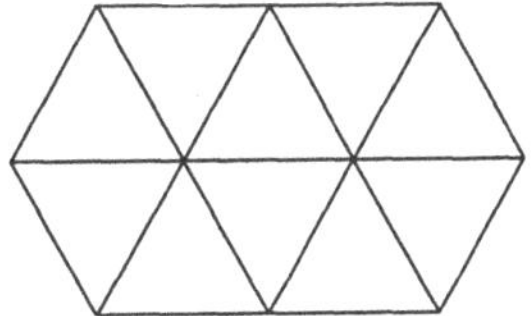

Abbildung 8.17: Criss-cross-Gitter, gleichseitiges Dreiecksgitter

Aufgabe 8.12. Gegeben sei die Randwertaufgabe

$$-au'' = 1 \quad \text{in} \quad (0,\xi) \cup (\xi, 1), \quad u(0) = u(1) = 0,\ u'(\xi - 0) = 2u'(\xi + 0)$$

mit der unstetigen Koeffizientenfunktion $a = 1$ in $(0, \xi)$, $a = 2$ in $(\xi, 1)$.

a) Wie lautet die schwache Formulierung der Aufgabe?

b) Wie lautet die exakte Lösung des Problems?

c) Man diskretisiere mit linearen finiten Elementen auf einem äquidistanten Gitter der Schrittweite h, es sei speziell $\xi = (1 + h)/2$. Welche Größenordnung besitzt der Fehler?

Aufgabe 8.13. Untersuchen Sie, welche Polynome durch die Quadraturformel

$$\int_E \varphi(\xi,\eta)\, dE \approx \frac{1}{120}\Big\{3[\varphi(0,0) + \varphi(1,0) + \varphi(0,1)] + 8[\varphi(1/2,0) + \varphi(0,1/2) + \varphi(1/2,1/2)] + 27\varphi(1/3,1/3)\Big\},$$

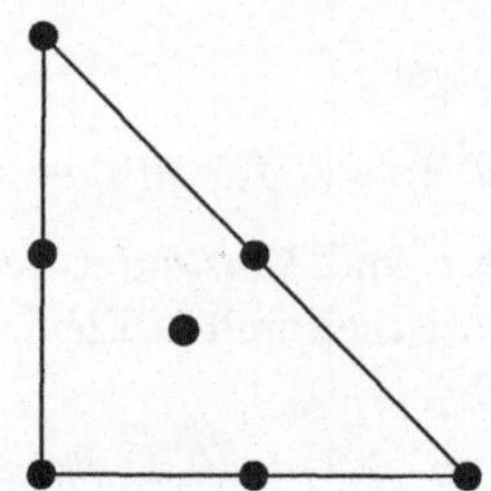

Abbildung 8.18: Quadraturformel

siehe Abb. 8.18, exakt integriert werden!

Aufgabe 8.14. Im eindimensionalen Fall genügt der Fehler der linearen Finite-Elemente-Diskretisierung von

$$-au'' = f, \quad u(0) = u(1) = 0$$

bei konstantem a auf dem Teilintervall (x_{k-1}, x_k) der Gleichung

$$-ae_k'' = f, \quad e_k(x_{k-1}) = e_k(x_k) = 0.$$

Berechnen Sie die L^2-Norm des Gradienten von e_k auf dem Intervall (x_{k-1}, x_k). Das Ergebnis entspricht einem bekannten lokalen Fehlerschätzer von Babuška und Rheinboldt.

Aufgabe 8.15. Das Transportproblem

$$u_t + au_x = 0, \quad u = u_0(x) \quad \text{für } t = 0$$

mit einer Konstanten $a > 0$ werde diskretisiert gemäß

$$\frac{u_i^{k+1} - u_i^k}{\tau} + a\left[\beta\frac{u_i^k - u_{i-1}^k}{h} + (1-\beta)\frac{u_{i+1}^k - u_i^k}{h}\right] = 0$$

mit einem Parameter β, $0 \le \beta \le 1$. Man überlege sich, warum die Wahl $\beta = 1$ sachgemäß ist und daß bei dieser Wahl die Courant-Friedrichs-Levi-Bedingung $a\tau/h \le 1$ Stabilität in der diskreten Maximumnorm impliziert.

Literaturverzeichnis

[AlGe97] E. L. ALLGOWER AND K. GEORG, *Numerical path following*, in: Techniques of Scientific Computing (Part 2), Solution of Equations in R^n (Part 1), P. G. Ciarlet and J. L. Lions, eds., Handbook of Numerical Analysis, vol. V, North Holland, Amsterdam, 1997, pp. 3–207.

[AnBa+95] E. ANDERSON, Z. BAI, C. BISCHOF, J. DEMMEL, J. DONGARRA, J. DU CROZ, A. GREENBAUM, S. HAMMARLING, A. MCKENNEY, S. OSTROUCHOV, AND D. SORENSEN, LAPACK *User's Guide*, SIAM, Philadelphia, 2nd ed., 1995.

[AsMa+88] U. M. ASCHER, R. M. M. MATTHEIJ, AND R. D. RUSSEL, *Numerical Solution of Boundary Value Problems for Ordinary Differential Equations*, Prentice Hall, Englewood Cliffs, N. J., 1988. Republished 1995 as *Classics in Applied Mathematics 13* by SIAM, Philadelphia.

[Ban98] R. E. BANK, PLTMG: *A Software Package for Solving Elliptic Partial Differential Equations. User's Guide 8.0,* SIAM, Philadelphia, 1998.

[BarB+93] R. BARRETT, M. BERRY, T. F. CHAN, J. DEMMEL, J. DONATO, J. DONGARRA, V. EIJKHOUT, R. POZO, C. ROMINE, AND H. VAN DER VORST, *Templates for the Solution of Linear Systems: Building Blocks for Iterative Methods*, SIAM, Philadelphia, 1993.

[Bas96] P. BASTIAN, *Parallele adaptive Mehrgitterverfahren*, Teubner, Stuttgart, 1996.

[BasB+97] P. BASTIAN, K. BIRKEN, J. JOHANNSEN, S. LANG, N. NEUSS, H. RENTZ-REICHERT, AND C. WIENERS, UG – *A flexible software toolbox for solving partial differential equations*, Computing and Visualization in Science **1** (1997), pp. 27–40.

[Bjö96] Å. BJÖRCK, *Numerical Methods for Least Squares Problems*, SIAM, Philadelphia, 1996.

[BrCa+89] K. E. BRENAN, S. L. CAMPBELL, AND L. R. PETZOLD, *Numerical Solution of Initial-Value Problems in Differential-Algebraic Equations*, North-Holland, Amsterdam, 1989. Updated and expanded version republished 1995 as *Classics in Applied Mathematics 14* by SIAM, Philadelphia.

[BrFo91] F. BREZZI AND M. FORTIN, *Mixed and Hybrid Finite Element Methods*, Springer, Berlin, 1991.

[BrHe95] W. L. BRIGGS AND V. E. HENSON, *The* DFT. *An Owner's Manual for the Discrete Fourier Transform*, SIAM, Philadelphia, 1995.

[BuFa94] R. L. BURDEN AND J. D. FAIRES, *Numerische Methoden. Näherungsverfahren und ihre praktische Anwendung*, Spektrum Akademischer Verlag, Heidelberg, 1994.

[Bra97] D. BRAESS, *Finite Elemente*, Springer, Berlin, 2. Aufl., 1997.

[CaHu+88] C. CANUTO, M. Y. HUSSAINI, A. QUARTERONI, AND T. ZANG, *Spectral Methods in Fluid Dynamics*, Springer, Berlin, 1988.

[Cia78] P. CIARLET, *The Finite Element Method for Elliptic Problems*, North-Holland, Amsterdam, 1978.

[CoKr73] L. COLLATZ UND W. KRABS, *Approximationstheorie. Tschebyscheffsche Approximation mit Anwendungen*, Teubner, Stuttgart, 1973.

[CuWi85] J. CULLUM AND R. A. WILLOUGHBY, *Lanczos Algorithms for Large Symmetric Eigenvalue Computations, Volume 1: Theory, Volume 2: Programs*, Birkhäuser, Boston, 1985.

[DaBj72] G. DAHLQUIST AND Å. BJÖRCK, *Numerische Methoden*, Oldenbourg, München, 1972. Engl. Version: *Numerical Methods*, Prentice-Hall, Englewood Cliffs, N. J.,1974.

[deB78] C. DE BOOR, *A Practical Guide to Splines*, Springer, New York, 1978.

[Dem97] J. W. DEMMEL, *Applied Numerical Linear Algebra*, SIAM, Philadelphia, 1997.

[DeGa+81] J. E. DENNIS, D. GAY, AND R. WELSCH, *An adaptive nonlinear least squares algorithm*, ACM Trans. Math. Software **7** (1981), pp. 348–368.

[DeSc83] J. E. DENNIS AND R. B. SCHNABEL, *Numerical Methods for Unconstrained Optimization and Nonlinear Equations*, Prentice Hall, Englewood Cliffs, N. J., 1983. Republished 1996 by SIAM, Philadelphia.

[Die95] P. DIERCKX, *Curve and Surface Fitting with Splines*, Oxford University Press, Oxford, 1995.

[DoBu+79] J. J. DONGARRA, J. R. BUNCH, C. B. MOLER, AND G. W. STEWART, LINPACK *Users' Guide*, SIAM, Philadelphia, 1979.

[Dör96] W. DÖRFLER, *A convergent adaptive algorithm for Poisson's equation*, SIAM J. Numer. Anal. **33** (1996), pp. 1106–1124.

[DuEr+86] I. S. DUFF, A. M. ERISMAN, AND J. K. REID, *Direct Methods for Sparse Matrices*, Oxford University Press, Oxford, 1986.

[EMRe96] G. ENGELN-MÜLLGES UND F. REUTTER, *Numerik-Algorithmen. Entscheidungshilfe zur Auswahl und Nutzung (mit CD-ROM)*, VDI Verlag, Düsseldorf, 8., neubearb. und erw. Aufl., 1996.

[EMUh96a] G. ENGELN-MÜLLGES AND F. UHLIG, *Numerical Algorithms with* C (with CD-ROM), Springer, New York, 1996.

[EMUh6b] ——, *Numerical Algorithms with* Fortran (with CD-ROM), Springer, New York, 1996.

[ErEs+95] K. ERIKSSON, D. ESLEP, P. HAUSBO, AND C. JOHNSON, *Introduction to adaptive methods for differential equations*, in: Acta Numerica, A. Iserles, ed., Cambridge University Press, Cambridge, 1995, pp. 105–158.

[Far92] G. E. FARIN, *Curves and Surfaces for Computer Aided Geometric Design*, Academic Press, Orlando, 3rd ed., 1992. Deutsch. Übers. der zweiten engl. Auflage 1990: *Kurven und Flächen im Computer Aided Geometric Design. Eine praktische Einführung*, Vieweg, Braunschweig, 1994.

[For88] R. FORNBERG, *Generation of finite difference formulas on arbitrary spaced grids*, Math. Comp. **51** (1988), pp. 699–706.

[Füh88] C. FÜHRER, *Differential-algebraische Gleichungssysteme in mechanischen Mehrkörpersystemen. Theorie, numerische Ansätze und Anwendungen.*, Dissertation, Techn. Univ. München, 1988.

[GaHr97] W. GANDER AND J. HŘEBIČEK, *Solving Problems in Scientific Computing Using* Maple *and* MATLAB, Springer, Berlin, 3rd ed., 1997.

[GeLi81] A. GEORGE AND J. W. H. LIU, *Computer Solution of Large Sparse Positive-Definite Systems*, Prentice Hall, Englewood Cliffs, N. J., 1981.

[GoOr95] G. H. GOLUB UND J. M. ORTEGA, *Wissenschaftliches Rechnen und Differentialgleichungen*, Heldermann Verlag, Berlin, 1995.

[GoOr77] D. GOTTLIEB AND S. A. ORSZAG, *Numerical Analysis of Spectral Methods. Theory and Applications*, SIAM, Philadelphia, 1977.

[Gre97] A. GREENBAUM, *Iterative Methods for Solving Linear Systems*, SIAM, Philadelphia, 1997.

[Gri99] A. GRIEWANK, *Evaluating Derivatives. Principles and Techniques of Algorithmic Differentiation*, SIAM, Philadelphia, to appear 1999.

[GoRo+93] H. GOERING, H.-G. ROOS, UND L. TOBISKA, *Finite-Element-Methoden*, Akademie Verlag, Berlin, 1993.

[GoVL96] G. H. GOLUB AND C. F. VAN LOAN, *Matrix Computations*, Johns Hopkins University Press, Baltimore, 3rd ed., 1996.

[GrRo94] C. GROSSMANN UND H.-G. ROOS, *Numerik partieller Differentialgleichungen*, Teubner, Stuttgart, 2. Aufl., 1994.

[Hac93] W. HACKBUSCH, *Iterative Lösung großer schwachbesetzter Gleichungssysteme*, Teubner, Stuttgart, 2. überarb. und erw. Aufl., 1993.

[HaYo81] L. A. HAGEMAN AND D. M. YOUNG, *Applied Iterative Methods*, Academic Press, New York, 1981.

[HaNo+93] E. HAIRER, S. P. NØRSETT, AND G. WANNER, *Solving Ordinary Differential Equations I. Nonstiff Problems*, Springer, Berlin, 2nd rev. ed., 1993.

[HaWa96] E. HAIRER AND G. WANNER, *Solving Ordinary Differential Equations II. Stiff and Differential-Algebraic Problems*, Springer, Berlin, 2nd rev. ed., 1996.

[HäHo94] G. HÄMMERLIN UND K.-H. HOFFMANN, *Numerische Mathematik*. 4., nochmals durchgesehene Aufl., Springer, Berlin, 1994.

[Her95] J. HERZBERGER, Ed., *Wissenschaftliches Rechnen. Eine Einführung in das Scientific Computing*, Akademie Verlag, Berlin, 1995.

[HoLa92] J. HOSCHEK UND D. LASSER, *Grundlagen der geometrischen Datenverarbeitung*, Teubner, Stuttgart, 2. Aufl., 1992.

[HoRi92] E. N. HOUSTIS AND J. R. RICE, *Parallel* ELLPACK*: A development and problem solving environment for high performance computing machines*, in: Programming environments for high-level scientific problem solving, Proc. IFIP TC2/WG2.5 Working Conf., Karlsruhe/Germany 1991, 1992, pp. 229–243.

[John97] V. JOHN, *Parallele Lösung der inkompressiblen Navier-Stokes-Gleichungen auf adaptiv verfeinerten Gittern*, Dissertation, Techn. Univ. Magdeburg, 1997.

[Johns90] C. JOHNSON, *Numerical Solution of Partial Differential Equations by the Finite Element Method*, Cambridge University Press, 1990.

[Kel95] C. T. KELLEY, *Iterative Methods for Linear and Nonlinear Equations*, SIAM, Philadelphia, 1995.

[KiSw88] A. KIEŁBASIŃSKI UND H. SCHWETLICK, *Numerische lineare Algebra. Eine computerorientierte Einführung*, Deutscher Verlag der Wissenschaften, Berlin, 1988. Auch: Harri Deutsch Verlag, Thun-Frankfurt, 1988.

[Köc90] N. KÖCKLER, *Numerische Algorithmen in Softwaresystemen – unter besonderer Berücksichtigung der NAG-Bibliothek*, Teubner, Stuttgart, 1990. Engl. Version: *Numerical Methods and Scientific Computing – Using the the NAG Libraries for Problem Solving*, Oxford University Press, Oxford, 1994.

[KrNe97] M. KŘÍŽEK AND P. NEITTAANMÄKI, *Mathematical and Numerical Modelling in Electrical Engineering. Theory and Practice*, Kluwer Academic Publishers, Dordrecht, 1997.

[Krö97] D. KRÖNER, *Numerical Schemes for Conservation Laws*, Teubner, Stuttgart, 1997.

[LaHa74] C. L. LAWSON AND R. J. HANSON, *Solving Least Square Problems*, Prentice Hall, Englewood Cliffs, N. J., 1974. Republished 1995 by SIAM, Philadelphia.

[LeSo+98] R. B. LEHOUCQ, D. C. SORENSEN, AND C. YANG, ARPACK *User's Guide*, SIAM, Philadelphia, 1998.

[Loh88] R. LOHNER, *Einschliessung der Lösung gewöhnlicher Anfangs- und Randwertaufgaben und Anwendungen*, Dissertation, Universität Karlsruhe, 1988.

[Mae88] G. MAESS, *Vorlesungen über Numerische Mathematik II. Analysis*, Akademie Verlag, Berlin, 1988. Auch: Birkhäuser, Basel 1988.

[PiDo+83] R. PIESSENS, E. DONCKER-KAPENGA, C. W. UEBERHUBER, AND D. K. KAHANER, QUADPACK. *A Subroutine Package for Automatic Integration*, Springer, Berlin, 1983.

[Pow81] M. J. D. POWELL, *Approximation Theory and Methods*, Cambridge University Press, Cambridge, 1981.

[Pow92] ——, *The theory of radial basis function approximation in 1990*, in: Advances in Numerical Analysis. Vol. II: Wavelets, Subdivision Algorithms, and Radial Basis Functions, W. Light, ed., Clarendon Press, Oxford, 1992, pp. 105–210.

[Pow97] ——, *A review of methods for multivariable interpolation at scattered data points*, in: The State of the Art in Numerical Analysis, I. S. Duff and G. A. Watson, eds., Clarendon Press, Oxford, 1997, pp. 283–309.

[PrTe+92] W. H. PRESS, S. A. TEUKOLSKY, W. T. VETTERLING, AND B. P. FLANNERY, *Numerical Recipes in* FORTRAN. *The Art of Scientific Computing*, Cambridge University Press, Cambridge, 2nd ed., 1992.

[PrTe+96] ——, *Numerical Recipes in* FORTRAN 90, *Vol . 2. The Art of Parallel Scientific Computing*, Cambridge University Press, Cambridge, 2nd ed., 1996.

[QuVa94] A. QUARTERONI AND A. VALLI, *Numerical Approximation of Partial Differential Equations*, Springer, Berlin, 1994.

[ReCa98] D. REDFERN AND C. CAMPBELL, *The* MATLAB 5 *Handbook*, Springer, New York, 1998.

[Rhe86] W. C. RHEINBOLDT, *Numerical Analysis of Parametrized Nonlinear Equations*, J. Wiley, New York, 1986.

[RiBo84] J. R. RICE AND R. F. BOISVERT, *Solving Elliptic Problems Using* ELLPACK, Springer, New York, 1984.

[RoSt+96] H.-G. ROOS, M. STYNES, AND L. TOBISKA, *Numerical Methods for Singular Perturbed Differential Equations*, Springer, Berlin, 1996.

[Saa92] Y. SAAD, *Numerical Methods for Large Eigenvalue Problems*, Manchester University Press, Manchester, 1992.

[SaNi89] A. A. SAMARSKII AND E. S. NIKOLAEV, *Numerical Methods for Grid Equations. Vol. II: Iterative Methods*, Birkhäuser, Basel, 1989.

[Schwa97] H. R. SCHWARZ, *Numerische Mathematik*, Teubner, Stuttgart, 4. Aufl., 1997.

[Schwe79] H. SCHWETLICK, *Numerische Lösung nichtlinearer Gleichungen*, Deutscher Verlag der Wissenschaften, Berlin, 1979. Auch: R. Oldenbourg Verlag, München-Wien, 1979.

[Schwe91] ——, *Nichtlineare Parameterschätzung: Modelle, Schätzkriterien und numerische Algorithmen*, Mitteilungen der Gesellschaft für Angewandte Mathematik und Mechanik **2/91** (1991), pp. 13–51.

[SchwK91] H. SCHWETLICK UND H. KRETZSCHMAR, *Numerische Verfahren für Naturwissenschaftler und Ingenieure. Eine computerorientierte Einführung*, Mathematik für Ingenieure, Fachbuchverlag, Leipzig, 1991.

[Sha96] V. V. SHAIDUROV, *Some estimates of the rate of convergence for the cascadic conjugate-gradient method*, Comput. Math. Appl. **3** (1996), pp. 161–171.

[Slo87] S. W. SLOAN, *A fast algorithm for constructing Delaunay triangulations in the plane*, Adv. Eng. Softw. **9** (1987), pp. 34–55.

[Spä86] H. SPÄTH, *Spline-Algorithmen zur Konstruktion glatter Kurven und Flächen*, Oldenbourg, München, 1986.

[Spä90] ——, *Eindimensionale Spline-Interpolations-Algorithmen*, Oldenbourg, München, 1990. Engl. Version: *One Dimensional Spline Interpolation Algorithms*, AK Peters, Wellesley, MA, 1995.

[TrBa97] L. N. TREFETHEN AND D. BAU, *Numerical Linear Algebra*, SIAM, Philadelphia, 1997.

[VaL92] C. VAN LOAN, *Computational Frameworks for the Fast Fourier Transform*, SIAM, Philadelphia, 1992.

[Ver96] R. VERFÜRTH, *A Review of A Posteriori Error Estimation and Adaptive Mesh-Refinement Techniques*, Wiley/Teubner, Chichester/Stuttgart, 1996.

[WaBi+87] L. T. WATSON, S. C. BILLUPS, AND A. P. MORGAN, HOMPACK*: A suite of codes for globally convergent homotopy algorithms*, ACM Trans. Math. Software **13** (1987), pp. 281–310.

Sachwortverzeichnis

Ähnlichkeitstransformation, 76
Algebro-Differentialgleichung, 156
Anfangs-Randwertaufgabe, 202, 204
Anfangswertaufgabe, 131, 206
Ansatzfunktionen, 17, 87, 110, 164, 181, 185, 205
Ansatzverfahren, 17, 164, 169
Approximation, 87, 109, 114
  nichtlineare, 113
  Tschebyscheff-, 114, 116
Arnoldi-Prozeß, 59
asymptotische Entwicklung, 18, 125

Banachscher Fixpunktsatz, 42
baryzentrische Koordinaten, 180
Basis, 88
  A-orthogonale, 56
  hierarchische, 179
  lokale, 181
  nodale, 178
Bilanzgleichung, 163, 192
Bilinearform, 112, 166, 175
  Stetigkeit, 186
  symmetrische, 166, 167, 175, 206
  V-Elliptizität, 186

Cea-Lemma, 186, 192
Computergenauigkeit, relative, 15

Defekt, 32, 138, 199
Differentiation
  automatische, 67
  numerische, 101, 119
Differenzengleichung, 145, 148
Differenzenquotient, 18, 91, 120, 121
Differenzenstern, 184, 202
Differenzenverfahren, 160, 186, 202
  gewöhnliches, 161, 179, 184
Diskretisierung, 18, 132
  konservative, 164
Divergenzform, 163
Dreieckskoordinaten, 180

Eigenwert, 73, 206
  dominanter, 81
Einschrittverfahren
  explizites, 132, 140
  stationäres, 41, 45, 60
Element
  -matrix, 182
  Dreiecks-, 188, 191
  isoparametrisches, 190, 191
  Referenz-, 180, 191
Euler-Verfahren
  explizites, 132–135, 147, 155
  implizites, 150, 158
  verbessertes, 137
Extrapolation, 18, 95, 125, 135

Faktorisierung
  Cholesky- oder LL^T-, 27, 34
  Dreiecks- oder LU-, 24, 26
  orthogonale oder QR-, 34
  unvollständige, 53
Fehler, 126, 174, 185, 188
  Approximations-, 186, 187
  Beobachtungs-, 110
  Diskretisierungs-, 134
  Gesamt-, 121, 134, 172
  Interpolations-, 94, 188
  Konsistenz-, 203
  Rundungs-, 15, 121, 134
Fehlerorthogonalität, 167, 186, 189, 196
Fehlerschätzer, 141, 194, 195, 197
FEM, 160, 169, 174
  adaptive, 194, 197
  gemischte, 189
  lineare, 198

nichtkonforme, 189, 197
FEM-Raum, 186
finites Element, 180
lineares, 182, 183, 193, 196, 206
quadratisches, 182
Fixpunktgleichung, 16, 41, 60
Fourier-Koeffizienten, 115
Freiheitsgrade, 181
FVM, 160, 163, 192, 193
konservative, 164

Galerkin-Prinzip, 166, 178, 205
Gauß-Punkte, 172, 174
Gaußscher Algorithmus, 20, 22
Gewicht, 110, 123, 129
Gewichtsfunktion, 114
Gitter, 18, 142, 160
-steuerung, 194
äquidistantes, 119, 132
Dreiecks-, 164
nichtäquidistantes, 122
Rechtecks-, 122
Givens-Drehung, 76
Glättung, 200
Gleichungssystem, 178, 182
lineares, 19, 168, 198
überbestimmtes, 33
nichtlineares, 41, 60
tridiagonales, 28, 171, 179
Globalisierung, 68
Gramsche Matrix, 112, 115, 118
Greensche Funktion, 171

Householder-Spiegelung, 37, 40, 78
Householder-Tridiagonalisierung, 77

Integration, numerische, 119, 189, 191
Interpolation, 87, 125
Hermite-, 94
kubische, 93
lineare, 90, 123, 151, 173, 187
mit Polynomen, 88
mit Splines, 97, 108
quadratische, 90, 123
isoparametrisches Prinzip, 181

Jacobi-Matrix, 44, 67, 155, 156

Kollokation, 151, 160, 164, 166, 168, 174
Spline-Kollokation, 170
Kondition, 32, 206
Konsistenz, 137, 139, 161, 184, 186
-ordnung, 138, 144
Kontraktivität, 42, 155
Kontrollpunkte, 105
Konvektions-Diffusions-Problem, 192
Konvergenz, 139, 161, 184
-beschleunigung, 125
der Ordnung, 185
kubische, 79, 85
lineare, 42, 46
quadratische, 64, 66, 124
Super-, 174
Supra-, 162
überlineare, 63
Krylov-Teilraum, 55

Linearform, 175
Linearisierung, 17, 65, 69, 153, 172
Lipschitz-Stetigkeit, 44, 131, 140
Lumping, 206

Matrix
Band-, 28
Dreiecks-, 20, 24
orthogonale, 37
positiv definite, 23
positiv semidefinite, 33
schwach besetzte, 29
spaltenorthonormale, 35
strikt diagonaldominante, 23
symmetrische, 23
Tridiagonal-, 28
Mehrgitterverfahren, 198
kaskadisches, 200
Mehrschrittverfahren, 140, 142
explizites, 143, 150

implizites, 143, 150
lineares, 143
Zweischritt-, 143
Methode
der Stromliniendiffusion, 192
des gewichteten Residuums, 167
Fourier-, 203
Galerkin-, 186
Linien-, 204
Matrix-, 203
Rothe-, 204
spektrale, 169
Monitorfunktion, 173

Nitsche-Trick, 188
Norm, 30, 31, 55, 203

Orthogonalisierung
Gram-Schmidt-, 35, 36
Householder-, 37, 39
von Polynomen, 113
Ostrowski-Theorem, 60

Parameterschätzung, 34, 110
Pivotisierung, 23
Poisson-Gleichung, 184
Polynome, 88
Bernstein-, 103
charakteristische, 73
Legendre-, 116, 129, 169
orthogonale, 113, 169
trigonometrische, 115, 169
Tschebyscheff-, 116, 130, 169
Prolongation, 199
Prothero-Robinson-Modell, 158

Quadratmittelapproximation, 109, 114
Quadratmittelproblem
lineares, 20, 33
nichtlineares, 69, 114
Quadraturformel, 119, 135, 185, 191, 206
Gaußsche, 129, 130
zusammengesetzte, 124

Randapproximation, 190
Randbedingung
bei kubischen Splines, 101
bei Randwertaufgaben, 159, 176
Randwertaufgabe, 159, 164, 166, 167
elliptische, 176
lineare, 159
nichtlineare, 173
schwache Formulierung, 178
verallgemeinerte Lösung, 178
Rayleigh-Quotient, 82
Regression, parameterlineare, 110
Residuum, 32
Restriktion, 199
Richardson-Extrapolation, 125
Romberg-Verfahren, 126, 128
Runge-Kutta-Verfahren, 135
diagonal-implizites, 153
eingebettetes, 141
explizites, 136, 148
implizites, 148
klassisches, 137, 142
linear-implizites, 153

Schießverfahren, 160, 169
Schoenberg-Whitney-Bedingung, 109
Schrittweitensteuerung, 140, 142
Schwarzsche Ungleichung, 177, 197
Simpson-Regel, 123, 126, 130
Sobolev-Raum, 177, 187
Spektralradius, 45
Spektralverschiebung, 85
Spektralzerlegung, 75
Spline-Knoten, 97, 106, 118
Splines, 97, 124, 169, 170, 187
B-Splines, 106, 170
Bernstein-Bézier-, 103
kubische, 100
lineare, 99, 178
nodale Basis, 178
quadratische, 99, 179
Stabilität, 12, 15, 137, 139, 144, 161, 163, 186, 203

- A-Stabilität, 147, 150
  - Stabilitätsfunktion, 147, 148, 152
- steife Systeme, 140, 147, 154, 206
- Steigung, 91
- Stützstelle, 87, 93, 122

- Taylor-Abgleich, 120, 138
- Tensorproduktansatz, 117, 130
- Transportgleichung, 201
- Trapezregel, 123, 124, 149
- Triangulierung
  - Delaunay-, 194
  - Friedrichs-Keller-Typ-, 184
  - quasi-uniforme, 188, 206
  - zulässige, 180

- Variationsgleichung, 165–167, 175, 205
- Variationsprinzip, 164, 166, 167
- Verfahren
  - QR-Algorithmus, 78
  - Adams-Bashforth-, 144
  - Adams-Moulton-, 144
  - adaptives, 128, 173, 194
  - BDF-, 144, 146
  - Broyden, 68
  - Calahan-Formel, 154
  - CG-, CGNR-, CGNE-, 56, 58
  - Crank-Nicolson-, 203
  - direktes, 19
  - Divide-and-Conquer, 79
  - Dormand-Prince-, 142
  - Fehlberg-, 141
  - Galerkin-, 169
  - Gauß-Legendre-, 129, 152
  - Gauß-Lobatto-, 130, 152
  - Gauß-Newton-, 69
  - Gauß-Radau-, 130, 152
  - Gauß-Seidel-, 49, 53, 62
  - GMRES-, 59
  - Gradienten-, 57
  - Gram-Schmidt-, 35
  - Halbierungs-, Bisektions-, 62
  - Heun-, 137
  - Horner-Schema, 92
  - ICCG-, 57
  - inverse Iteration, 84
  - Iterations-, 16, 41, 60
  - iterative Verbesserung, 32
  - Jacobi-, 47, 49, 62, 198
  - Jacobi- (Eigenwerte), 76
  - Krylov-Teilraum-, 54
  - Lanczos-, 80
  - Milne-Simpson-, 144
  - Mittelpunkts-, 135, 137
  - Mittelpunktsformel, 141
  - Mittelpunktsregel, 143
  - Muller-, 63, 72
  - Newton-, 17, 63, 65, 69
  - Normalgleichungs-, 34
  - Norsett-Formel, 153
  - numerisches, 15
  - Orthogonalisierungs-, 34
  - Prädiktor-Korrektor-, 146
  - Quasi-Newton-, 68
  - Rayleigh-Quotienten-Iteration, 85
  - Rayleigh-Ritz-, 83
  - Regula falsi, 68
  - Richardson-, 52–54, 65, 72
  - Ritz-, 167
  - Rosenbrock-, 153
  - Schneiden des Spektrums, 79
  - semi-iteratives-, 51
  - SOR-, SSOR-, 48, 53, 62
  - Teilraumiterations-, 81
  - Transformations-, 16
  - Vektor-, von-Mises-Iteration, 82
- Verfahrensfunktion, 132
- Vorkonditionierung, 52
- Voronoi-Box, 192

- Wärmeleitungsgleichung, 201
- Wellengleichung, 201
- Winkelbedingung, 188
- Wurzelbedingung, 145

- Zweigitterverfahren, 199, 200